高等学校规划教材

矿井通风与除尘

主　编　浑宝炬　郭立稳
参　编　刘建庄　孙光华　任振平
张　超　孙忠强　杨莉娜
刘锡明　杜　通

北　京
冶　金　工　业　出　版　社
2022

内 容 提 要

本书共分16章，主要内容包括：矿内空气组分、有毒有害物质性质及其检测；矿井风流的基本性质、能量方程及其在矿井通风中的应用；矿井通风阻力的计算、通风动力设备及其选型；通风网路风量调节分配及控制、网路解算及系统图绘制；露天及井工矿采掘通风设计；矿井通风设计及通风系统可靠性评价；矿井日常及灾变时期的通风管理；矿井粉尘的性质、危害、测定技术及其综合防治措施等。每一章的内容都结合金属、非金属开采、煤炭开采对矿井通风的实际要求，突出实用性和可操作性。

本书可作为大中专院校相关专业教材，也可供从事矿井通风、粉尘监测监控及综合防治技术工作的矿山企业管理人员、专业技术人员等参考。

图书在版编目(CIP)数据

矿井通风与除尘/浑宝炬，郭立稳主编．—北京：冶金工业出版社，2007.8（2022.8重印）

高等学校规划教材

ISBN 978-7-5024-4393-1

Ⅰ.矿…　Ⅱ.①浑…　②郭…　Ⅲ.①矿山通风—高等学校—教材　②矿井—除尘—高等学校—教材　Ⅳ.TD72

中国版本图书馆CIP数据核字（2007）第145572号

矿井通风与除尘

出版发行　冶金工业出版社　　**电　话**　(010)64027926

地　址　北京市东城区嵩祝院北巷39号　　**邮　编**　100009

网　址　www.mip1953.com　　**电子信箱**　service@mip1953.com

责任编辑　张耀辉　宋　良　任咏玉　美术编辑　彭子赫

版式设计　张　青　责任校对　石　静　责任印制　李玉山

北京富资园科技发展有限公司印刷

2007年8月第1版，2022年8月第6次印刷

880mm×1230mm　1/32；12印张；352千字；365页

定价25.00元

投稿电话　(010)64027932　投稿信箱　tougao@cnmip.com.cn

营销中心电话　(010)64044283

冶金工业出版社天猫旗舰店　yjgycbs.tmall.com

（本书如有印装质量问题，本社营销中心负责退换）

前　言

采矿工业是生产原材料的基础工业，在国民经济发展中占有重要的地位。矿产资源的开采与利用在支撑国民经济快速发展的同时，由于其作业空间相对狭小，工作环境相对恶劣，使从业人员付出健康甚至生命的代价已经引起人们的高度关注，尤其是资源开采过程中所产生的粉尘导致的尘肺病以及爆炸性气体的爆炸等，直接危害着从业人员的生命安全。据统计，我国严重尘肺病患者多达 120 万人，占世界尘肺病患者的一半以上，且每年以 1.5 万人左右速度增长。矿山企业每年发生的重特大灾害事故造成的人员伤亡近万人，其中瓦斯、煤尘爆炸、火灾事故占事故总量的一半以上。这些灾害的发生无不与矿井通风有关，并且严重影响和制约着矿山企业的健康发展。所以加强矿井通风管理，依靠通风动力，连续不断地向矿内供给新鲜空气，稀释并排出矿内有毒有害物质，为从业人员创造良好的环境，防止灾害事故的发生，实现矿业的可持续发展尤为重要。

本书系作者根据多年来掌握的矿井通风、职业病防治、粉尘监测监控等方面的理论知识和在实际工作中积累的经验编撰而成。本书在编写内容上力求内容丰富具体，技术简明实用。全书共分为 16 章，主要内容包括矿内空气组分、有毒有害物质性质及其检测；矿井风流的基本性质、能量方程及其在矿井通风中的应用；矿井通风阻力的计算、通风动力设备及其选型；通风网路风量调节分配及控制、网路解算及系统图绘制；露天及井工矿采掘通风设计；矿井通风设计及通风系统可靠性评价；矿井日常及灾变时期的通风管理；矿井粉尘的性质、危害、测定技术及其综合防治措施等。

本书由河北理工大学浑宝炬、郭立稳主编，参加编写的还有河北理工大学刘建庄、孙光华、任振平、杨莉娜、杜通，华北科技学院张超，黑龙江科技学院刘锡明，河北科技大学孙忠强。在本书编写过程中，开滦（集团）有限公司为本书提供了宝贵的技术资料，编者在此表示衷心的感谢。

鉴于作者水平有限，书中若有不妥之处，敬请广大读者批评指正。

编 者

2007 年 6 月

目　录

1 矿井空气

矿井的空气主要来自地面空气，地面空气进入井下后，会发生一些物理、化学的变化，所以，矿井空气的组分无论在数量上还是质量上和地面空气都有较大的差别。

1.1 矿井空气组分

1.1.1 地面空气组分

地面空气是干空气和水蒸气组成的混合气体。干空气一般由以下几种主要气体混合而成。其组分如表 1-1 所示。

表 1-1 地面干空气组分

气体名称	N_2	O_2	CO_2	Ar	H_2	Ne	He	Kr	Xe
体积分数/%	78.03	20.90	0.03	0.93	0.01	1.6×10^{-3}	4.6×10^{-4}	1×10^{-4}	8×10^{-6}
质量分数/%	75.53	23.14	0.05	1.28	6×10^{-6}	1.2×10^{-3}	7.0×10^{-5}	3×10^{-4}	4×10^{-5}

在混合气体中，除水蒸气外，还有尘埃和烟雾等杂质。水蒸气的浓度随地区和季节而变化。

1.1.2 矿井空气组分

地面空气进入矿井后，因发生一些物理、化学的变化，使其组分发生较大变化。

1.1.2.1 物理变化

（1）气体混入：沼气、碳氧化合物、硫化氢、氮氧化合物、碳氢化合物等气体混入井下空气中。

（2）固体混入：井下各种作业所产生的微细矿尘、岩尘和其他杂尘悬浮在井下空气中。

（3）气象变化：主要由于井下空气的温度、气压和湿度的变化引起井下空气的体积和浓度变化。

井下空气物理变化的结果，不仅使井下空气成分种类增多，而且各种成分的浓度亦发生变化。

1.1.2.2　化学变化

（1）井下物质的氧化：煤、坑木、硫化物矿物等的氧化产生碳氧化合物、硫化物等气体。

（2）爆破作业：矿井内实施爆破作业，爆破产生大量的一氧化碳和氮氧化合物等有毒、有害气体。有毒、有害气体的种类和数量与炸药的性质、爆炸条件及介质有关。

（3）井下火区：井下火区氧化和含硫矿物缓慢地氧化，会产生大量一氧化碳、二氧化硫、氨气等。

（4）充电硐室电解：井下充电硐室充电过程中，液体电解产生氢气。

化学变化的结果，不仅使井下空气的成分种类和浓度发生变化，而且各种化学变化都要消耗空气中的氧气而产生二氧化碳，使井下空气中的氧含量减少，二氧化碳含量增加。

综上所述，地面空气进入井下，由于发生一些物理、化学变化，使得空气组分发生变化，其组分种类通常包括：O_2、CH_4、CO_2、CO、H_2S、SO_2、N_2、NO_x、H_2、NH_3、水蒸气和浮尘等十几种。井下空气的主要成分见表1-2。

表1-2　井下空气的主要成分

气体名称	N_2	O_2	CO_2	CO	H_2	NO_x	HCHO	CH_4	SO_2	碳烟
体积分数/%	76～78	2～18	1～10	0.01～0.5	0～0.05	0.001～0.4	0～0.002	0.002～0.02	0～0.003	
质量浓度/g·m^{-3}	950～970	30～260	20～200	0.12～6.25	0～0.004	0.02～8	0～0.03	0.01～0.1	0～86	0.01～1.5

1.2　矿井空气中常见的有害气体

1.2.1　有害气体性质及其危害

矿井空气中常见的有害气体有一氧化碳、二氧化氮、二氧化硫、硫化氢等。其来源通常是爆破产生的炮烟、矿物氧化、火灾、爆炸以及柴油机工作产生的废气等。

(1)一氧化碳(CO)：它无色、无臭、无味，不用专门仪器不易察觉。相对密度0.97，故能均匀散布于空气中，微溶于水，能燃烧，当体积浓度达到13%～75%时可能爆炸。

CO有剧毒，人体血液中的血红素与CO的亲和力比它与O_2的亲和力大250～300倍。当空气中CO达到一定浓度时，人吸入后会使体内血液输氧能力迅速减弱或停止，引起缺氧窒息或死亡。当CO浓度为0.016%时，人经数小时仅有轻微中毒症状；当浓度达到0.048%时，1h即使人产生上述症状；浓度达到0.128%时，经0.5～1h，即出现严重中毒，致使人意识迟钝、丧失行动能力；浓度达到0.4%时，人在短时间即失去知觉、抽筋、假死，经过20～30min即死亡。安全规程规定的CO最高允许浓度是0.0024%。

人体内抵抗缺氧能力极差的是神经细胞，CO中毒时，首先使神经细胞受到损害直至失去知觉。失去知觉并不意味死亡。发现患者有CO中毒症兆时，应立即转移到新鲜空气中，及时对患者进行人工呼吸或输氧抢救。

(2)二氧化氮(NO_2)：爆破时产生一系列的氮氧化合物，如NO、NO_2等。NO遇到空气中的氧即氧化成NO_2。NO_2是一种红褐色气体，相对密度1.59，易溶于水而生成腐蚀性很强的硝酸，所以它有剧毒。对眼、鼻、呼吸道及肺有强烈刺激及腐蚀作用，可引起肺水肿。NO_2中毒有潜伏期，有的在严重中毒的当时无明显感觉，仍可坚持工作。但经过6～24h后发作，呈现严重的咳嗽、头痛、呕吐甚至死亡。

空气中NO_2的浓度达到0.004%时，2～4h尚不致人显著中毒，浓度达到0.006%时，喉咙就感到刺激、咳嗽、胸痛，当浓度达到0.01%时，强烈刺激呼吸器官，严重咳嗽、声带痉挛、呕吐、泄泻、神经麻木，浓度达到0.025%时，短时间即可致人死亡。安全规程规定NO_2的最高允许浓度是0.00025%。

因其易溶于水，故爆破时使用水炮泥以及喷雾洒水能降低它在空气中的浓度，效果良好。

NO_2中毒时，指头上出现黄色斑点。对于肺水肿患者，禁忌压迫或刺激肺部，可供给纯氧。做人工呼吸时，只能用活动上肢法或用第三种人工呼吸法（轻轻地、反复地拉放舌头）。眼睛可用硼酸水冲洗。

（3）硫化氢（H_2S）：剧毒、无色、微甜而有臭鸡蛋味。相对密度为1.19，易溶于水，在常温常压下，一个体积的水中能溶解2.5个体积的H_2S，所以它可能积存在废旧井巷积水中，在受到搅动时易释放出来。它能燃烧，空气中含量为4.3%~45.5%时能爆炸。含量为0.0001%时就能嗅到臭鸡蛋味，浓度达到0.02%时强烈刺激眼及喉咙黏膜，并感到头痛、呕吐、乏力，浓度达到0.05%时，经0.5~1h即致人严重中毒、失去知觉、抽筋、瞳孔变大甚至死亡。安全规程规定H_2S的最高允许浓度是0.00066%。

H_2S中毒的患者，应立即将其移至新鲜空气中，进行人工呼吸，用漂白粉溶液浸湿毛巾置于口、鼻旁以吸入解毒，眼可用硼酸水冲洗。

（4）二氧化硫（SO_2）：剧毒、无色、有强烈硫磺气味及酸味。空气中浓度达到0.0005%时，就能嗅到。相对密度为2.22，易积聚在巷道底部，易溶于水，能强烈刺激眼及呼吸道黏膜。空气中浓度达到0.05%时，短时间即有致命危险。安全规程规定SO_2的最高允许浓度是0.0005%。

SO_2中毒患者应迅速送到新鲜空气中，进行人工呼吸或输氧，饮用牛奶、蜂蜜，用苏打水嗽喉能减轻对喉咙的刺激。

（5）其他有害气体。

1）矿内使用柴油机时，有柴油机废气排出，其主要成分为氧化氮、一氧化碳、醛类和油烟等。

2）矿井内空气压缩机工作时，其润滑油因高温分解，形成油蒸气及一氧化碳、沼气等。这些有害气体与压缩气体一起被送入工作面时，可能引起中毒或爆炸事故。

3）矿井发生火灾或爆炸事故时，也可产生氢气（H_2）和氨气（NH_3）等。井下充电硐室也产生氢气。

4）钾盐矿放出的气体有CH_4（甲烷）、CO_2、H_2等。

氨气无色，有浓烈的臭味和剧毒，相对密度为0.9，易溶于水，其最高允许浓度是0.004%，浓度为0.0011%时即可闻到其特殊的臭味。

氢气有爆炸性，其最高允许浓度是0.5%。

沼气有爆炸性和窒息性，它是煤矿的主要有害气体。

1.2.2 有害气体中毒时的急救

当井下发生灾害，工作人员遇有毒气体中毒或缺氧时，应立即组织抢救，以便使其脱离危险，保障其生命安全。

中毒时的施救原则及措施：

（1）立即将中毒者移至进风巷道新鲜空气处或地表。

（2）将中毒者口中一切妨碍呼吸的东西，如假牙、黏液、泥土除去，将领结及腰带松开。

（3）使患者保暖。

（4）为促使患者体内毒物洗净和排除，给患者输氧。当 CO_2、H_2S 中毒时，最好在纯氧中加入5%的 CO_2，以刺激呼吸中枢神经，增强呼吸能力，促使毒物排除体外。当 SO_2 和 NO_2 中毒时，进行人工呼吸应特别注意，因为患者中毒后会引起肺水肿，所以，施行人工呼吸时，应尽量避免对患者肺部的刺激，以免加剧肺部浮肿，特别是 NO_2 中毒时，只能用拉舌头的人工呼吸法刺激神经引起呼吸，并在喉部注入碱性溶液，以减轻肺水肿现象。

（5）H_2S 中毒时，用浸有氯水的棉花或手帕，放在患者的嘴或鼻旁，或者给中毒者喝稀氯水溶液，利用药物解毒。

1.3 有害气体的检测

良好的通风和及时而准确的检测是防止气体危害的基本措施。有害气体的检测方法分两大类：一类是取样到化验室分析；一类是用便携式仪器在现场快速测试。我国矿山广泛采用检定管快速测定法，它所使用的仪器包括抽气唧筒、秒表及温度计等。

用检定管测定某种有害气体的浓度，是根据待测气体与检定管中的指示剂发生化学变化后，指示剂变色的深浅或长度来确定的。

以变色深浅确定浓度的方法称为比色法，以变色长度确定浓度的方法称为比长法。目前我国多采用比长法。使用的有检测 CO、NO_2、H_2S 及 O_2 等几种比长式检定管。如图 1-1 所示，待测气体依靠唧筒的作用，以一定流速均匀通过检定管。

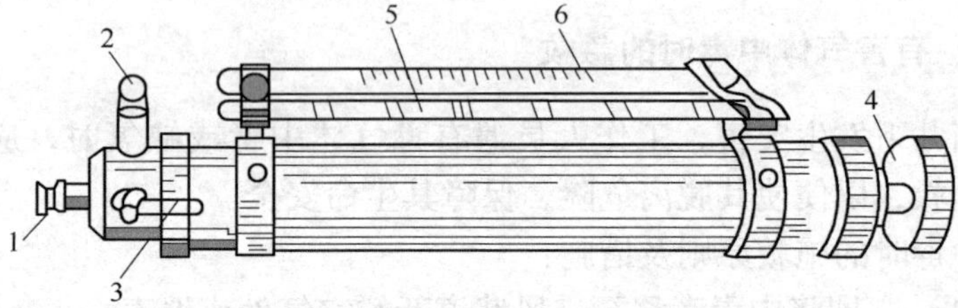

图 1-1 抽气唧筒

1—气体入口；2—检定管插孔；3—三通阀阀把；
4—活塞杆；5—比色板；6—温度计

检定步骤：

（1）将检定管玻璃封口锯开，插在抽气唧筒口上。

（2）将唧筒的三通开关转到水平位置，取出待测气体。

（3）将三通开关转到垂直位置，用 100s 时间缓慢压送唧筒内待测气体，使之均匀通过检定管，管中指示剂起化学反应，颜色改变，颜色变化的深浅与标准比色板相比，即可得出气体浓度。若用比长检定管，根据变色长短即可确定待测气体的浓度。

下面以比长法进行 CO 浓度的检定为例，来说明其测定原理。如图 1-2 所示，检定管是内装试剂和过滤物、两端溶封的玻璃管。它用吸附了发烟硫酸和五氧化二碘（I_2O_5）的硅胶作指示剂，当含有 CO 的气体通过时，发生如下的化学反应，并在管内形成棕色变色

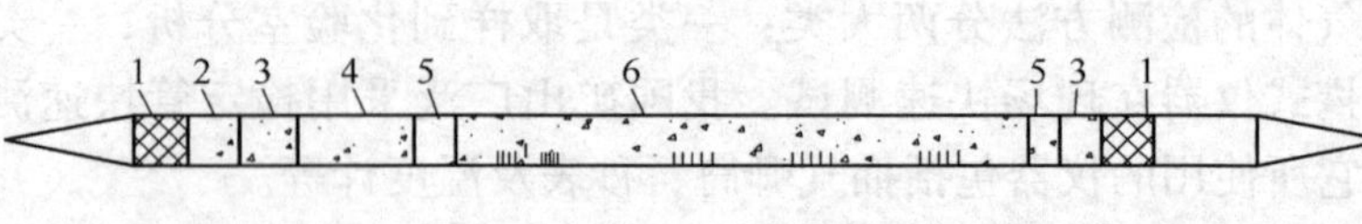

图 1-2 比长式 CO 检定管

1—堵塞物；2—活性炭；3—硅胶；4—消除剂；5—玻璃粉；6—指示剂

圈，变色的长度与通过的气样中的CO浓度成正比，由检定管上的刻度可直接读出CO的浓度。

$$5CO + I_2O_5 \xrightarrow{H_2SO_4} 5CO_2 + I_2(\text{棕色}) \tag{1-1}$$

1.4 矿井粉尘

在生产过程中产生和形成的、能较长时间在空气中悬浮的固体微粒被称为生产性粉尘。悬浮于空气中的粉尘称为浮尘，已沉落的粉尘称为积尘，我们检测和防治的重点就是浮尘。从胶体化学的观点来看，含有粉尘的空气是一种气溶胶，悬浮粉尘散布弥漫在空气中与空气混合，共同组成一个分散体系，分散介质是空气，分散相是悬浮在空气中的粉尘粒子。

粉尘的危害是多方面的，首先是对人体的危害；其次是造成大气环境的污染；再次是影响产品质量、加速机械部件的磨损。粉尘除造成经济上的损失外，还有些易燃易爆的粉尘，可能会引起爆炸事故发生，不利于安全生产。

根据国务院颁布的《关于防止厂矿企业中矽尘危害的决定》中规定，我国作业场所空气中粉尘允许浓度按粉尘中游离 SiO_2 含量确定，如表1-3所示。

表1-3 空气中粉尘允许浓度

粉 尘 类 别	最高允许粉尘浓度/$mg \cdot m^{-3}$
含游离 SiO_2 在10%以上的粉尘	2
含游离 SiO_2 在10%以下的粉尘	10
水泥粉尘（锚喷作业）	6

1.5 放射性气体

开采含铀、钍伴生的金属矿床时，必须注意对空气中的放射性气体氡、钍的防护。矿内空气中对人危害最大的是放射性气体，主要是氡及其子体。

(1) 氡的性质。氡是一种无色、无味、透明的放射性气体，它是一种惰性气体，一般不参加化学反应。

氡能溶于水、油类、有机溶剂及其他液体，它在脂肪中的溶解度为在水中的125倍，氡也能被固体物质所吸附，吸附力最强的是活性炭。

氡子体具有金属特性，具有荷电性，与物质黏附性很强，易与矿尘结合、黏着，形成放射性气溶胶。

（2）氡及其子体的危害。放射性物质在衰变过程中，会产生一定量的α、β、γ射线。由于这三种射线的特性不同，对人类的损伤表现也不同。α射线穿透力差，但电离本领很强。当它从口腔、鼻腔进入体内进行照射时，这种照射称为内照射。内照射对人体组织的危害较大，这种损伤多表现为呼吸系统的疾病。β、γ射线，由于它穿透力较强，它能穿透人的肌体，在体外就能对人体进行照射，这种照射称为外照射。外照射所引起的损伤多表现为神经系统和血液系统的疾病。当γ射线剂量很高时，还会造成人死亡，但一般含铀金属矿山，外照射不是主要危害，主要放射性危害是内照射。

井下天然放射性元素对人体的危害，主要是氡及其子体衰变时所产生的射线。这些含氡空气进入肺部，大部分子体积存在上呼吸道内，此时具有α放射线的镭成为肺组织构成辐射剂量的直接来源。

氡子体对肺部组织的危害，是由于沉积在支气管上的氡子体在很短的时间内把它α粒子的全部潜在能量释放出来，其射程正好可以轰击到支气管上皮基底细胞核上，这正是含铀矿山工人产生肺癌的主要原因之一。

（3）最高允许浓度。氡及其子体对人体产生危害的条件为：1）空气中氡及其子体要超过一定浓度；2）氡及其子体能进入人体内；3）人体接受上述浓度的氡及其子体要超过一定时间。

为了保证工人的身体健康，防氡工作的任务就是破坏上述几个条件。为此，我国“放射性防护规定”作了如下规定：矿山井下工作场所氡在空气中的最高允许浓度为3.7kBq/m^3，氡子体的潜能值不超过0.3工作水平或6.4μJ/m^3。

《煤矿安全规程》、《金属非金属地下矿山安全规程》规定，井下作业地点的空气，有害物质的最高允许浓度如表1-4所示。

表1-4 井下作业地点有害物质的最高允许浓度

物质名称	最高允许体积浓度/%	最高允许质量浓度
有毒有害物质		
一氧化碳（CO）	0.0024	30mg/m³
氮氧化合物（NO_x）	0.00025	5mg/m³
二氧化硫（SO_2）	0.0005	15mg/m³
硫化氢（H_2S）	0.00066	10mg/m³
氨（NH_3）	0.004	30.4mg/m³
放射性物质		
氡		3.7kBq/m³
氡子体α潜能		6.4μJ/m³
生产性粉尘		
含游离二氧化硅10%以上的粉尘（石英、石英岩等）		2mg/m³
石棉粉尘及含石棉10%的粉尘		2mg/m³
含游离二氧化硅10%以下滑石粉尘		4mg/m³

1.6 矿井气候条件

矿井气候条件主要指矿井空气的温度、湿度和流速。矿工在生产劳动中，体内不断进行着新陈代谢作用而产生大量的热，所产生的热除少部分消耗于人体内部外，其余大部分通过辐射、对流和蒸发等方式向空气散发，当人体产生和散发的热量保持平衡，即体温保持在36.5～37℃时，身体就感到舒适。在闷热的环境中从事繁重劳动时，散热速率低于人体产热速率时，人体温度将升高，并导致心率加快，身体不舒适，劳动生产率下降，严重时可导致中暑和死亡。

为了保证工人的身体健康和提高劳动生产率，就需要给工人创造、保持热平衡的条件。为保持人体的热平衡，需要从人体的生热和散热两方面考虑。人体的代谢发热量主要和劳动强度有关，人体散热主要通过对流、辐射和汗水蒸发来实现，人体代谢发热量主要决定于劳动强度，而影响人体散热的条件主要是空气的温度、湿度、风速三者的综合状态。

气温较低时，人体以对流及辐射形式散发的热量较大。随着气温的升高，对流及辐射的散热量渐渐减少，以汗水蒸发形式散发的热量增加。辐射散热量取决于体温和气温之差值，对流散热量除与气温有关外，受风速的影响也很大，蒸发散热量主要取决于风流的湿度和风速。所以风流的温度、湿度和速度是环境影响人体散热的三个要素，在三个要素的某些组合下，人员感觉舒适，在另外一些组合下则感到闷热。

衡量环境气候的指标很多。一般采用卡他度评价劳动条件的舒适度。

卡他度表示具有与人的体温接近的卡他温度计向外界散热的速度，是英国 L . Hm 等人在 1916 年提出的。如图 1-3 所示，卡他计是一种酒精温度计。下端有一个比普通温度计大的储液球。上端有一个小空腔，玻璃管上有 35℃ 和 38℃ 两个刻度。测定时，先把储液球浸于热水中加热，当酒精上升到充满小空腔一半时取出，擦干液球后，挂在待测空气中。此时酒精柱开始下降，记下由 38℃ 降至 35℃ 所需时间 t，即可利用下式求算卡他度：

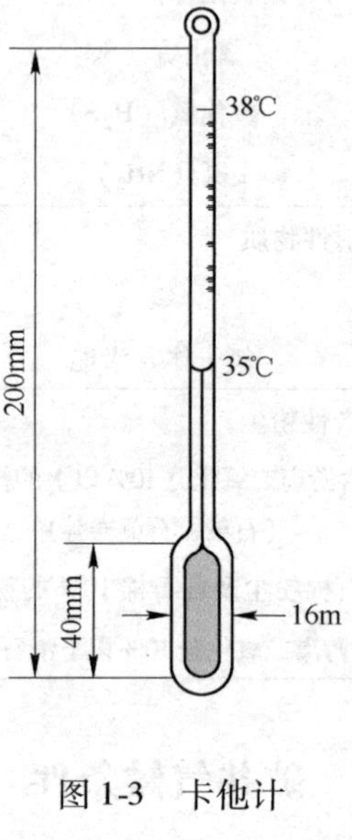

图 1-3　卡他计

$$H = \frac{F}{t} \tag{1-2}$$

式中　H——卡他度；

F——卡他计常数；

t——由 38℃ 降至 35℃ 所需时间。

卡他度分湿卡他度与干卡他度两种。湿卡他度包括对流、辐射和蒸发三者综合的散热效果。干卡他度仅包括对流和辐射的散热效果。一般卡他度的值越大，散热条件越好，根据希尔的资料，不同劳动条件下对卡他度有如表 1-5 所列要求。

表 1-5 适应于不同作业条件的卡他度

作业繁重程度	舒适的干卡他度	舒适的湿卡他度
办公室工作	5	14 ~ 15
轻劳动	6	18
一般劳动	8	25
繁重劳动	10	30

2 矿井风流的基本性质

空气进入矿井内，在流经井巷的过程中，风流的物理性质和状态将发生一些变化，为确保矿井通风所需风量，必须首先分析研究矿内空气的流动规律。

2.1 矿井空气的物理参量及其测定

2.1.1 物理参量

气体的物理参量较多，其中比容、压力、温度是三个基本参量。

2.1.1.1 比容和密度

(1) 空气的密度。单位体积空气所具有的质量称为空气的密度 ρ，单位 kg/m^3。

$$\rho = \frac{M}{V} \tag{2-1}$$

由于空气的重量等于空气的质量与重力加速度的乘积，$G = Mg$，故

$$\rho = \frac{M}{V} = \frac{G}{g} \times \frac{1}{V} \tag{2-2}$$

式中 M——空气的质量，kg；

V——空气的体积，m^3；

G——空气的重量，$kg \cdot m/s^2$；

g——重力加速度，m/s^2。

(2) 空气的比容。单位质量空气所占有的容积称为空气的比容，用 v 表示，单位 m^3/kg。

$$v = \frac{V}{M} \tag{2-3}$$

2.1.1.2 空气的重率

单位体积空气所具有的重力称为空气的重率 γ，单位 $kg \cdot m/s^3$，即 N/m^3。

$$\gamma = \frac{G}{V} \tag{2-4}$$

2.1.1.3 空气的压力

（1）空气静压。空气分子间的压力或空气分子持续无规则的热运动对容器壁面产生的压力称为空气的静压。空气的静压在各个方向上均相等。空间某一点空气静压的大小与该点在大气中所处的位置和受扇风机所造成的人工压力有关。

大气压力是地面静止空气的静压力，它等于单位面积上空气柱的重量。

地球为空气所包围，空气圈的厚度高达 1km，靠近地球表面空气密度大，距地球表面越远，空气密度越小，不同海拔标高处空气柱的重量是不一样的。因此，对不同地区来讲，由于它的海拔标高、地理位置和空气温度不同，其大气压力也不相同。各处大气压力主要随海拔标高的变化而变化，其变化规律如表 2-1 所示。

表 2-1 不同海拔高度的大气压力

海拔高度/m	0	100	200	300	500	1000	1500	2000
大气压力/mmHg①	760	751	742	733	716	674	635	598

①1mmHg = 133.322Pa

在矿井内，随着矿井开采深度增加，空气柱的重量（空气静压）也增加。对于非高海拔的矿井，通常垂直深度每增加 100m，空气静压就要增加 1066.5 ~ 1331.5Pa 的压力。

矿内风流的静压，除与空气柱的重量有关外，还受矿井通风方式、扇风机工作状况的影响，使其高于或低于当地大气压力。

空气静压又可分为绝对静压和相对静压，主要区分在于量度空气静压大小所选择的基准。

绝对静压是以真空状态绝对零压为比较状态的静压，即以零压力为起点表示的静压。绝对静压恒为正值，用 p_s 表示。

相对静压是以当地大气压（Pa）为比较基准的静压，即绝对静压与大气压之差。如果井巷内某点的绝对静压 p_s 大于大气压（Pa），则称为正压，反之称为负压。相对静压用 H_s 表示。

（2）空气动压。流动空气具有一定的动能，因此风流中任一点除有静压 H_s 外，还有动压 H_v。动压因空气运动而产生，它恒为正值，具有方向性。如果某点的风流速度为 v，空气的密度为 ρ，则该点的风流动压 H_v（N/m^2，即 Pa）为：

$$H_v = \frac{1}{2}\rho v^2 \tag{2-5}$$

由于

$$\rho = \frac{\gamma}{g}$$

故

$$H_v = \frac{v^2}{2g}\gamma \tag{2-6}$$

式中 g——重力加速度，m/s^2；

γ——空气重率，N/m^3。

（3）空气全压。风流的全压即该点静压和动压的叠加。

当静压用绝对静压 p_s 表示时，叠加后风流的压力为绝对全压 p_t，则三者关系为：

$$p_t = p_s + p_v \tag{2-7}$$

即风流中任一点的绝对静压 p_s 与相应的动压 p_v 之和等于该点的绝对全压 p_t。

如果静压用相对静压 H_s 表示时，叠加后风流的压力就是相对全压 H_t，相对全压 H_t 等于相对静压 H_s 与动压 H_v 的代数和。

在矿井负压通风风流中，某点相对全压的绝对值 H_t 为：

$$H_t = H_s - H_v \tag{2-8}$$

在矿井正压通风风流中，某点相对全压的绝对值 H_t 为：

$$H_t = H_s + H_v \tag{2-9}$$

（4）空气压力的计量单位及其换算关系。常用的压力单位有：毫米水柱（mmH_2O）、毫米汞柱（mmHg）、帕斯卡（Pa）、公斤力/米²（kgf/m^2）等。四种计量单位之间的换算关系如表 2-2 所示。

表 2-2　计量单位之间的换算关系

毫米水柱 (mmH_2O)	公斤力/米^2 (kgf/m^2)	毫米汞柱 (mmHg)	毫巴 (mbar)	吋水柱 (inH_2O)	磅力/尺^2 (lbf/ft^2)	帕斯卡 (Pa)
1	1	0.07356	0.09807	0.03934	0.20492	9.80665
13.595	13.595	1	1.33322	0.53489	2.78586	133.32224
10.19709	10.19709	0.75006	1	0.4012	2.08957	100
25.41667	25.41667	1.86956	2.49254	1	5.20833	249.25405
4.88	4.88	0.35896	0.47857	0.912	1	47.85681
0.10197	0.10197	0.0075	0.01	0.00401	0.0209	1
0.0102	0.0102	0.00075	0.001	0.0004	0.00209	0.1
10332.2	10332.2	760	1013.2496	406.51273	2117.2541	101324.96

2.1.1.4　空气温度

（1）绝对温度。绝对温度 T 是体现矿井空气的冷热程度的参量，单位 K。

$$T = t + 273.15 \tag{2-10}$$

式中　t——摄氏温度，℃。

（2）矿井内空气温度变化的规律。如图 2-1 所示，地面空气进入井下到达采掘工作面及其他用风地点前，冬季地面空气温度较低，空气进入井下，冷空气与地温进行热交换，风流吸热，地温散热，

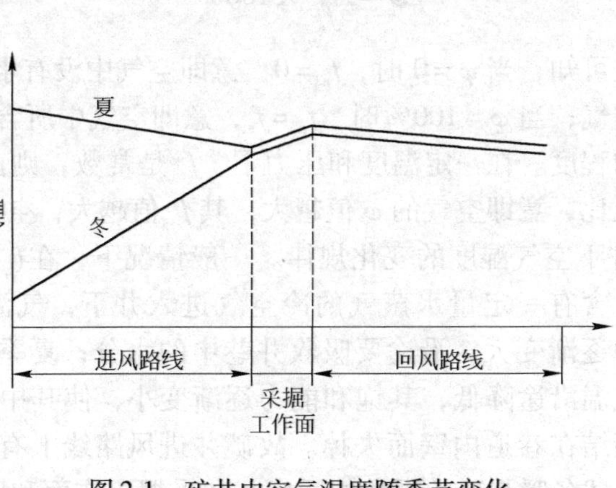

图 2-1　矿井内空气温度随季节变化

因地温随深度增加而升高，且风流下行受压缩，故沿线空气气温逐渐升高；夏季与冬季的情况相反，沿线气温逐渐降低。即在进风路线上，气温随四季而变化，和地表气温相比较，矿井内有冬暖夏凉的感觉，在采掘工作面及其他用风地点，由于物质的氧化程度大、机电设备运转产生热量、人员多以及爆破工作等，致使产生较大的热量，与进风流空气进行热交换，使风流温度增高，工作面气温四季变化不大，故采掘工作面等用风地点好比恒温加热器。在回风路线上，因地温逐渐变小，风流向上流动时体积膨胀，风流汇合，风速增加，使气温逐渐降低，且常年变化不大。

对于平硐开拓矿井，如果进风、回风路线长，热交换就不充分，包括采掘工作面及其他用风地点在内的整个风流路线上的气温都可能随四季地面气温变化而变化。

2.1.1.5 空气的湿度

（1）绝对湿度。单位容积或质量的湿空气中所含水蒸气质量的绝对值 f_a 即为绝对湿度，单位 g/m^3 或 g/kg。

（2）饱和绝对湿度。单位容积或质量的湿空气中所含饱和水蒸气质量的绝对值 f_s 即为饱和绝对湿度，单位 g/m^3 或 g/kg。

（3）相对湿度。在同温同压下，空气的绝对湿度 f_a 与饱和绝对湿度 f_s 的百分比，用 φ 表示。

$$\varphi = \frac{f_a}{f_s} \times 100\% \tag{2-11}$$

由上式可知，当 $\varphi = 0$ 时，$f_a = 0$，意即空气中没有水蒸气，是绝对干燥的空气；当 $\varphi = 100\%$ 时，$f_a = f_s$，意即空气中所含水蒸气量已达到饱和的程度。在一定温度和压力下，f_s 是常数，则由上式可知，φ 和 f_a 成正比，意即空气的 φ 值越大，其 f_a 值越大，空气越潮湿。

（4）井下空气湿度的变化规律。一般情况下，在矿井进风路线上，冬季，含有一定量水蒸气的冷空气进入井下，气温逐渐升高，其饱和能力逐渐变大，沿途要吸收井巷中的水分；夏季，热空气进入井下，气温沿途降低，其饱和能力逐渐变小，使其中一部分水蒸气量沿途凝结在巷道内壁而失掉。故矿井进风路线上有冬干夏湿的现象，和上述冬暖夏凉的现象相适应。在采掘工作面和回风路线上，因气温常年几乎不变，故其湿度亦几乎常年不变，而且其相对湿度都接近100%。

2.1.1.6 空气质量热容

使单位质量的空气升高或降低绝对温度1K时所吸收或放出的热量，称为气体的质量热容，用c表示，单位kJ/(kg·K)。

空气在不同热力变化过程中的热容是不相同的。等容过程中，气体不能膨胀做功，所吸收的热量全部用来增加气体的内动能，使内能增加，温度升高；在等压过程中，气体可以膨胀，所吸收的热量除用来增加气体分子的内动能外，还应克服外力而做功。因此，对同样质量的气体升高同样的温度，在等压过程中所需要的热量要比等容过程多，故质量定压热容c_p总是大于质量定容热容c_V。不同温度时，空气的c_p和c_V的数值如表2-3所示。

表2-3 空气的c_p和c_V的数值

质量热容 \ 温度	-10℃	0℃	15℃	30℃	80℃
质量定容热容c_V /kJ·(kg·K)$^{-1}$	0.7076	0.7118	0.7118	0.7159	0.7201
质量定压热容c_p /kJ·(kg·K)$^{-1}$	0.9966	1.0006	1.0006	1.0006	1.009

2.1.1.7 空气的黏性

空气抗拒剪切力的性质称为空气的黏性。

如图2-2所示，当流体以任一平均速度流动时，相邻两层之间就有相对运动出现。速度快的流体层会对速度慢的流体层作用一个与流动方向一致的拖力，带动慢层流体运动。同时，慢层对快层作用一个与拖力大小相等但方向相反的阻力，阻挠快层流体运动，这种阻力就是黏性力。由于它发生在流体内部，所以称为内摩擦力。内摩擦力是产生黏性的原因。

根据牛顿定律，流体内摩擦力为：

$$f = \mu \frac{dv}{dx}\Delta S \tag{2-12}$$

式中　μ——动力黏性系数，Pa · s；

　　S——相邻层面接触面积，m^2；

　　$\frac{dv}{dx}$——垂直于流动方向的速度变化。

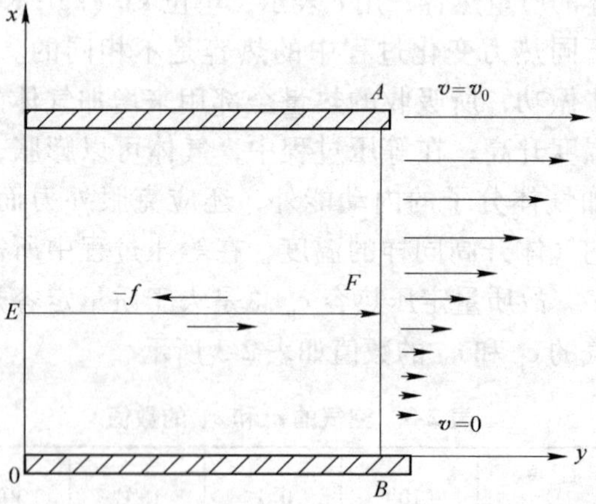

图 2-2　流体流动状况分析

有时用运动黏性系数 τ(m^2/s) 表示气体的黏性，其与动力黏性系数 μ 的关系：

$$\tau = \mu/\rho \tag{2-13}$$

式中　ρ——气体的密度，kg/m^3。

标准大气压下，不同温度时，空气的 τ 值和 μ 值如表 2-4 所示。

表 2-4　空气的 τ 值和 μ 值

t/℃	−20	−10	0	10	20	40	60	80	100
μ/Pa · s	1.5592×10^{-3}	1.6181×10^{-3}	1.6858×10^{-3}	1.7358×10^{-3}	1.7946×10^{-3}	1.9123×10^{-3}	2.03×10^{-3}	2.1477×10^{-3}	2.2849×10^{-3}
τ/$m^2 \cdot s^{-1}$	11.3×10^{-6}	12.1×10^{-6}	13.0×10^{-6}	13.9×10^{-6}	14.9×10^{-6}	17.0×10^{-6}	19.2×10^{-6}	2.17×10^{-6}	2.45×10^{-6}

2.1.2　主要参量测定方法及仪器设备

2.1.2.1　空气压力测定

A 空气绝对静压的测定

测量空气绝对静压的常用仪表有两种：一种是水银气压计，另一种是空盒气压计。

（1）水银气压计。如图 2-3 所示，水银气压计有一根内装纯净水银的玻璃管 3，玻璃管的上端封口，管内水银柱表面 1 和封口之间是真空，玻璃管的下端开口，安插在水银池 5 中，水银池的底部用柔性皮革制成，并和一螺钉 4 相接触，转动螺钉，可使水银池中的水银表面上下移动，水银池内有一根指针 2，其尖端和刻度尺的零点位置相齐，测量时，须把水银气压计垂直悬挂，平稳以后，转动螺钉 4 使水银池中的水银表面和指针的尖端刚好接触，表示池中的水银表面和刻度尺上的零点位置相齐，再转动测微游标旋钮 6，使游标上的零点和玻璃管内的水银表面 1 相齐，根据游标上的零点位置，从刻度尺上读出绝对静压的整数，再根据游标上和刻度尺上某一位置相齐的刻度，读出小数点后的数值。读数为 mmHg。该仪器测定数值比较准确，但携带不方便，主要固定在室内使用。

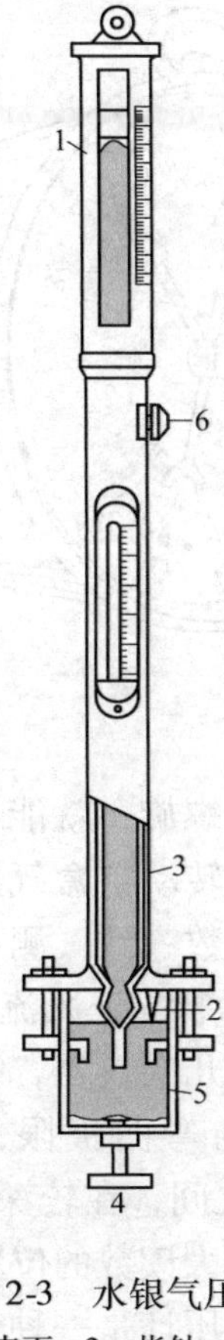

图 2-3 水银气压计

1—水银柱表面；2—指针；3—玻璃管；4—螺钉；5—水银池；6—游标旋钮

（2）空盒气压计。如图 2-4 所示，空盒气压计的主要部件是一个金属真空盒，用皱纹薄片密封。当空气的绝对静压发生变化时，薄片随即向上或向下弯曲，用齿轮和杠杆的机械传动作用，把这种弯曲的变化量转变为指针在刻度盘上的转动量，从刻度盘上读出 mmHg 的数值，背面外壳上有一个小孔，内装一个调整螺旋。用小

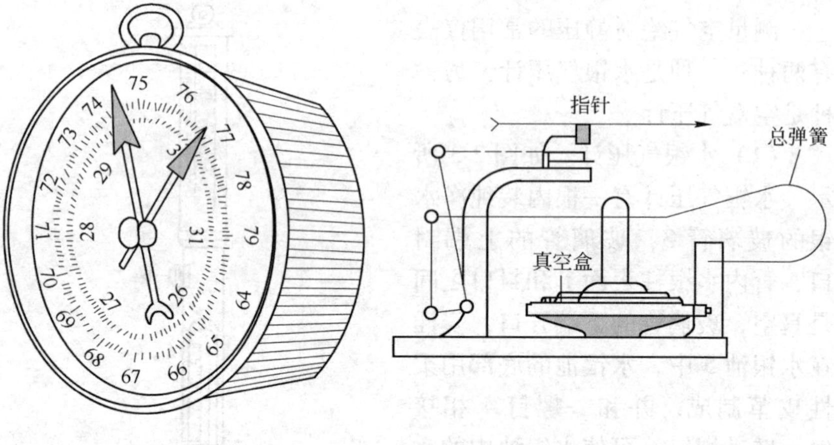

图 2-4　空盒气压计

卡子转动这螺旋，就能调整指针的位置。使用前须用水银气压计进行校正，即转动空盒气压计的调整螺旋，使指针所指的读数和水银气压计的读数一致。测量风流中某点的绝对静压时，须使空盒气压计的刻度盘平行于风流的方向。因指针转动比较迟缓，读数之前，用手指轻击几次仪器，待指针稳定后再读取读数，又因真空盒的薄片有一定的弯曲极限，所以读数有一定的范围，一般在 360 ~ 790mmHg 之间，在较深的矿井内，有可能超出其最大的读数范围，指针停在最大读数的位置后不再转动。

空盒气压计是一种便携式仪表，一般在矿井内、外非固定地点测量大气压力。测量时将盒面水平放置在被测地点，停留 10 ~ 20min 待指针稳定后再读数。读数时视线应垂直于盒面。

B　空气相对静压 H_s 的测定

通常用 U 形压差计、单管倾斜压差计或补偿式微压差计与皮托管配合测量风流的静压、动压和全压。

(1) U 形压差计。如图 2-5 所示，U 形压差计亦称 U 形水柱计，有垂直和倾斜两种类型，它们都是由一内径相同，内装有蒸馏水或酒精的 U 形玻璃管 1 与刻度尺 2 构成。

测压原理：U 形管两侧液面承受相同压力时，液面处于同一水

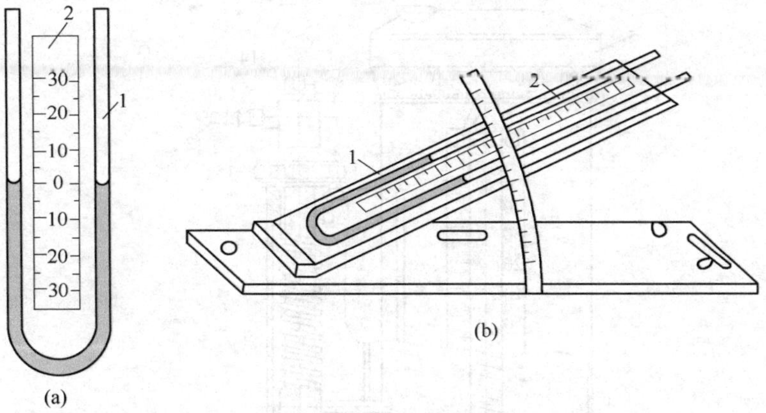

图 2-5　U 形压差计
（a）垂直 U 形压差计；（b）倾斜 U 形压差计

平，当两侧压力不等时，压力大的一侧液面下降，另一侧液面上升。

对于垂直 U 形压差计，两水面的高差 L 就是两侧的压力差 H，即

$$H = L \tag{2-14}$$

倾斜 U 形压差计，两水面的高差 L 与两侧的压力差 H 之间关系为：

$$H = L\sin\alpha \tag{2-15}$$

式中　α——U 形管倾斜的角度。

两种压差计比较，垂直 U 形压差计精度低，多用于测量较大的压差，倾斜 U 形压差计精度稍高一些。

（2）补偿式微压差计。如图 2-6 所示，该压差计基本部件为盛水容器 1 和 2。用胶管 3 连通盛水容器 1 和 2，盛水容器 2 的位置固定，内装有瞄准尖针 6。大气压力通过“+”号压接头 13 传到盛水容器 2 中液面上，小压力通过“-”号压接头 16 传到盛水容器 1 中液面上。这时盛水容器 2 中液面下降，尖针头露出液面，盛水容器 1 中液面上升。旋转微调盘 5，使盛水容器 1 沿测微螺旋杆 4 升高，装在盛水容器 1 上的指示标 10 随之升高，盛水容器 2 中的液面上升。通过提高盛水容器 1 的位置，用液柱高度来补偿空气压差造成的盛水容器 2 中的液面下降，使它恢复到原来的位置。此时盛水容器 1 所升高的刻度恰是

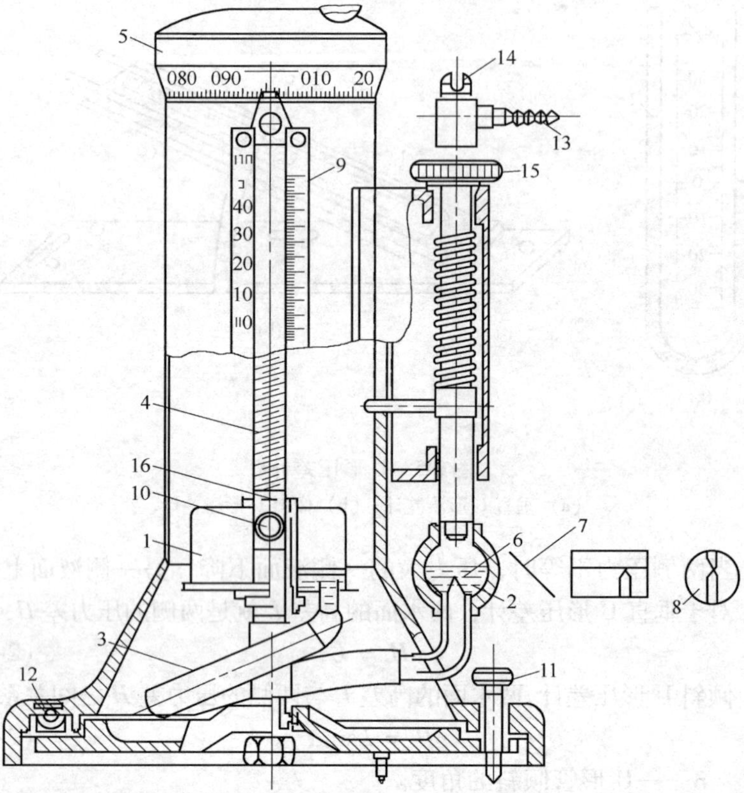

图 2-6　补偿式微压差计

1，2—盛水容器；3—胶管；4—测微螺旋杆；5—微调盘；6—瞄准尖针；7—反光镜；8—针尖与其倒影尖对于水面；9—标尺；10—指示标；11—调平螺丝钉；12—水准泡；13—“+”号压接头；14—密封螺钉；15—调节螺母；16—“-”号压接头

空气压差所造成的液柱高度。

使用时，先用调平螺丝钉 11 使水准泡 12 调平对零，经过上述操作后，从反光镜 7 中看到水准头及倒影两个尖端刚好接触时，即停住容器，这时表示盛水容器 2 中的液面已升高到所要求的位置，最后，根据指示标 10 的位置，在标尺 9 上读出压差的整数，在微调盘 5 的游标刻度上读出压差的小数，最小读数为 0.01mmH_2O。

（3）皮托管。测量压差时，常用到皮托管，它与压差计相配合使用，主要作用是接收和传递风流压力。

如图2-7所示，它由两根金属小圆管1和2构成，内管1和外管2同心套结成一整体，但互不相通。内管前端开一小孔4与标有“+”的脚管相通，前孔4正对风流，内管就能接受测点的全压。外管前端不通，在前端不远处的管壁上开有4～6个小孔3，侧孔3与标有“-”的脚管相通。当前孔4正对风流时，外管上的侧孔3垂直于风流不受动压作用，只能接受静压，实现将压力传递到测压设备，从而配合测压计实现压力测定。

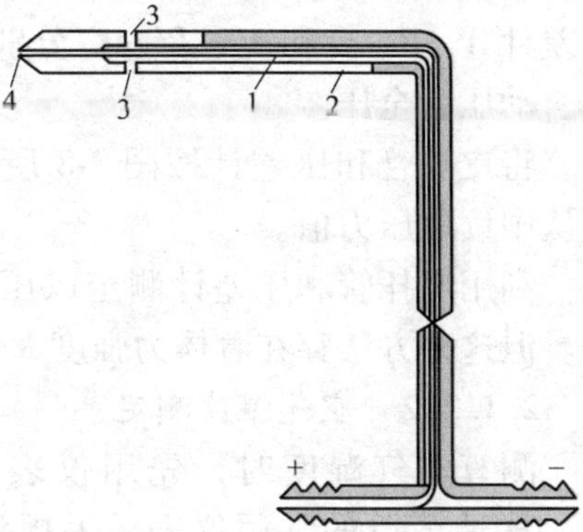

图2-7 皮托管
1—内管；2—外管；3—侧孔；4—前孔

C 管道中压力测定

管道中某点风流静压、动压、全压测定布置如图2-8所示。图

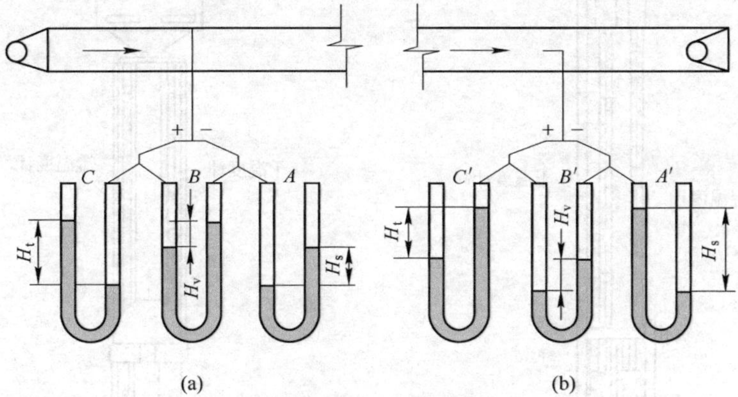

图2-8 风流点压测定
（a）压入式通风；（b）抽出式通风

（a）和图（b）分别表示压入式通风和抽出式通风的压力测定布置，压差计 A、B、C 和 A'、B'、C'分别测定压入和抽出两种情况下的静压、动压、全压。

将皮托管和压差计按图 2-8 所示连接完毕，待液面稳定后，即可从中读取压力值。

利用皮托管和压差计测定风压是矿井通风管理工作中常用的方法。但这种方法存在着体力强度大、耗用时间长等缺点。

2.1.2.2　空气湿度测定

测算空气湿度时，先用仪表测出相对湿度，再算出绝对湿度。构造简单的常用仪表是手摇湿度计（见图 2-9）和风扇湿度计（见图2-10），二者都是由干球温度计和湿球温度计（水银球包着几层湿纱布）组成，前者要用手摇，后者用自带的发条转动小风扇。用前者测量时，手握住手把，以大约 120r/min 的转数均匀旋转仪表 1～2min，然后从两支温度计上分别读出空气的干温度（又名干球温度）t_d和湿温度（又名湿球温度）t_w（℃），含水蒸气量较少的空气容易吸收湿纱布上的水分，或者说湿纱布上

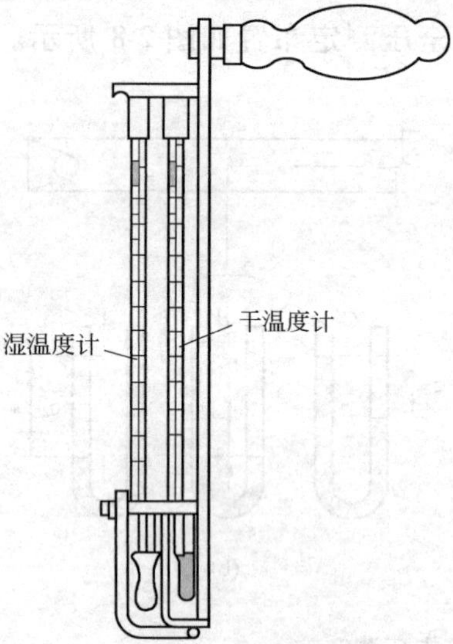

图 2-9　手摇湿度计

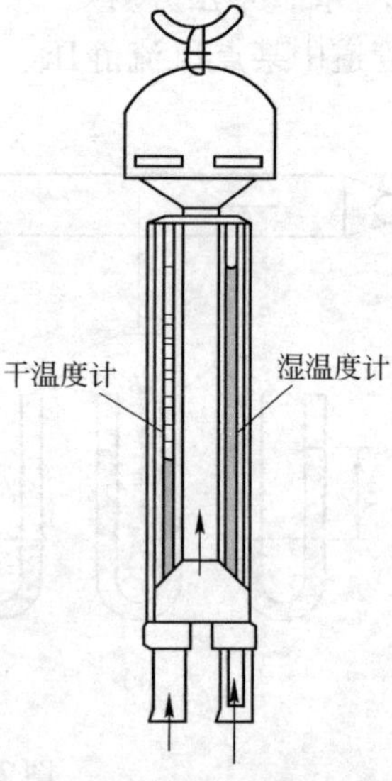

图 2-10　风扇湿度计

的水分比较容易蒸发，水分蒸发越多，被纱布包着的水银球的温度降低幅度越大，即 t_d 和 t_w 之差越大，表示空气越干燥或其相对湿度越小。根据实测的 t_d 和 t_w 两个数值在表 2 5 中查出空气的相对湿度 φ 值，根据 t_d 在表 2-6 中查出 f_s 值，根据湿度计算公式（2-11），即 $\varphi = \frac{f_a}{f_s} \times 100\%$，可得

$$f_a = f_s \cdot \varphi \tag{2-16}$$

根据公式（2-16）计算出绝对湿度。

表 2-5　相对湿度 φ

干温度计读数/℃	干、湿温度计读数差/℃								干温度计读数/℃	干、湿温度计读数差/℃							
	0	1	2	3	4	5	6	7		0	1	2	3	4	5	6	7
	相对湿度/%									相对湿度/%							
0	100	81	63	46	28	12	—	—	18	100	90	80	72	63	55	48	41
5	100	86	71	58	43	31	17	4	19	100	91	81	72	64	57	50	41
6	100	86	72	59	46	33	21	8	20	100	91	81	73	65	58	50	42
7	100	87	74	60	48	36	24	14	21	100	91	82	74	66	58	50	44
8	100	87	74	62	50	39	27	16	22	100	91	82	74	66	58	51	45
9	100	88	75	63	52	41	30	19	23	100	91	83	75	67	59	52	46
10	100	88	77	64	53	43	32	22	24	100	91	83	75	67	59	53	47
11	100	88	79	65	55	45	35	25	25	100	92	84	76	68	60	54	48
12	100	89	79	67	57	47	37	27	26	100	92	84	76	69	62	55	50
13	100	89	79	68	58	49	39	30	27	100	92	84	77	69	62	56	51
14	100	89	79	69	59	50	41	32	28	100	92	84	77	70	64	57	52
15	100	90	80	70	61	51	43	34	29	100	92	85	78	71	65	58	53
16	100	90	80	70	61	53	45	37	30	100	92	85	79	72	66	59	53
17	100	90	80	71	62	55	47	40									

表 2-6 标准大气压下不同温度时的 f_s 值

温度 /℃	在 1m³ 空气内 /g·m⁻³	在 1kg 空气内 /g·kg⁻¹	水蒸气的绝对压力 /mmHg	水蒸气的绝对压力 /Pa	温度 /℃	在 1m³ 空气内 /g·m⁻³	在 1kg 空气内 /g·kg⁻¹	水蒸气的绝对压力 /mmHg	水蒸气的绝对压力 /Pa
-20	1.1	0.8	0.96	127.894	14	12.0	9.8	11.99	1597.337
-15	1.6	1.1	1.45	193.172	15	12.8	10.5	12.79	1703.914
-10	2.3	1.7	2.16	287.760	16	13.6	11.2	13.64	1817.154
-5	3.4	2.6	3.17	422.315	17	14.4	11.9	14.5	1931.725
0	4.9	3.8	4.58	610.159	18	15.3	12.7	15.5	2064.947
1	5.2	4.1	4.92	655.454	19	16.2	13.5	16.5	2198.170
2	5.6	4.3	5.29	704.746	20	17.2	14.4	17.5	2331.392
3	6.0	4.7	5.68	756.703	21	18.2	15.3	18.7	2491.259
4	6.4	5.0	6.09	811.324	22	19.3	16.3	19.8	2637.804
5	6.8	5.4	9.53	869.942	23	20.4	17.3	21.1	2801.993
6	7.3	5.7	7.00	932.577	24	21.6	18.4	22.4	2984.182
7	7.7	6.1	7.49	997.836	25	22.9	19.5	23.8	3107.693
8	8.3	6.6	8.02	1086.444	26	24.2	20.7	25.2	3357.204
9	8.8	7.0	8.58	1143.048	27	25.6	22.0	26.7	3557.038
10	9.4	7.5	9.21	1226.978	28	27.0	23.4	28.4	3783.516
11	9.9	8.0	9.84	1310.908	29	28.5	24.8	30.1	4009.994
12	10.6	8.6	10.52	1401.500	30	30.1	26.3	31.8	4236.472
13	11.3	9.2	11.23	1496.088	31	31.8	27.3	33.7	4489.595

2.1.2.3 风速测定

矿井一般用风表测定风速，常用的风表有杯式（见图 2-11）和翼式（见图 2-12）两种。

杯式风表常用在测定巷道风速大于 10m/s 的较高风速的测定，翼式风表测定 0.5～10m/s 的中等风速，具有高灵敏度的翼式风表可以测定 0.1～0.5 m/s低风速。

杯式风表和翼式风表内部结构相似，是由一套特殊的钟表传动机构、指针和叶轮组成。杯式的叶轮是四个杯状铝勺，翼式的则为八张铝片。此外，风表上有一个启动和停止指针转动的小杆，打开时指针随叶轮转动，关闭时叶轮虽转动但指针不动。

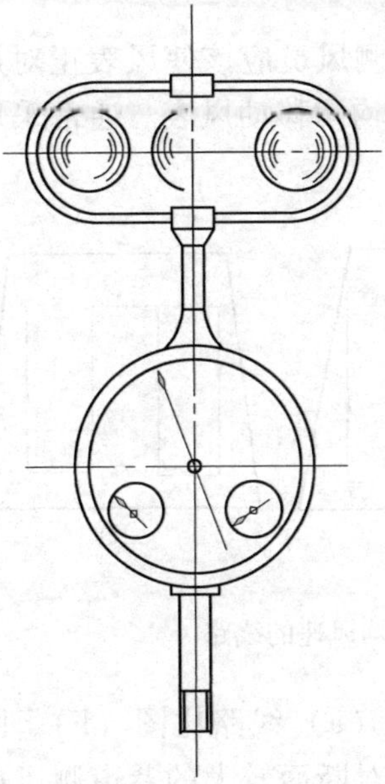

图 2-11 杯式风表

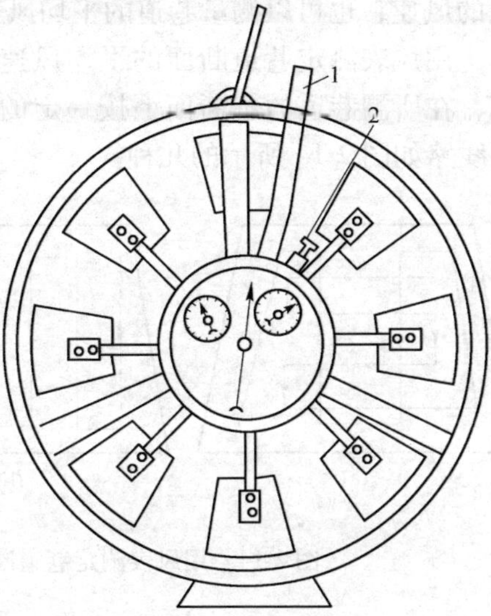

图 2-12 翼式风表

1—启动杆；2—回零装置

测定时，首先将风表指针回零，待叶轮转动稳定后打开开关，则指针随着转动，同时记录时间。经约 1 ~ 2min，关闭开关。测完后，根据记录的指针读数和指针转动时间，算出风表指示风速 N，再用图 2-13 所示的风表校正曲线换算成真实风速 v。风表可以测一

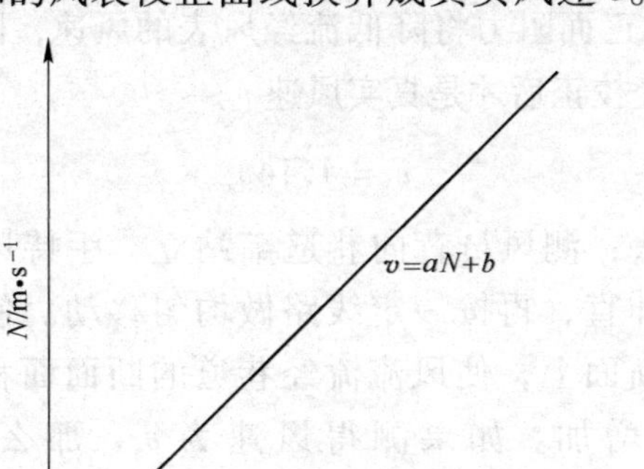

图 2-13 风表校正曲线

点的风速，也可以测量巷道的平均风速。

用风表测定巷道断面的平均风速时，测风员应该使风表正对风流，在所测巷道的全断面上按一定的线路均匀移动风表。通常采用的线路如图 2-14 所示的几种。

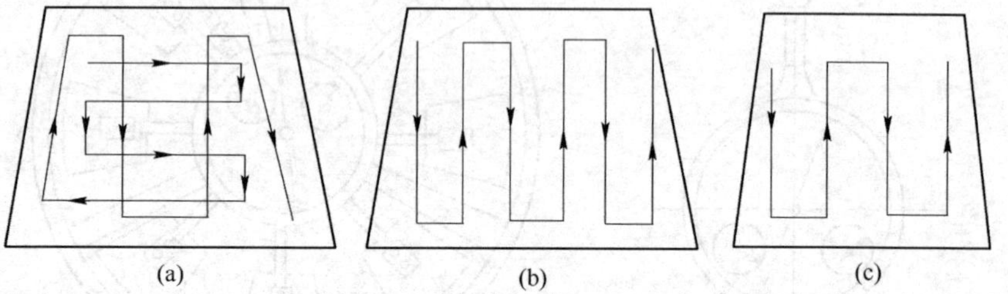

图 2-14　用风表测定巷道断面平均风速的线路

比较几种风速测定风表移动路线，图（a）线路比图（b）、图（c）线路操作复杂，但准确度较高，一般对断面较大的巷道测风速时用图（b）线路，较小的巷道断面用图（c）线路。

根据测风员与风流方向的相对位置，分迎面和侧面两种测风方法。

（1）迎面法：测风员面向风流站立，手持风表，手臂向正前方伸直，然后照一定的线路使风表做均匀移动。由于人体位于风表的正后方，人体的正面阻力将降低流经风表的风速，因此，用该法测得的风速 v_s 需经校正后才是真实风速 v。

$$v = 1.14v_s \tag{2-17}$$

（2）侧面法：测风员背向巷道壁站立，手持风表，将手臂向风流垂直方向伸直，再按一定线路做均匀移动。使用此法时人体与风表在同一断面上，使风流流经巷道的断面面积减少，造成流经风表的风速增加。如果测得风速为 v_s，那么，实际风速则为 v。

$$v = \frac{S - 0.4}{S}v_s \tag{2-18}$$

式中　S——所测巷道断面面积，m^2；

0.4——人体所占据巷道断面的面积，m^2。

为了保证测风的精度，应该做到风表测量范围要适应被测风速的大小，风表距人体约0.6~0.8m的距离，风表在断面上移动时必须与风流方向垂直且移动速度要均匀，时间记录与转数测量务必同步，同一断面风速测定次数应不得少于三次，每次测定误差应在±5%以内。

此外，风速测定还有电子叶式风表、热电式风速仪等，均是利用风速与气温的关系，通过温度感应，将感应转变为电量，转化为风速。这些风速仪操作比较简便，但易受灰尘和湿度的影响，有待进一步改进，以便在矿井广泛使用。

2.2　矿井空气流动过程中的热力变化

2.2.1　气体状态方程

气体状态是指某一给定瞬间气体物理性质的综合，其中最重要的参数是压力、温度和比容，这三个状态参数之间的关系可用下式表示：

$$\frac{pv}{T} = R \tag{2-19}$$

式中　p——气体的绝对静压，Pa；

v——气体比容，m^3/kg；

R——气体常数，m/K。

式（2-19）即是单位质量理想气体的状态方程。

2.2.2　空气流动状态分析

地表空气进入井下，沿途流经井巷，气体由一种状态（p_1、v_1、T_1）变化到另一种状态（p_2、v_2、T_2），由于克服风流的阻力，并与井巷壁面发生热交换，从而发生能量的变化。空气流动状态变化过程通常有等容过程、等压过程、等温过程、绝热过程、多变过程。

2.2.2.1　等容过程

如图 2-15 所示,等容过程是指空气状态变化过程是在一定容积下发生的,亦即比容保持不变。v 为常数,故$\frac{p}{T}$ = 常数,因 $\rho = \frac{1}{v}$, 故 ρ 也是常数,在这个过程中,空气不对外做功,空气所吸收或放出的热量等于内能的增加或减少。1 - 2 为吸热膨胀过程,1 - 2′为放热压缩过程。

2.2.2.2　等压过程

如图 2-16 所示，等压过程是指空气状态变化过程是在一定压力下发生的，亦即压力保持不变。p 为常数，故 $\frac{v}{T}$ = 常数，在这个过程中，空气所吸收或放出的热量等于能量的增加或减少。1 - 2 为吸热膨胀过程，1 - 2′为放热压缩过程。

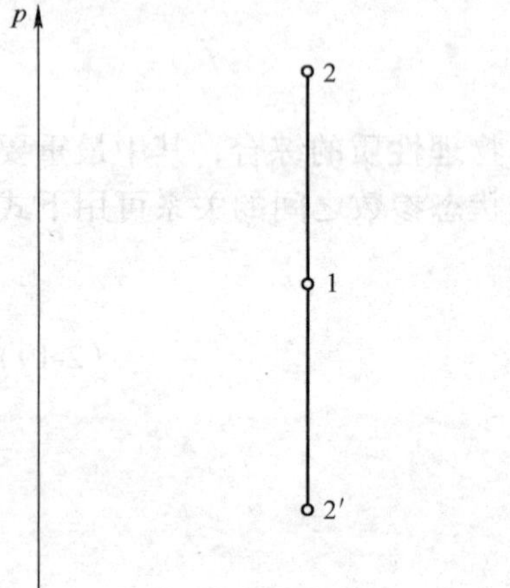

图 2-15　等容过程

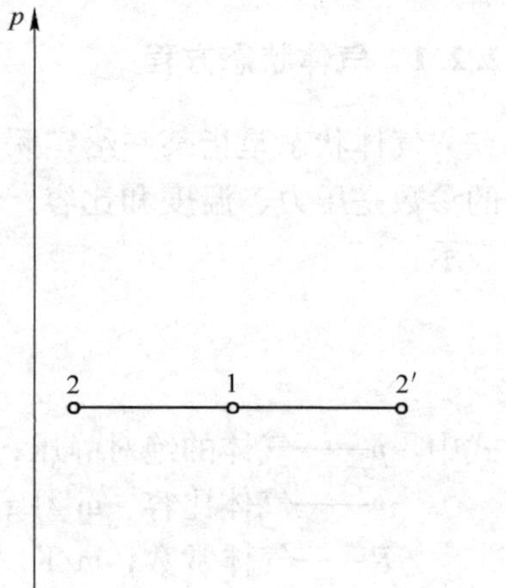

图 2-16　等压过程

2.2.2.3　等温过程

如图 2-17 所示，等温过程是指空气状态变化过程是在一定温度下发生的，亦即温度保持不变。T 为常数，故 pv = 常数，在此过程中，空气从外界获得的热量，等于空气对外界作出的功，或者说空气向外界放出的热量，等于空气从外界获得的功。1 - 2 为吸热膨胀过程，1－2′为放热压缩过程。

2.2.2.4 绝热过程

如图2-18所示，绝热过程就是气体不和外界交换热量时所发生的变化过程。即 $d_q=0$，所进行的膨胀或压缩的过程，空气的 p、v、T 都发生变化，而且变化规律很复杂。在此过程中空气对外界作出的功等于空气内能的减少，空气从外界获得的功等于空气内能的增加。

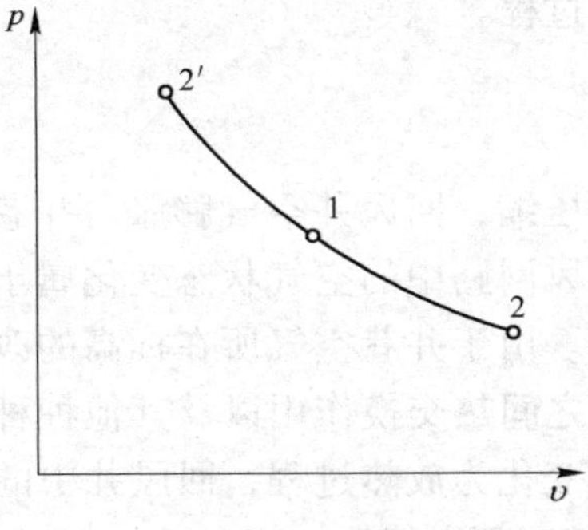

图2-17 等温过程

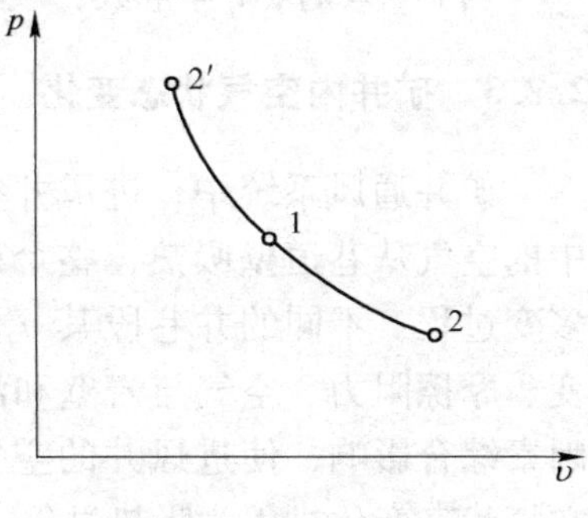

图2-18 绝热过程

2.2.2.5 多变过程

如图2-19所示，当气体状态参数都改变时，所发生的吸热或放

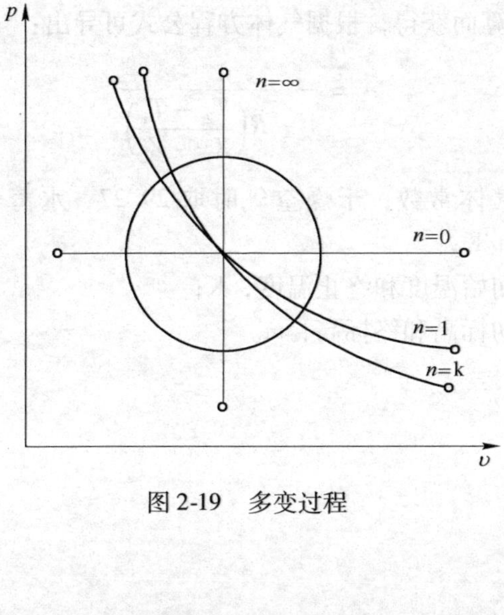

图2-19 多变过程

热状态变化过程称为多变过程。

pv^n = 常数，式中，n 为多变指数，可以是任何实数，不同的 n 值决定不同的状态变化规律，描述不同的变化过程。

当 $n=0$ 时，p = 常数，表示等压过程；

当 $n=1$ 时，pv = 常数，表示等温过程；

当 $n=\mathrm{k}$ 时，pv^{k} = 常数，表示绝热过程；

当 $n=\infty$ 时，v = 常数，表示等容过程。

2.2.3 矿井内空气状态变化

矿井通风系统中，进风井空气受压缩，回风井空气膨胀，井巷中的空气从巷道壁吸热，整个矿井通风网路中的空气状态变化属于多变过程。不同的井巷段其 n 值不同。由于井巷空气所在标高的改变、摩擦阻力、空气与岩壁和滴水等之间热交换作用以及其他种种因素综合影响，使进风井的空气状态变化为放热过程，回风井中的空气状态变化过程为吸热过程，此种情况下它们的 n 值介于 1 ~ 1.14 之间。当回风井空气放热或进风井空气吸热时，那么 $n>1.14$。如果进风井淋水严重，空气与淋水和岩壁间的热交换使空气较多地放热时，则 $n<1$ 的情况出现。

某段巷道中的空气状态变化的 n 值，可根据始末状态参数的测定资料进行计算而获得，根据气体方程公式可导出：

$$n = \frac{1}{1 - R\left(\dfrac{T_2 - T_1}{Z_1 - Z_2}\right)} \tag{2-20}$$

式中 R——气体常数，干燥空气时取 29.27，水蒸气时取 47.06，m/K；

T_1，T_2——初始温度和终止温度，K；

Z_1，Z_2——初标高和终标高，m。

3 风流能量方程及其在矿井通风中的应用

3.1 矿井风流能量

矿井空气沿井巷流动，流动的风流任意断面上都有压能、位能、和动能。这三种能量可分别用相应的静压、位压和动压（速压）来体现。

3.1.1 压能及其计算

3.1.1.1 压能

单位容积风流的压能就是空气的绝对静压，它是以真空状态绝对零压为比较状态的静压，即以零压力为起点表示的静压。绝对静压恒为正数。

3.1.1.2 压能计算

巷道内某一点空气的绝对静压、相对静压、大气压之间的关系会因通风方法的差异而不同。

A 压入式通风巷道

如图 3-1 所示，压入式通风巷道内，风流在任一测点的相对静

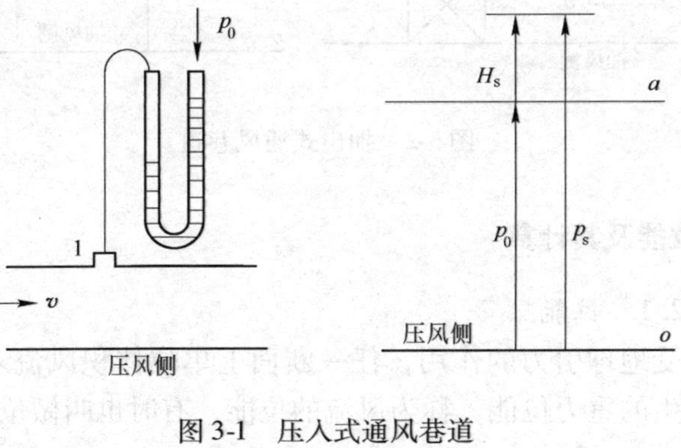

图 3-1 压入式通风巷道

压均为正值，故常把压入式通风称为正压通风。

$$H_s = p_s - p_0$$

即 $$p_s = H_s + p_0 \tag{3-1}$$

式中 H_s——测点的空气相对静压，Pa；

p_s——测点的绝对静压，Pa；

p_0——测点同标高大气压，Pa。

B 抽出式通风巷道

如图 3-2 所示，抽出式通风巷道内，风流在任意一测点的相对静压均为负值，故常把抽出式通风称为负压通风。

$$H_s = p_0 - p_s$$

或 $$p_s = p_0 - H_s \tag{3-2}$$

式中 H_s——测点的空气相对静压，Pa；

p_s——测点的绝对静压，Pa；

p_0——测点同标高大气压，Pa。

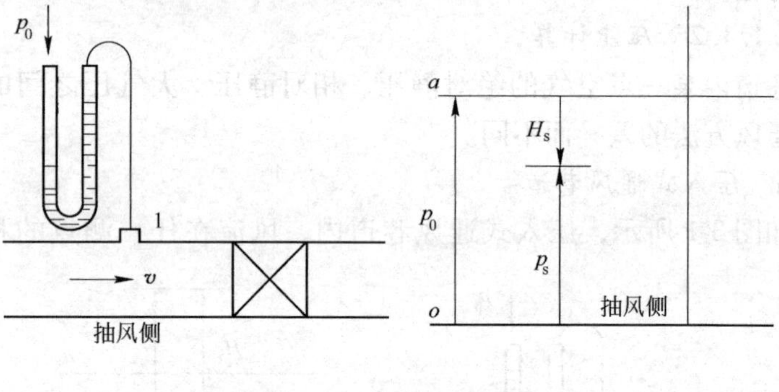

图 3-2 抽出式通风巷道

3.1.2 位能及其计算

3.1.2.1 位能

风流受地球引力的作用，任一断面上单位体积风流对某一设定基准面产生的重力位能，称为风流的位能，有时也叫做位压。

3.1.2.2 位能计算

如图 3-3 所示，断面 1 处单位体积风流对 $A—A$ 基准面的位能是：

$$h_e = Z_1\rho_1 g_1 = Z_1\gamma_1 \tag{3-3}$$

式中 Z_1——断面 1 与基准面垂直距离，m；

ρ_1——断面 1 处的空气密度，kg/m^3；

γ_1——断面 1 处的空气重率，N/m^3。

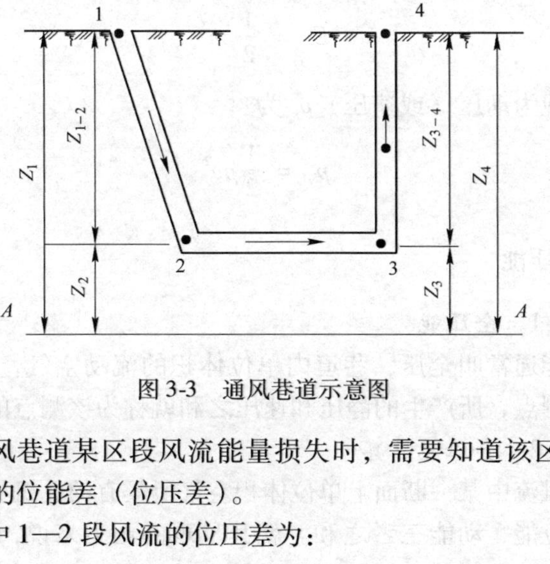

图 3-3 通风巷道示意图

分析通风巷道某区段风流能量损失时，需要知道该区段起末两断面上风流的位能差（位压差）。

图 3-3 中 1—2 段风流的位压差为：

$$h_{e(1-2)} = h_{e1} - h_{e2} = (Z_1\rho_1 - Z_2\rho_2)g \tag{3-4}$$

当 $\rho_1 = \rho_2$ 时 $h_{e(1-2)} = (Z_1 - Z_2)\rho g = Z_{1-2}\rho g$

当 $\rho_1 \neq \rho_2$ 时 $h_{e(1-2)} = Z_{1-2}\rho_{1-2} g = Z_{1-2}\gamma_{1-2}$

式中 Z_{1-2}——始末两端的标高差，即 $Z_1 - Z_2$，m；

ρ_{1-2}——始末两端空气密度的平均值，即 $(\rho_1 + \rho_2)/2$，kg/m^3；

γ_{1-2}——始末两端空气重率的平均值，即 $(\gamma_1 + \gamma_2)/2$，N/m^3。

3.1.3　动能及其计算

3.1.3.1　动能

当空气流动时，空气除了具有压能和位能外，还有空气定向运动的动能，它转化呈现的压力称为动压，又称速压。

3.1.3.2　动能计算

设某点断面处空气的密度为 $\rho(\mathrm{kg/m^3})$，其定向流动的风速为 $v(\mathrm{m/s})$，则 $1\mathrm{m^3}$ 空气所具有的动能 E_v 为：

$$E_v = \frac{1}{2}\rho v^2 \tag{3-5}$$

它呈现为动压（或速压）p_v 为：

$$p_v = \frac{1}{2}\rho v^2 \tag{3-6}$$

3.1.4　全压能

3.1.4.1　全压能

全压能通常叫全压，巷道内单位体积的流动空气，在流动方向上任意一测点，所产生的静压和速压之和就称为该测点的全压能。

3.1.4.2　全压能计算

巷道风流中某一断面上单位体积空气所具有的总机械能（全能）为压能、位能、动能三者之和。就其呈现的压力来说，静压是反映某一断面空气分子热运动的部分动能，动压是反映空气定向流动的动能，而某一断面上空气的位能在该点并不呈现压力。因此，任一断面的静压在任何方向上表现相同的数值，即各向同值，而动压却只在垂直于其流动方向的面积上呈现其正确值，即动压是有方向性的矢量。

当静压用绝对压力 p_s 表示时，叠加后风流的压力为绝对全压 p_t，则三者关系为：

$$p_t = p_s + p_v \tag{3-7}$$

即风流中任一点的绝对静压 p_s 与相应的动压 p_v 之和等于该点的

绝对全压 p_t。

如果静压用相对静压 H_s 表示时，叠加后风流的压力就是相对全压 H_t，相对全压 H_t 等于相对静压 H_s 与动压 p_v 的代数和。

在矿井负压通风风流中，某点相对全压的绝对值 H_t 为：

$$H_t = H_s - p_v \tag{3-8}$$

在矿井正压通风风流中，某点相对全压的绝对值 H_t 为：

$$H_t = H_s + p_v \tag{3-9}$$

3.2 能量方程

3.2.1 风流的流动状态

1883 年英国学者雷诺通过实验发现，同一流体在同一管道中流动，因流速的不同会形成性质不同的流动状态。流速很低时，在流动过程中，各质点互不干扰地沿着自己的流速运动，层次分明，称为层流或滞流。在流速较大时，各质点则相互混杂、碰撞，除沿流动方向运动外还有横向运动，它们的轨迹极其复杂，这种流动状态称为紊流或湍流。雷诺通过试验指出：流体的流动状态除与平均速度 v 有关外，还与管道的直径 D 以及流体黏性有关。用组合 $\frac{vD}{\tau}$ 值可作为判断流动状态的准则，这个无因次准数就叫雷诺数，用 Re 表示，即：

$$Re = \frac{vD}{\tau} \tag{3-10}$$

式中 v——平均流速，m/s；

D——管道直径，m；

τ——流体运动黏性系数，m^2/s。

非圆形井巷风流雷诺数计算公式为：

$$Re = \frac{4vS}{\tau U} \tag{3-11}$$

式中 v——平均流速，m/s；

S——巷道断面面积，m^2；

τ——流体运动黏性系数，m^2/s；

U——巷道周界，m。

实验表明，流体在直管内流动时，通常情况下，当 $Re \leqslant 2000 \sim 2300$ 时，流体状态为层流；当 $Re > 4000$ 时，流体状态为紊流；在 $Re = 2000 \sim 4000$ 的区域内，可能是层流，也可能是紊流，主要取决于管壁的粗糙程度以及流体进入管道的情况等外部条件。原来是层流状态，稍有扰动，就会变成紊流，因此称为不稳定的过渡区。在工程计算中，往往以临界雷诺数 $Re = 2300$ 作为判定流态的基准数，超过此值，即视为紊流。

3.2.2　矿井内风流的流动状态

矿井通风网路中，流经井巷的风流是层流状态还是紊流状态，可根据井巷的具体条件进行计算后判断。

假设某一巷道的断面面积 $S = 2.5m^2$，周界 $U = 6.58m$，风流的运动黏性系数 $\tau = 14.4 \times 10^{-6} m^2/s$，求矿井内风流运动开始向紊流过渡的平均风速 v。

依据公式（3-10）、式（3-11），即 $Re = \dfrac{vD}{\tau}$、 $Re = \dfrac{4vS}{\tau U}$ 可得：

$$\begin{aligned} v &= ReU\tau/(4S) \\ &= 2000 \times 6.58 \times 14.4 \times 10^{-6}/(4 \times 2.5) \\ &\approx 0.019(m/s) \end{aligned}$$

结果说明：在井巷断面面积为 $2.5m^2$ 情况下，风流由层流向紊流过渡的平均风速仅为 0.019m/s，也就是说井巷风流风速在 0.019m/s 及以下时，风流处于层流状态，当风速超过 0.019m/s 时，风流为紊流状态。矿山安全规程规定，井巷中风流的最低风速必须在 0.15～0.25m/s 以上，远大于 0.019m/s。故大多数井巷中风流不会出现层流状态，均属紊流状态，只有采空区、裂隙带等风速较低的漏风风流才有可能出现层流状态。

综上所述，矿井内沿井巷流动的空气风流均属完全紊流状态。

3.2.3　能量方程

矿井内风流运动的能量方程是研究矿井通风动力与阻力之间的

关系以及进行矿井通风阻力测算的理论基础。

3.2.3.1 单位质量流体的能量方程

矿井内风流沿井巷流动中，不仅因克服阻力而损失能量，同时还不断与外界环境进行复杂的热交换，所以风流与外界除有能量传递外还有热量交换。能量的变化遵循热力学第一定律，即能量守恒定律。如图 3-4 所示，在流体流经的断面 1 和断面 2 的参数分别为：绝对静压 p_1 和 p_2、流速 v_1 和 v_2、断面中心距基准面的高度 Z_1 和 Z_2、空气内能 u_1 和 u_2 以及断面面积 ds_1 和 ds_2，则断面 1 和断面 2 流体单位质量所具有的总能量分别为：

断面 1： $$\frac{p_1}{\rho_1} + \frac{v_1^2}{2} + gZ_1 + u_1$$

断面 2： $$\frac{p_2}{\rho_2} + \frac{v_2^2}{2} + gZ_2 + u_2$$

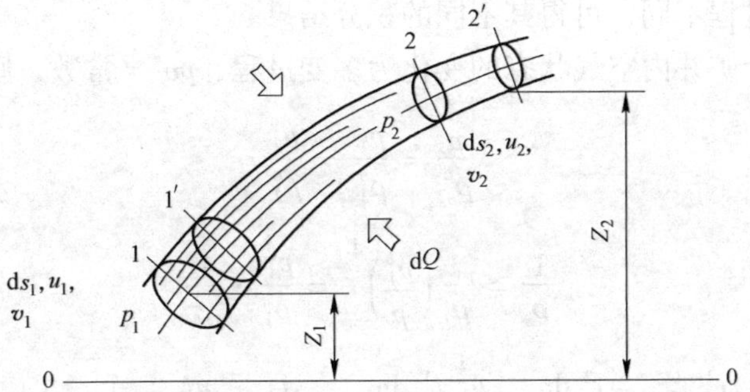

图 3-4 流体流经管道界面

当流体由断面 1 流到断面 2，克服风流流动阻力耗能 H_r(J/kg)，这部分能量转化为热量 q_r(J/kg)，但仍在空气中，当井巷中的放热机电设备传给风流热量 q_c(J/kg)时，风流由断面 1 到断面 2，能量变化遵守能量守恒定律：

$$\frac{p_1}{\rho_1} + \frac{v_1^2}{2} + gZ_1 + u_1 + q_r + q_c = \frac{p_2}{\rho_2} + \frac{v_2^2}{2} + gZ_2 + u_2 + H_r \tag{3-12}$$

由热力学可知，给予空气的热量使空气内能增加并膨胀做功，即

$$q_r + q_c = u_2 - u_1 + \int_1^2 p\mathrm{d}\upsilon \tag{3-13}$$

式中　υ——空气的比容，m^3/kg。

$$\frac{p_2}{\rho_2} - \frac{p_1}{\rho_1} = p_2\upsilon_2 - p_1\upsilon_1 = \int_1^2 \mathrm{d}(p\upsilon) = \int_1^2 p\mathrm{d}\upsilon + \int_1^2 \upsilon\mathrm{d}p \tag{3-14}$$

将式（3-14）代入式（3-12）并整理，可得：

$$\int_1^2 \upsilon\mathrm{d}p + \left(\frac{v_1^2}{2} - \frac{v_2^2}{2}\right) + (Z_1 - Z_2)g = H_r \tag{3-15}$$

式（3-15）为单位质量可压缩流体的能量方程（伯努利方程）。式中，$\int_1^2 \upsilon\mathrm{d}p = \int_2^1 \frac{\mathrm{d}p}{\rho}$ 称为伯努利积分，由于从断面 1 流到断面 2 的状态变化过程不同，可得其不同的积分结果。

由于矿井内空气状态的变化为多变过程，$p\upsilon^n$ = 常数，则：

$$\frac{p}{\rho^n} = \frac{p_1}{\rho_1^n} = \frac{p_2}{\rho_2^n}$$

故
$$\frac{1}{\rho} = \frac{1}{\rho_1}\left(\frac{p_1}{p}\right)^{\frac{1}{n}} = \frac{p_1^{\frac{1}{n}}}{\rho_1} \cdot \frac{1}{p^{\frac{1}{n}}}$$

$$\int_1^2 \upsilon\mathrm{d}p = \int_1^2 \frac{\mathrm{d}p}{\rho} = \frac{p_1^{\frac{1}{n}}}{\rho_1}\int_2^1 \frac{\mathrm{d}p}{p^{\frac{1}{n}}} = \frac{1}{n-1} \cdot \frac{p_1^{\frac{1}{n}}}{\rho_1}\left(p_1^{\frac{n-1}{n}} - p_2^{\frac{n-1}{n}}\right)$$

$$= \frac{n}{n-1}\left(\frac{p_1}{\rho_1} - \frac{p_2}{\rho_2}\right) \tag{3-16}$$

将式（3-16）代入式（3-15），得

$$H_r = \frac{n}{n-1}\left(\frac{p_1}{\rho_1} - \frac{p_2}{\rho_2}\right) + \left(\frac{v_1^2}{2} - \frac{v_2^2}{2}\right) + (Z_1 - Z_2)g \tag{3-17}$$

式（3-17）表示单位质量空气由断面 1 流到断面 2 时的能量损失。式中多变指数 n 可由实测 p_1、p_2、T_1、T_2 等值，用下式计算：

$$n = \frac{\ln\left(\dfrac{p_2}{p_1}\right)}{\ln\left(\dfrac{p_2}{p_1}\right) - \ln\left(\dfrac{T_2}{T_1}\right)} = \frac{\ln\left(\dfrac{p_2}{p_1}\right)}{\ln\left(\dfrac{\rho_2}{\rho_1}\right)} \tag{3-18}$$

或
$$\frac{n}{n-1} = \frac{\ln\left(\dfrac{p_2}{p_1}\right)}{\ln\left(\dfrac{p_2/\rho_2}{p_1/\rho_1}\right)} \tag{3-19}$$

当 $n=\infty$ 时，$pv^{\infty}=$ 常数，即为等容过程，$\int_2^1 v\mathrm{d}p = v(p_1 - p_2)$；

当 $n=0$ 时，$pv^0 = p =$ 常数，表示等压过程，$\int_2^1 v\mathrm{d}p = 0$；

当 $n=1$ 时，$pv = RT =$ 常数，表示等温过程，$\int_2^1 v\mathrm{d}p = p_1 v_1 \ln\dfrac{p_1}{p_2}$；

当 $n=\mathrm{k}$ 时，$pv^{\mathrm{k}} =$ 常数，表示绝热过程。

事实上，矿井空气在井下流动过程中，由于进风井空气受压缩、回风井空气膨胀，井巷中的空气从巷道壁吸热，整个矿井通风网路的空气状态变化属于多变过程，矿井内空气的容积和密度是变化的，造成这种变化的原因主要有：一是空气流经水平井巷时，由于空气柱的重力作用，使得风流的密度和压力增大，使得空气密度增大；二是由于矿井采用机械抽出或压入式通风，主扇风机形成的压差作用于矿井的空气，使得矿井空气在通风网路中空气的压力、密度发生变化；三是由于风流流经井巷断面、地点的变化，使得风流的风速、温度发生变化，空气的密度亦发生变化。

在矿井通风研究中，虽然矿井内风流流动过程是一个多变过程，但研究发现，风流的静压、动压或井筒深度对风流压缩性所产生的影响都比较小。在一般情况下，将矿内风流视为非压缩性流体来对待不会引起明显的差错。只有超深矿井，特别是在分析研究受空气重率影响较大的自然通风问题时，则需考虑风流的压缩性及其热力变化过程。所以，矿井空气视为不可压缩，其变化过程视为等容过程，即空气的密度、重率是常数。

将矿内风流单位质量气体的能量方程简化为：

$$\frac{p_1 - p_2}{\rho} + \left(\frac{v_1^2}{2} - \frac{v_2^2}{2}\right) + (Z_1 - Z_2)g = H_r \tag{3-20}$$

式（3-20）表明，流体的压能、位能和动能三种能量的变化值之和用来满足因克服阻力而消耗的机械功。

3.2.3.2　单位体积流体的能量方程

在矿井通风的实际应用中，通常以体积流量作为风流的流量单位，因此在分析与测定通风压力与通风阻力时，也都以单位体积流体的能量方程式为基础。用风流的密度 ρ 乘式（3-20）便得到单位体积气体的能量方程：

$$p_1 - p_2 + \left(\frac{v_1^2}{2} - \frac{v_2^2}{2}\right)\rho + (Z_1 - Z_2)\rho g = H_r\rho \tag{3-21}$$

令 $h_r = H_r\rho$，h_r 为风流断面 1、2 之间的通风阻力。则

$$h_r = p_1 - p_2 + \left(\frac{v_1^2}{2} - \frac{v_2^2}{2}\right)\rho + (Z_1 - Z_2)\rho g \tag{3-22}$$

方程式（3-22）表明：风流在起末两断面间的压能差、动能差和位能差之和，等于风流在起末断面间为克服通风阻力而损失的能量。或者说，这项能量损失就是风流在起末两断面上的总能量之差，这项总能量之差叫做通风压力。风流沿井巷的流动过程，实质就是通风压力与通风阻力之间相互转化的过程。所以，通风压力和通风阻力同时产生，互相依存，大小相等，方向相反。为了克服通风阻力，必须满足相应的通风压力，风流从总能量大的断面流向总能量小的断面。

3.3　能量方程在矿井通风中的应用

3.3.1　能量方程在通风阻力测定中的应用

由矿井空气的能量方程可知，井巷的通风阻力等于风流的总能量损失，那么，井巷阻力的大小就可以通过测定两断面间的总能量损失而获得。

3.3.1.1 断面相同的水平巷道阻力

如图3-5所示，矿井风流在断面相同的水平巷道内流动，风流由断面1流到断面2，$v_1 = v_2$，$Z_1 = Z_2$，$\rho_1 = \rho_2$ 或 $\gamma_1 = \gamma_2$ 则能量方程式可简化为：

$$h_{r1-2} = p_1 - p_2 \quad (3\text{-}23)$$

式（3-23）表明，断面相同的水平巷道，两断面间的静压差等于这段巷道的通风阻力。因此，只要测得断面1、2间的静压差 $p_1 - p_2$，则为这段巷道的通风阻力 h_{r1-2}。

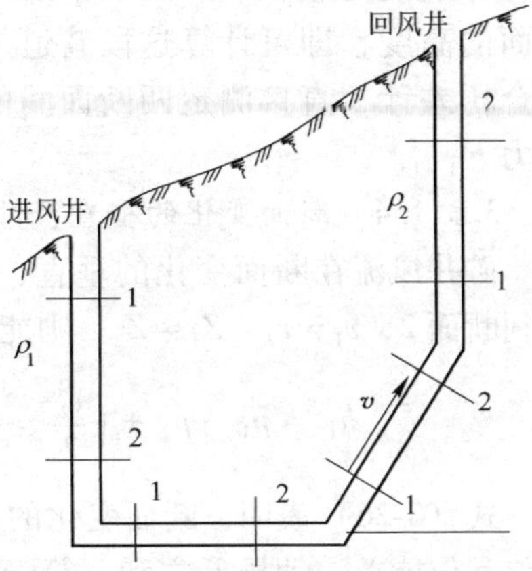

图3-5 矿井通风系统示意图

3.3.1.2 断面不同的水平巷道阻力

矿井风流在断面不同的水平巷道内流动，风流由断面1流到断面2，$v_1 \neq v_2$，$Z_1 = Z_2$，$\rho_1 = \rho_2$ 或 $\gamma_1 = \gamma_2$ 则能量方程式可简化为：

$$h_{r1-2} = p_1 - p_2 + \left(\frac{v_1^2}{2} - \frac{v_2^2}{2}\right)\rho \quad (3\text{-}24)$$

式（3-24）表明，断面不同的水平巷道，两断面间的静压差和动压差之和，等于这段巷道的通风阻力。如果用精密气压计分别测定断面1、2处的静压 p_1、p_2，再用风速表分别测定两断面处的平均风速 v_1、v_2，便可计算两断面的静压差和动压差之和，即为这段巷道的通风阻力 h_{r1-2}。

3.3.1.3 断面相同的垂直巷道阻力

矿井风流在断面相同的垂直巷道内流动，风流由断面1流到断面2，$v_1 = v_2$，$Z_1 \neq Z_2$，则能量方程式可简化为：

$$h_r = p_1 - p_2 + (Z_1 - Z_2)\rho g \quad (3\text{-}25)$$

式（3-25）表明，断面相同的垂直、倾斜巷道，两断面间的静压差和位能差之和，等于这段巷道的通风阻力。如果用精密气压计分别测定断面 1、2 处的静压 p_1、p_2，同时测定两断面距基准面的高度，即可计算这段巷道的通风阻力 h_{r1-2}。如果用皮托管配合压差计，直接测定两断面间的压差 p_1-p_2，即为井巷的通风阻力 h_{r1-2}。

3.3.1.4 断面变化的垂直、倾斜巷道阻力

矿井风流在断面变化的垂直、倾斜巷道内流动，风流由断面 1 流到断面 2，$v_1 \neq v_2$，$Z_1 \neq Z_2$，则能量方程式可简化为：

$$h_r = p_1 - p_2 + \left(\frac{v_1^2}{2} - \frac{v_2^2}{2}\right)\rho + (Z_1 - Z_2)\rho g \tag{3-26}$$

式（3-26）表明，断面变化的垂直、倾斜巷道，两断面间的静压差和位能差、动压差之和，等于这段巷道的通风阻力。需要用前面讲过的方法全面测定两断面的静压差、动压差和位能差，其和即为井巷的通风阻力 h_{r1-2}。

3.3.2 能量方程在分析通风动力与阻力关系时的应用

3.3.2.1 有扇风机工作时的能量方程式

如图 3-6 所示，在所研究的 1、2 两断面间如果有扇风机工作，则断面 1 的全能量加上扇风机的全压，等于断面 2 的全能量加上 1、2 两断面间的通风阻力。此时，单位体积流体的能量方程可写成如下形式：

$$p_1 + \frac{v_1^2}{2}\rho + Z_1\rho g + H_f = p_2 + \frac{v_2^2}{2}\rho + Z_2\rho g + h_{r1-2} \tag{3-27}$$

式中 H_f——风机的全压，Pa；

h_{r1-2}——风流由断面 1 到断面 2 的通风阻力，Pa。

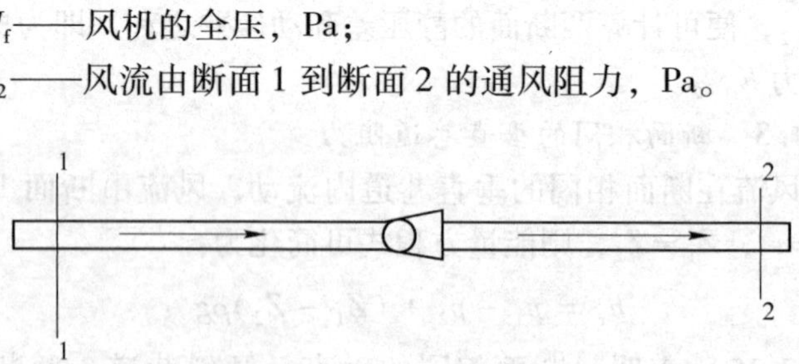

图 3-6 扇风机工作的井巷

在分析扇风机的工作状况时，常常在扇风机入口取断面1，在扇风机出口取断面2，列出能量方程式。此时，两断面间通风阻力 h_{r1-2} 很小，$h_{r1-2}\backsim 0$，可忽略不计，同时，Z_1-Z_2，则能量方程可写成：

$$H_f = p_1 - p_2 + \left(\frac{v_1^2}{2} - \frac{v_2^2}{2}\right)\rho \tag{3-28}$$

式（3-28）表明，扇风机全压等于扇风机出风口与入风口之间静压差与动压差之和。

3.3.2.2 通风动力与阻力之间的关系

A 压入式通风

如图3-7所示，压入式通风扇风机工作时，在风硐内断面1处造成静压 p_1，平均风速 v_1，出风口断面2处的静压等于地表大气压 p_0，出风口平均风速 v_2。则1、2两断面间的能量方程式：

$$h_{r1-2} = p_1 - p_0 + \left(\frac{v_1^2}{2} - \frac{v_2^2}{2}\right)\rho + (Z_1 - Z_2)\rho g \tag{3-29}$$

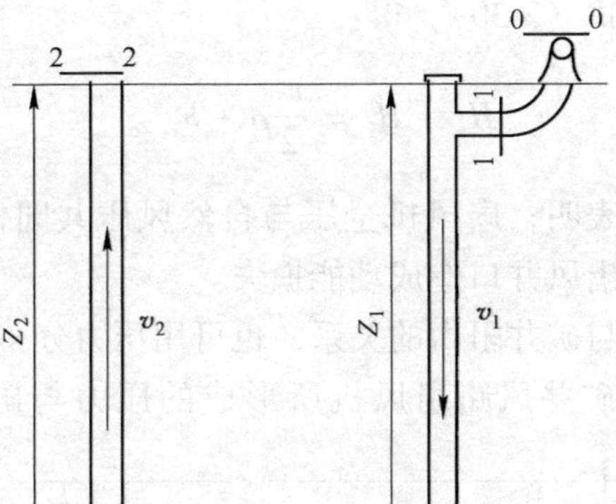

图3-7 压入式通风扇风机工作

式（3-29）中 p_1-p_0 为扇风机在风硐中所造成的相对静压，风机房静压水柱计上所测得的压差即为此值，用 H_s 表示，$(Z_1-Z_2)\rho g$ 为1、2断面间的位能差，它相当于因进、排风井两侧空气重量不同而形成的自然风压，以 H_n 表示。则矿井通风阻力 h_{r1-2} 可写成：

$$H_n + \frac{v_1^2}{2}\rho + H_s = \frac{v_2^2}{2}\rho + h_{r1-2} \tag{3-30}$$

式（3-30）说明，矿井压入式通风时，扇风机在风硐中所形成的静压与动压之和，与自然风压共同作用，克服了矿井通风阻力，并在出风井口造成动压损失。

为使矿井阻力与扇风机全压联系起来，列出扇风机入口与扇风机风硐间的能量方程式。由于扇风机入口处的静压等于大气压 p_0，风速为零，两断面间通风阻力 h_{r1-2} 很小，$h_{r1-2} \approx 0$，可忽略不计时，其能量方程式可写成：

$$H_f = p_1 - p_0 + \left(\frac{v_1^2}{2}\right)\rho \tag{3-31}$$

或

$$H_f = H_s + \frac{v_1^2}{2}\rho \tag{3-32}$$

即扇风机的全压等于扇风机在风硐中所形成的静压与动压之和。将此关系式代入式（3-30），得：

$$H_n + H_f = \frac{v_2^2}{2}\rho + h_{r1-2} \tag{3-33}$$

式（3-33）表明，扇风机全压与自然风压共同作用，克服矿井通风阻力，并在出风井口造成动能损失。

扇风机压力与矿井阻力的关系，也可用压力分布图来表示。图 3-8 是沿矿井风路扇风机所形成的压力与矿井阻力的变化

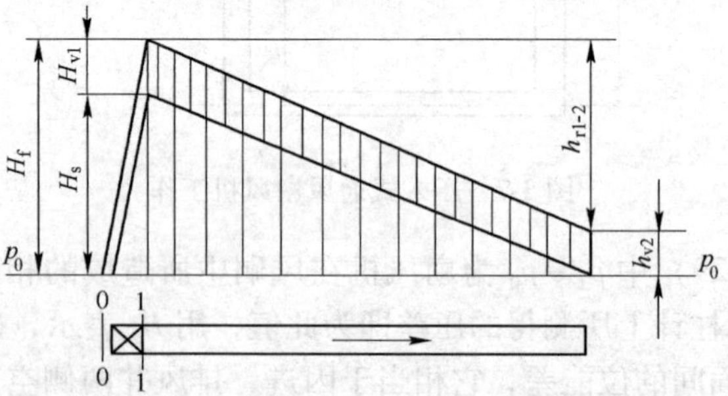

图 3-8　压入式通风时的压力分布图

关系。

图3-8表明，在压入式扇风机风硐内，扇风机的全压 H_f 等于扇风机静压与动压之和。随着风流向前流动，由于克服矿井阻力，扇风机的全压、静压都逐渐降低。在矿井排风处，扇风机的全压大部分用于克服矿井通风阻力 h_{r1-2}，只剩下一小部分，它等于矿井出风口的动能损失 $\frac{1}{2}v_2^2\rho$。

B　抽出式通风

如图3-9所示，抽出式通风，扇风机安设在出风井，在风硐中断面2处造成静压 p_2，平均风速 v_2，入风口断面1处的静压等于地表大气压 p_0，入风口平均风速等于零。则1、2两断面间的能量方程式：

$$h_{r1-2} = p_0 - p_2 + (Z_1 - Z_2)\rho g - \frac{v_2^2}{2}\rho \tag{3-34}$$

式（3-34）中 $p_0 - p_2$ 为扇风机在风硐中所造成的相对静压，用 H_s 表示，$(Z_1 - Z_2)\rho g$ 为1、2断面间的位能差，它相当于因进、排风井两侧空气重量不同而形成的自然风压，以 H_n 表示。则矿井通风阻力 h_{r1-2} 可写成：

$$H_n + H_s = \frac{v_2^2}{2}\rho + h_{r1-2} \tag{3-35}$$

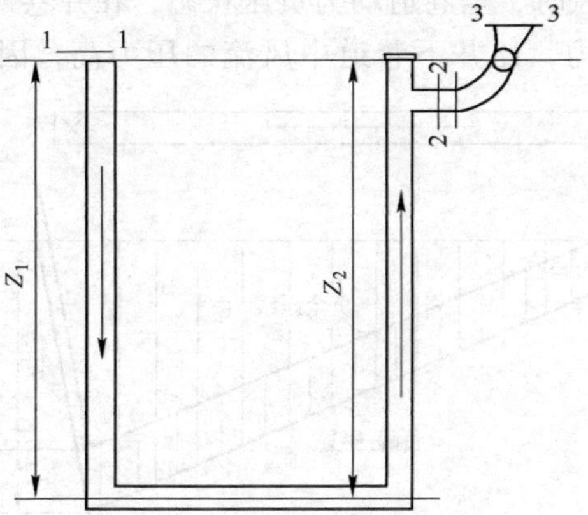

图3-9　抽出式通风扇风机工作

式（3-35）说明，矿井抽出式通风时，扇风机在风硐中所形成的静压与自然风压共同作用，克服了矿井通风阻力，并在出风井口造成动压损失。

为分析矿井阻力与扇风机全压之间的关系，列出扇风机入口 2 与扇风机扩散器出口的能量方程式。这个方程式包括扇风机在内，并忽略这段巷道的通风阻力，则扇风机全压（以绝对值表示）H_f 为：

$$H_f = p_0 - p_2 + \left(\frac{v_3^2}{2} - \frac{v_2^2}{2}\right)\rho$$

或

$$H_f = H_s + \left(\frac{v_3^2}{2} - \frac{v_2^2}{2}\right)\rho \tag{3-36}$$

将式（3-25）与式（3-26）合并，可得：

$$H_n + H_f = \frac{v_3^2}{2}\rho + h_{r1-2} \tag{3-37}$$

即抽出式扇风机的全压与自然风压共同作用，克服矿井通风阻力，并在出风井口造成动压损失。

扇风机压力与矿井阻力的关系，也可用压力分布图来表示。

图 3-10 是抽出式通风时所形成的压力与矿井阻力的变化关系。

抽出式通风时，全巷道均为负压状态，在井巷入口处，空气压力等于大气压力，比井下巷道中风流的压力高，因而使风流向井

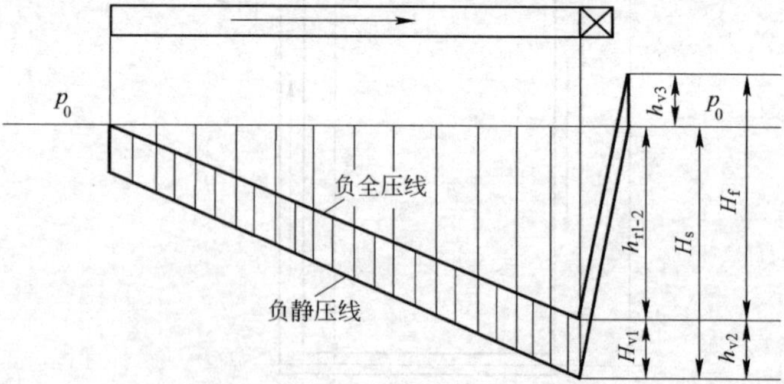

图 3-10　抽出式通风时压力分布图

巷中流动。风流进入井巷后，由于风流具有风速，使风流的部分压能转化为动能，其静压成为负值。随着风流沿井巷流动，因克服井巷通风阻力而产生能量损失，风流的全压和静压均成负值。在井巷的任一断面处，风流的全压均等于其静压与动压的代数和，就压力的绝对值来说，其全压等于静压减动压，风流的全压等于风流由入风口到该断面的通风阻力。巷道中任一断面处风流的全压和静压都是由扇风机所造成的。但是，其数值并不等于扇风机的全压或静压。如图3-10所示，扇风机全压等于扩散器出口与扇风机风硐之间的全压差，而不等于扇风机在风硐中所造成的全压。扇风机在风硐中所造成的全压，即该断面风流的全压，等于矿井通风阻力。而扇风机的静压则等于扇风机在风硐中所造成的静压，即该断面风流的静压。

C 扇风机安装在井下

在金属矿山，有时将扇风机安装在井下，在扇风机前后都有一段风路，都有通风阻力。

如图3-11所示，为分析扇风机风压与井巷通风阻力之间的关系，将通风系统分成扇风机前段、扇风机本身段、扇风机后段三部分，分别分析其能量转换关系，从中找出扇风机与井巷通风阻力之间的关系。

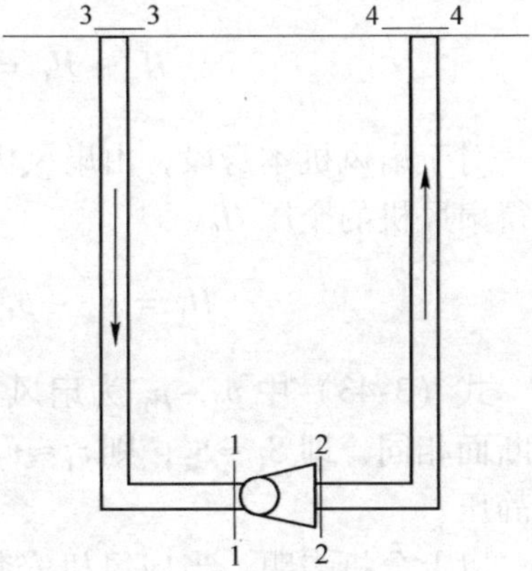

图3-11 扇风机安装在井下工作

首先列出入风口断面3到扇风机吸风口断面1之间的能量方程式：

$$p_3 + \frac{v_3^2}{2}\rho + Z_3\rho g = p_1 + \frac{v_1^2}{2}\rho + Z_1\rho g + h_{r3-1} \tag{3-38}$$

式中，h_{r3-1}为风流由断面3流到断面1的通风阻力，入风口处$v_3 = 0$，井底断面1处距基准面的距离为零，即$Z_1 = 0$，式（3-38）可简化为：

$$H_{r3-1} = p_3 - p_1 + Z_3\rho g - \frac{v_1^2}{2}\rho \tag{3-39}$$

其次列出扇风机出风口断面 2 到排风井口断面 4 之间的能量方程式：

$$p_2 + \frac{v_2^2}{2}\rho + Z_2\rho g = p_4 + \frac{v_4^2}{2}\rho + Z_4\rho g + h_{r2-4} \tag{3-40}$$

式中，h_{r2-4}为风流由断面2 流到断面4 的通风阻力，井底断面2 处距基准面的距离为零，即 $Z_2 = 0$，式（3-40）可简化为：

$$H_{r2-4} = p_2 - p_4 + \left(\frac{v_2^2}{2} - \frac{v_4^2}{2}\right)\rho - Z_4\rho g \tag{3-41}$$

将式（3-39）与式（3-41）相加，并已知 $p_3 = p_4 = p_0$，则可得：

$$H_n + H_f = \frac{v_4^2}{2}\rho + h_{r3-4} \tag{3-42}$$

对于扇风机本身段，由扇风机入、排风口断面 1、2 的能量方程可得扇风机的全压 H_f。

$$H_f = p_2 - p_1 + \left(\frac{v_2^2}{2} - \frac{v_1^2}{2}\right)\rho \tag{3-43}$$

式（3-43）中 $p_2 - p_1$ 为扇风机静压，若扇风机入、排风两侧巷道断面相同，即 $S_1 \approx S_2$，则 $v_1 \approx v_2$，此时，扇风机的全压等于扇风机的静压。

以上分析表明，当扇风机安装在井下时，扇风机的全压与自然风压之和，用于克服入风侧、排风侧阻力之和，并在出风口造成动压损失。

扇风机安装在井下，其压力分布如图 3-12 所示，在吸风段，全压与静压均为负值，在出风段，全压与静压均为正值。

综上所述，无论压入式、抽出式或扇风机安装在井下，用于克服矿井通风阻力和造成出风口动能损失的通风动力均为扇风机的全压与自然风压之总和，在这一点上是共同的。因此，通风方式不同或扇风机安装地点不同，对扇风机能量的有效利用不会产生很大的影响。值得注意的是，无论何种通风方式或扇风机安装地点有何不

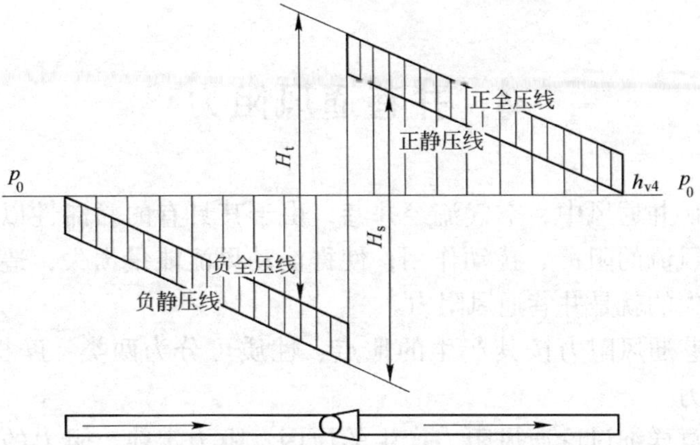

图 3-12　扇风机安装在井下时的压力分布

同，降低出风口风流的动压损失，对节省扇风机的能量，都是非常必要的。此外，不同的通风方式或不同的扇风机安装地点，扇风机的全压或静压与扇风机风硐中风流的全压或静压之间，存在着不同的关系。压入式通风时，全压等于扇风机风硐中风流的全压，扇风机房全压水柱计上示度即为此值。扇风机静压也等于扇风机风硐中风流的静压，扇风机房静压水柱计上的示度就是扇风机的静压。通常以扇风机的全压作为压入式通风时扇风机的风压参数，这一风压值与矿井通风阻力及出风井口风流动压损失之和对应。因此，在阻力计算时，除计算矿井阻力之外，还应再加上出风井口的动压损失。抽出式通风则不然，扇风机风硐中风流的全压不等于扇风机的全压，而等于矿井通风阻力，欲求扇风机的全压，还需再加上扩散器出风口的动压损失。扇风机风硐中风流的全压又可称为扇风机的有效静压。它是用以克服矿井通风阻力的有效压力。通常以此扇风机有效静压作为抽出式扇风机的风压参数。阻力计算时，只计算矿井通风阻力即可。当扇风机安装在井下时，排风风硐与入风风硐之间风流的全压差等于扇风机的全压，静压差等于扇风机的静压。通常也是以扇风机的全压作为其风机的风压参数。阻力计算时，除计算矿井通风阻力外，还要加上出风口的动压损失。

4 井巷通风阻力

在矿井通风中，空气流经井巷，由于其具有的黏滞性以及井巷壁面对风流的阻滞、扰动作用，使得流动风流能量损失，造成这些能量损失的就是井巷通风阻力。

井巷通风阻力按其产生的地点、性质可分为两类：摩擦阻力、局部阻力。

本章详细讨论通风阻力产生的原因、阻力定律、阻力的计算以及降低通风阻力的措施，这些是进行矿井通风设计、通风系统管理的基础。

4.1 摩擦阻力

4.1.1 摩擦阻力的理论基础

4.1.1.1 摩擦阻力

风流在井巷中做均匀流动时，沿程受到井巷内壁面的阻滞、扰动引起内外摩擦，因而产生阻力，这种阻力叫做摩擦阻力。

4.1.1.2 理论基础

井巷风流与管道水流具有相似的物理性质，所以，研究井巷风流引用水力学中管道水流的研究结论。

水力学实验得出，水流在管道中流动，其摩擦阻力为：

$$h_{\mathrm{f}} = \frac{\lambda \rho L v^2}{2D} \tag{4-1}$$

式中 λ——达西系数，量纲为1；

ρ——水的密度，kg/m^3；

L——管道长度，m；

v——平均流速，m/s；

D——管道直径，m。

式（4-1）为矿井风流摩擦阻力计算式的基础，它对于不同流态的风流都能应用，流态不同时，式中 λ 的实验式不同。

在水力学实验中，在圆管内壁分别胶结各种粗细砂粒，制造内壁粗糙，实验得出流态不同的水流 λ 系数和管壁的粗糙程度、雷诺数的关系。

实验是用管道的直径 D 和管壁平均突起的高度（即砂粒的平均直径）k 之比来表示管壁的相对粗糙度。试验中用阀门不断改变管道内水流的速度，实验结果如图 4-1 所示，图 4-1 表明以下几种情况。

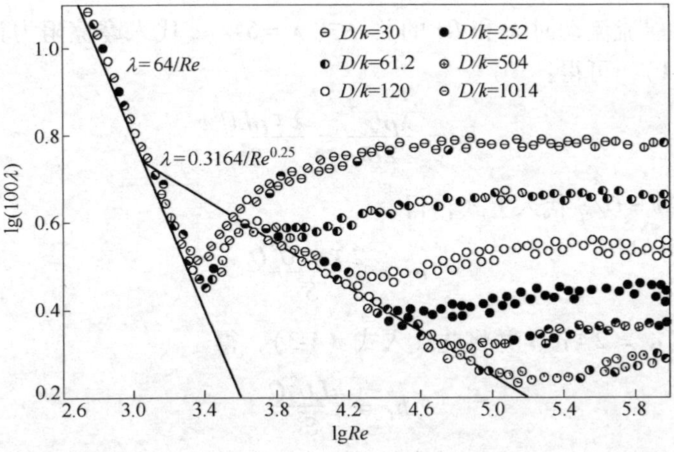

图 4-1 尼古拉茨曲线

（1）当 $\lg Re \leqslant 3.3$（即 $Re \leqslant 2000$），即当流体做层流流动时，由左边斜线可以看出，相对光滑度不同的所有试验点都分布于其上，λ 随 Re 的增加而减少，且与管道的相对光滑度无关，λ 和 Re 的关系式为：

$$\lambda = 64/Re$$

（2）当 $3.3 < \lg Re < 5.0$（即 $2000 < Re < 100000$）时，即当流体由层流到紊流再到完全紊流的中间过渡状态时，λ 既和 Re 有关，又和管壁的相对光滑度有关。

（3）当 $\lg Re \geqslant 5.0$（即 $Re \geqslant 100000$），即当流体做完全紊流流动

时，λ 和 Re 无关，只和管壁的相对光滑度有关。管壁的相对光滑度越大，λ 值越小。

风流在井巷中流动，属于完全紊流流动状态。所以，λ 系数与雷诺数 Re 无关，而仅仅取决于井巷的相对光滑度，而每条井巷的相对光滑度在一定的时间范围内是不变的，故这时 λ 系数可以视为常数。

4.1.2　摩擦阻力定律

4.1.2.1　层流状态下的阻力定律

将层流流动时 λ 和 Re 的关系式 $\lambda = 64/Re$ 代入摩擦阻力计算公式（4-1），可得：

$$h_f = \frac{\lambda\rho L v^2}{2D} = \frac{2\tau\rho L U^2 v}{S^2} \tag{4-2}$$

将 $v = Q/S$ 代入上式，得

$$h_f = \frac{2\tau\rho L U^2 Q}{S^3} \tag{4-3}$$

设 $a = 2\tau\rho$，并将此代入式（4-3），得

$$h_f = \frac{a L U^2 Q}{S^3} \tag{4-4}$$

设 $R_f = \dfrac{aLU^2}{S^3}$，并将其代入式（4-4），得

$$h_f = R_f Q \tag{4-5}$$

式中　a——层流状态下的井巷摩擦阻力系数，$N \cdot s^2/m^4$；

R_f——层流状态下的井巷摩擦风阻，$N \cdot s^2/m^8$。

式（4-5）即为风流在层流状态下的摩擦阻力定律。

4.1.2.2　完全紊流状态下的阻力定律

根据水力学实验，可得出水流在管道中流动时摩擦阻力计算公式，考虑管道直径 $D = 4S/U$，将其代入阻力公式，得

$$h_f = \frac{\lambda\rho L U v^2}{8S} \tag{4-6}$$

完全紊流流动时 λ 系数为常数，设 $a=\frac{\lambda\rho}{8}$，由于 $v=Q/S$，将其代入式（4-6），得

$$h_f = \frac{aLUv^2}{S} = \frac{aLUQ^2}{S^3} \tag{4-7}$$

设 $R_f = \frac{aLU}{S^3}$，并将此代入式（4-7），得

$$h_f = R_f Q^2 \tag{4-8}$$

式中 a——紊流状态下的井巷摩擦阻力系数，$N \cdot s^2/m^4$；

R_f——紊流状态下的井巷摩擦风阻，$N \cdot s^2/m^8$。

式（4-8）即为风流在紊流状态下的摩擦阻力定律。

4.1.3 摩擦阻力的计算

井巷摩擦阻力的计算是矿井通风阻力计算、选择通风设备的基础，在评定矿井通风状况或进行矿井通风设计时，需要计算完全紊流状态下井巷的摩擦阻力。其方法是按照完全紊流状态下的通风阻力定律，将矿井巷道长度 L、周界 U、净断面积 S、支护形式、风量 Q 分配值以及其中有无提升运输设备等用列表的方式排列出来，然后用查表法选定对应井巷的摩擦阻力系数 a 值，最后将计算结果填于表中，如表 4-1 所示。

表 4-1 矿井井巷风量及通风阻力计算表

序号	井巷名称	支护形式	a /$N \cdot s^2 \cdot m^{-4}$	L /m	U /m	S /m^2	S^3 /m^3	Q /$m^3 \cdot s^{-1}$	Q^2 /$(m^3 \cdot s^{-1})^2$	$H_{摩}$ /Pa
1	主井	砼	—	—	—	—	—	—	—	—
2	井底车场	锚喷	—	—	—	—	—	—	—	—
—	—	—	—	—	—	—	—	—	—	—
合计	—									

4.1.4 降低摩擦阻力的措施

为降低风流沿井巷流动时的能量损失，以节省通风电能，根据

通风阻力定律，依据矿井具体情况，主要采取以下几方面措施降低井巷摩擦阻力。

（1）当通过井巷的风量不变时，由于井巷摩擦阻力与巷道断面的三次方成反比，所以说扩大巷道的断面面积，可以大大降低井巷的风阻；当不能扩大巷道断面时，采用两条或多条巷道并联通风，也可收到同样的效果。

（2）由于摩擦阻力与井巷断面的周界长度成正比，所以，在断面积相等的各种井巷中，以圆形或拱形井巷的风阻为最小，故应尽量采取圆形或拱形断面的井巷。

（3）由于摩擦阻力与井巷长度成正比，所以，缩短井巷长度，减少风流流经的路线，可以减小通风阻力。

（4）由于摩擦阻力与井巷的摩擦阻力系数成正比，所以保证井巷壁面光滑、支架排列整齐，可以降低通风阻力。

（5）当井巷参数不变时，摩擦阻力与风流的平均风速的平方成正比，所以流经井巷的风速不宜过大，以免造成阻力增加，损失风流能量。

4.2　局部阻力

4.2.1　局部阻力的意义

4.2.1.1　局部阻力

风流在井巷内流动，流经局部地段（如巷道断面突然扩大、突然缩小、巷道转弯、巷道分叉等）时，由于风流速度的大小和方向发生急剧变化，引起空气质点相互间的激烈冲击和附加摩擦，形成极为紊乱的涡流现象，从而造成风流能量的损失。在局部区段所产生的附加阻力，称为井巷的局部阻力。

4.2.1.2　局部阻力产生的地点

矿井内产生局部阻力的地点有：井巷转弯处、巷道分岔和汇合处、巷道断面变化处、进回风井口等地点。

通常情况下，由于井巷内风流的速压较小，所产生的局部阻力也较小，井下各处的局部阻力之和只占矿井总阻力的10%～20%。

4.2.2 局部阻力定律及计算

在完全紊流状态下，不论井巷局部地点的断面、形状和方向如何变化，所产生的局部阻力 h_r 都和局部地点的前或后断面上的速压 h_{v1} 或 h_{v2} 成正比。

4.2.2.1 断面突然扩大的巷道局部阻力

如图4-2 所示，风流流经井巷断面突然扩大处时，风流速度由 v_1 变化到 v_2，风流空气质点间产生激烈冲击并出现涡流现象，从而造成风流的能量损失。根据水力学包达-卡诺定律计算：

$$h_r = \frac{(v_1 - v_2)^2}{2}\rho \tag{4-9}$$

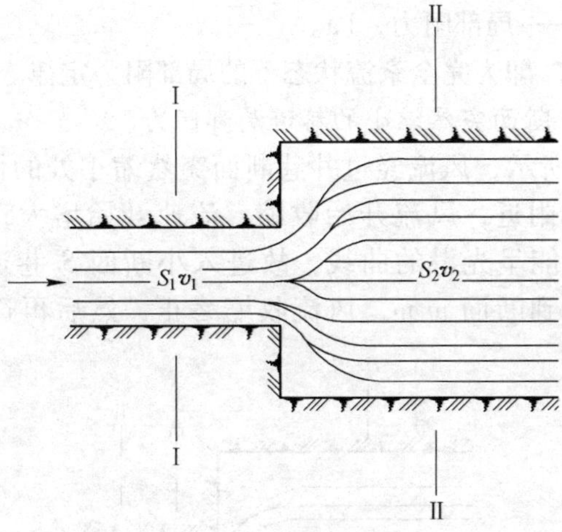

图4-2 风流突然扩大

因 $Q = S_1 v_1 = S_2 v_2$，故 $v_1/v_2 = S_1/S_2$，将其代入式（4-9），得

$$h_r = \frac{(v_1 - v_2)^2}{2}\rho = \left(1 - \frac{S_1}{S_2}\right)^2 \frac{v_1^2}{2}\rho = \left(\frac{S_2}{S_1} - 1\right)^2 \frac{v_2^2}{2}\rho \tag{4-10}$$

设 $\xi_1 = \left(1 - \dfrac{S_1}{S_2}\right)^2$，$\xi_2 = \left(\dfrac{S_2}{S_1} - 1\right)^2$，并将其代入式（4-10），

故得

$$h_r = \xi_1 \frac{Q^2}{2S_1^2}\rho \tag{4-11}$$

与

$$h_r = \xi_2 \frac{Q^2}{2S_2^2}\rho \tag{4-12}$$

设 $R_r = \xi_1 \frac{\rho}{2S_1^2} = \xi_2 \frac{\rho}{2S_2^2}$，并将此式代入式（4-11）、式(4-12)，得

$$h_r = R_r Q^2 \tag{4-13}$$

式中　ξ_1，ξ_2——局部阻力系数，无因次；

R_r——局部风阻，$N \cdot s^2/m^8$；

h_r——局部阻力，Pa。

式（4-13）即为完全紊流状态下的局部阻力定律。

4.2.2.2　断面突然缩小的巷道局部阻力

如图 4-3 所示，风流经过井巷断面突然缩小处的情况。在大断面 S_1 巷道末端附近，风流开始收缩，流速开始增大，由于流线不能呈折线而只能呈光滑的曲线，故进入小断面 S_2 巷道之后，风流继续收缩，直到断面 m-m，风流收缩终止，然后再逐渐扩大到整

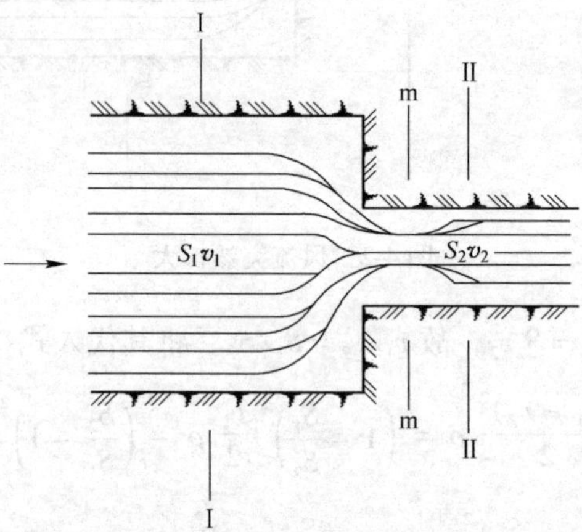

图 4-3　风流断面突然缩小

个断面 S_2。风流从Ⅰ-Ⅰ断面流向 m-m 断面过程中，因风流收缩引起的空气质点间的内摩擦损失极为微小，可以忽略不计。突然缩小的局部损失主要是自 m-m 断面到Ⅱ-Ⅱ断面的突然扩大的损失，可以表示为：

$$h_r = \xi_1 \frac{Q^2}{2S_1^2}\rho \tag{4-14}$$

式中 ξ_1，ξ_2——局部阻力系数，无因次，它是小断面面积与大断面面积之比（S_1/S_2）的函数，可查表得到。

4.2.2.3 其他类型的巷道局部阻力

由于矿井井巷产生局部阻力的区段类型很多，风流流过其中的情况也极为复杂。因此，目前还不可能从理论上导出一个普遍适用的计算公式来，但是，无论井巷在局部区段上的形状如何变化（如各种角度的拐弯、各种角度的巷道分叉等），所产生的局部阻力，引起局部能量损失的原因却是相同的。因此，可以用突然扩大的局部阻力计算公式的形式，作为所有其他类型局部阻力计算公式的普遍形式，主要差别在于各种类型的局部阻力具有不同的局部阻力系数，不同巷道情况局部阻力系数可查表得到。

4.2.3 降低局部阻力的措施

（1）由于局部阻力与风速的平方或风量的平方成正比。故对于风速高、风量大的井巷，要尽可能避免断面的突然扩大或突然缩小。

（2）尽可能避免巷道急转弯，在拐弯处的内侧和外侧要做成斜面或圆弧形，拐弯的弯曲半径尽可能加大，还可设置导风板。

（3）尽量避免巷道突然分叉和突然汇合，在分叉和汇合处的内侧要做成斜面或圆弧形，以减少局部阻力。

（4）在主要巷道内不得随意停放车辆、堆积木材或器材，必要时，宜把正对风流的固定物体做成流线形。

4.3 矿井风阻与矿井等积孔

4.3.1 矿井风阻及风阻特性曲线

4.3.1.1 *矿井风阻*

矿井风阻是反映矿井通风难易程度或通风能力大小的重要指标，风量相同时，风阻大的井巷或矿井，通风阻力必大，表示通风困难，通风能力小；反之，风阻小的井巷或矿井，通风阻力必小，表示通风容易，通风能力大。通风阻力相同时，风阻大的井巷或矿井，风量必小，表示通风困难，通风能力小；反之，风阻小的井巷或矿井，风量必大，表示通风容易，通风能力大。所以，井巷或矿井的通风特性又称风阻特性。

4.3.1.2 *风阻特性曲线*

根据阻力定律 $h = RQ^2$，用纵坐标表示通风阻力，横坐标表示通过井巷风量。则每给出一风量值，就可得到对应的阻力值，从而可画出一条抛物线，如图 4-4 所示。这条曲线就叫该井巷的风阻特性曲线，又称阻力特性曲线。风阻值越大，曲线越陡。

应强调指出，对于特定井巷，风阻为定值，通过的风量越大，则通风阻力越大，且与风量的平方成正比。反过来讲，需要的风量

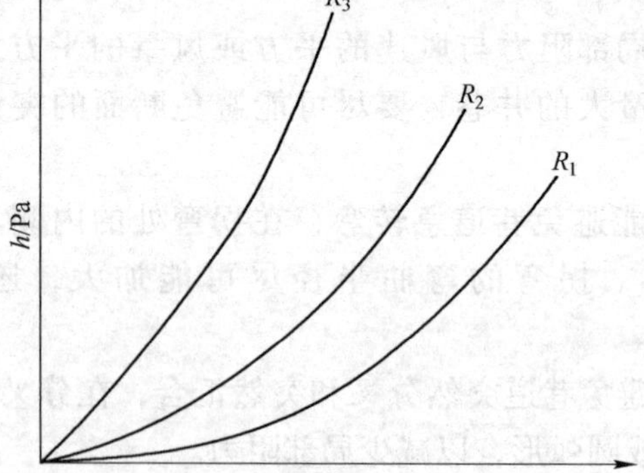

图 4-4 风阻特性曲线

增加，则必须使井巷两端的能量差（即通风压力）增大，能量差和通风阻力是等值的，前者是动力，后者是阻力。在生产矿井，特定井巷分配的风量取决于井巷的风阻和分配到该井巷的风压（能量差），而后者则取决于扇风机性能、矿井自然风压以及整个通风网路中各分支风阻的匹配情况。因此，任一井巷中的风量不是可以任意给定的。

4.3.2 矿井等积孔

4.3.2.1 *矿井通风等积孔*

矿井通风中，通常用一个和风阻的数值相当、意义相同的假想孔口的面积值来表示井巷或矿井的通风难易程度。这个假想的孔口叫做井巷或矿井的等积孔，用 $A(\mathrm{m^2})$ 表示。

假设在薄壁上有一个面积为 $A(\mathrm{m^2})$ 的孔口，当孔口通过的风量等于流过井巷的风量，而且孔口两侧的风压差等于井巷的通风阻力时，则孔口的面积 A 称为该井巷的等积孔。

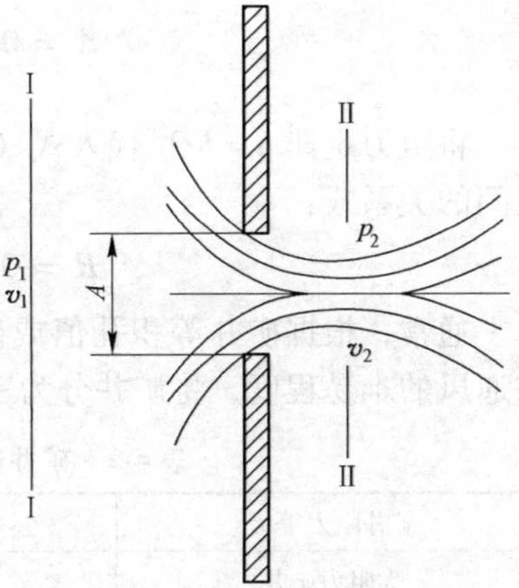

图 4-5 等积孔

如图 4-5 所示，在薄壁上开有一面积为 A 的理想孔口，左右空气的绝对静压分别为 p_1、p_2，且其间的差值等于某井巷的通风阻力 h_r，空气在压力差的作用下，通过孔口的风量等于通过井巷的风量 Q。在上述条件下，在薄壁左侧距离孔口足够远处取截面Ⅰ-Ⅰ，其上的风速 v_1 近于零，在薄壁空气沿孔口流出后的断面收缩末端取截面Ⅱ-Ⅱ，其上的风速 v_2，则截面Ⅰ-Ⅰ与截面Ⅱ-Ⅱ之间的能量方程为：

$$p_1 + \frac{v_1^2}{2}\rho = p_2 + \frac{v_2^2}{2}\rho \tag{4-15}$$

由于 $v_1 = 0$，故有

$$p_1 - p_2 = \frac{v_2^2}{2}\rho = h_r \tag{4-16}$$

由此得

$$v_2 = \sqrt{\frac{2h_r}{\rho}} \tag{4-17}$$

在截面Ⅱ-Ⅱ处，风流断面为 A_2，根据水力学可知，其与孔口断面面积 A 的关系 $A_2 = 0.65A$，由于 $Q = A_2 v_2 = 0.65Av_2$，则

$$A = \frac{Q}{0.65\sqrt{\frac{2h_r}{\rho}}} \tag{4-18}$$

将矿内空气重率 $\gamma = 1.2\text{kg/m}^3$，$g = 9.81\text{m/s}^2$ 代入式（4-18），得

$$A = 0.38\frac{Q}{\sqrt{h_r}} \tag{4-19}$$

将阻力定律 $h = RQ^2$ 代入式（4-19）得出井巷风阻 R 与等积孔 A 之间的关系式：

$$R = 0.144/A^2 \tag{4-20}$$

通常，根据矿井等积孔值或矿井风阻值的大小，衡量、评定矿井通风的难易程度，将矿井分为三级，如表 4-2 所示。

表 4-2　矿井通风阻力等级表

矿井阻力等级	等积孔 A 值	风阻 R 值
大阻力矿井	$A<1$	$R>144$
中等阻力矿井	$A=1\sim2$	$R=36\sim144$
小阻力矿井	$A>2$	$R<36$

4.3.2.2　*矿井等积孔的计算*

（1）对于使用一台主要扇风机通风的矿井，矿井通风等积孔按式（4-19）计算。

（2）对于使用 n 台主要扇风机通风的矿井，矿井通风的等积孔计算公式为：

$$A = \frac{0.38Q^{3/2}}{\left(\sum_{i=1}^{n} Q_i h_i\right)^{1/2}} \tag{4-21}$$

式中 A——矿井等积孔，m^2；

Q——矿井总风量，m^3/s；

Q_i——每台扇风机的风量，m^3/s；

h_i——每台扇风机的风压，Pa。

5 矿井通风动力

矿井内空气沿着既定井巷流动，不断地将新鲜空气送至用风地点，将乏风排出矿井，就必须使风流期末两端存在能量差或压差，在能量差或压差的作用下克服风流流动的阻力，促使风流流动，提供这种能量差或压差的动力就称为通风动力。

根据通风动力来源不同，可将通风动力分为机械动力、自然动力两种。

矿井通风中，依靠机械动力通风称为机械通风，依靠自然动力通风称为自然通风。

5.1 矿井自然通风

在各种自然因素作用下，使风流获得能量并沿井巷流动，这种通风方法称为矿井自然通风。

5.1.1 自然风压的产生

如图 5-1 所示的矿井通风系统中，*a*-*b*、*d*-*e* 为矿井的进、回风井，*b*-*c* 为水平巷道，*c*-*d* 为倾斜巷道，0-*e* 为水平线。新鲜风流由进风井进入矿井内，与井巷壁面岩石发生热量交换，使得进、回风井的气温出现差异，从而使得进、回风井里的空气重率不同，由此形成的两空气柱作用在井筒底部的空气压力不相等，其压差就是自然风压。自然风压用 H_n 表示。

$$H_n = \int_0^2 \rho_1 g\mathrm{d}Z - \int_3^5 \rho_2 g\mathrm{d}Z \tag{5-1}$$

式中 H_n——矿井自然风压，Pa；

ρ——井筒内空气柱的密度，kg/m³；

Z——井筒深度，m。

在夏季，地面气温较高，那么，$\rho_2 > \rho_1$，则有虚矢线所示方向的

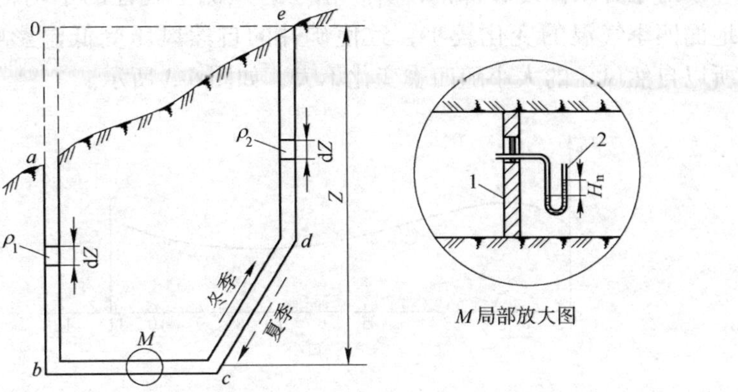

图 5-1 矿井通风系统中的自然风压

1—密闭墙；2—压差计

自然风压；在冬季，地面气温较低，那么，$\rho_1>\rho_2$，则有实矢线所示方向的自然风压，有时 $\rho_1=\rho_2$，自然风压为零。

5.1.2 自然风压的变化规律

矿井进风和出风两侧空气柱的高度和平均密度是矿井自然风压的两项影响因素，而空气柱的平均密度主要取决于空气的温度。因此，对于进、出风口高差较大，开采深度较浅矿井，由于进风侧空气柱的平均密度随着地面四季气温的变化而变化，出风侧空气柱的平均密度常年基本不变，致使矿井的自然风压发生图 5-2 所示的季节性变化。

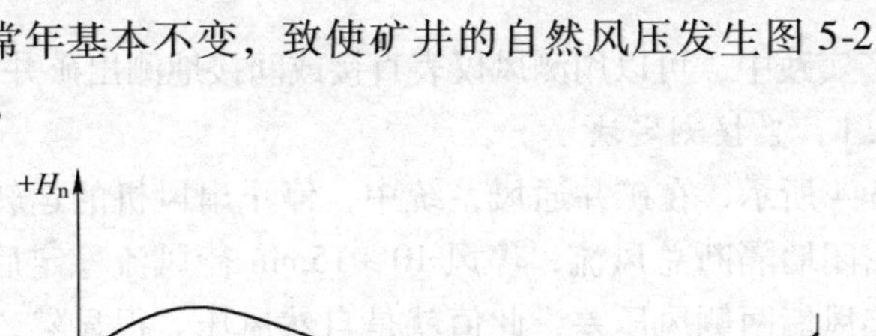

图 5-2 开采深度较浅的矿井

对于开采深度较深的矿井，由于进风侧空气柱的平均密度随着地面四季气温的变化较小，致使矿井的自然风压受低温影响较小，所以自然风压的大小随四季变化不大，如图 5-3 所示。

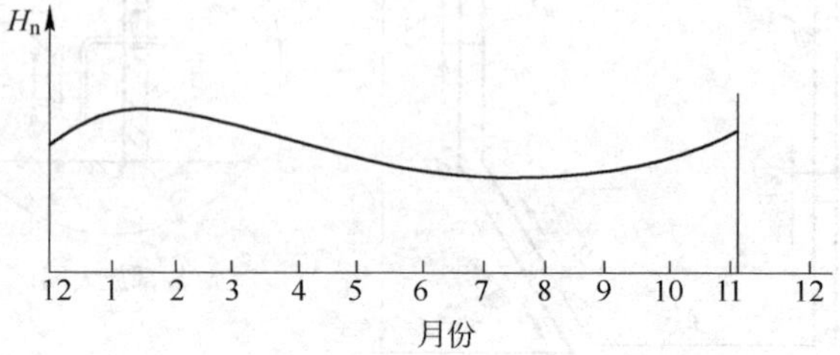

图 5-3 开采深度较深的矿井

矿井自然通风的形成，是矿内空气与外界发生了热能或其他形式能量的交换而促使空气做功，用以克服井巷通风阻力，维持空气流动。

矿井在自然风压作用下的自然通风是客观存在的自然现象，其作用有时对矿井通风有利，有时却对矿井通风不利。所以，仅依靠自然风压通风的矿井，由于自然风压的改变使得矿井通风风流流向的改变，甚至风流停滞，致使供风量不稳定，不能满足矿井安全生产的需要。

5.1.3 自然风压的测定

在生产实践中，可以用测风仪表直接或间接地测出矿井自然风压。

5.1.3.1 直接测定法

如图 5-4 所示，在矿井通风系统中，停止扇风机的运转，只要在某处设置密闭墙隔断总风流，停风 10～15min 待风流稳定后，立即用压差计测出风墙两侧风压差，此值就是自然风压。很显然，此种方法对生产中的煤矿，由于违反《煤矿安全规程》的规定而不能采用。

5.1.3.2 间接测定法

在主扇正常运行过程中，通过改变主扇转速，改变其工况，测出不同情况的主扇风量 Q 及其有效静压 H_s，则可通过能量方程求出

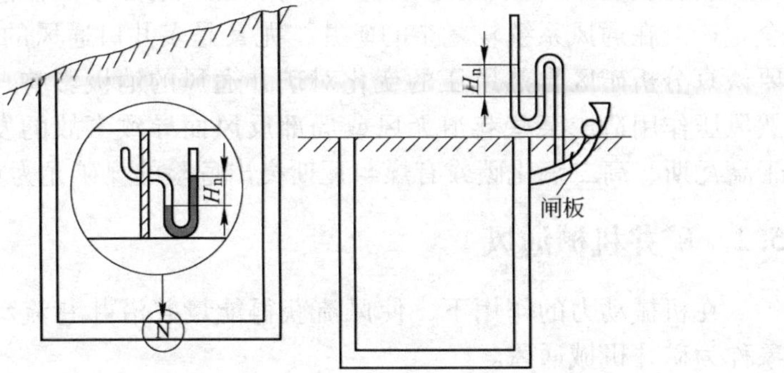

图 5-4 测定全矿自然风压
（a）直接测定法；（b）间接测定法

矿井自然风压 H_n 及矿井总风阻 R。

$$H_s + H_n = RQ^2 \tag{5-2}$$

5.1.4 自然风压的利用与控制

自然风压是矿井通风动力的一种，其作用有时对矿井通风有利，有时却对矿井通风不利。因此研究自然风压的利用和控制，对于提高通风效率、确保矿井安全生产具有非常重要的意义。实际工作中，主要采取以下措施，以有效地利用和控制自然风压对矿井通风安全的影响。

（1）充分利用自然风压，以增加通风动力。在进行矿井开拓方案选择、拟定矿井的通风系统时，综合考虑矿区自然地理条件、自然风压的方向及常年风向因素，充分利用全年大部分时间内自然风压的作用方向与机械风压一致的因素，以便利用自然风压，增加通风动力。

（2）适时调整主扇风机工况，满足矿井需风量要求。根据季节的变化，依据自然风压对矿井机械通风作用的变化规律，适时调整主扇风机工况点，以达到一方面既能满足矿井所需风量的要求，另一方面又能节省电能的目的。

（3）加强矿井自然风压的监测与管理，消除事故隐患，确保安全生产。在通风系统较复杂的矿井，尤其是多井口通风的山区矿井，要认真分析矿区自然风压的变化对矿井通风的消极影响，避免因自然风压作用造成某些巷道无风或局部反风而导致事故的发生。这对于高瓦斯、高二氧化碳或有煤与瓦斯突出危险的煤矿尤为重要。

5.2　矿井机械通风

在机械动力的作用下，使风流获得能量并沿井巷流动，这种现象称为矿井机械通风。

在矿井通风中，用于通风的机械称为扇风机，扇风机是矿井通风的主要动力。

矿用扇风机按其使用范围可分为主要扇风机（简称主扇）、辅助扇风机（简称辅扇）与局部扇风机（简称局扇）三种。

扇风机按其构造和工作原理可分为离心式和轴流式扇风机两种类型。

5.2.1　离心式扇风机

如图 5-5 所示，离心式扇风机主要由动轮（工作轮）1、螺旋形

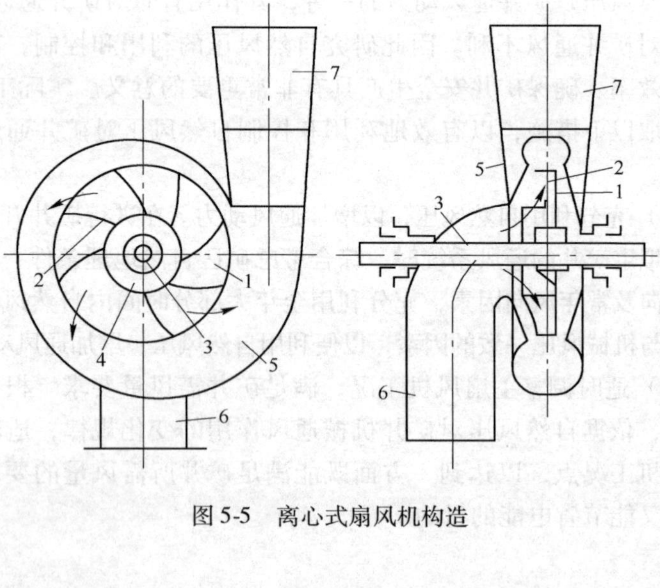

图 5-5　离心式扇风机构造

机壳 5、吸风筒 6 和锥形扩散器 7 组成。

有些离心式扇风机还在动轮前面装设具有叶片形状的前导器，其作用是使气流在进入动轮的速度方向发生扭曲，以调节扇风机产生的风压和风量。动轮是由固定在主轴 3 上的轮毂 4 和其上的叶片 2 所组成。如图 5-6 所示，离心式扇风机叶片按其在动轮出口处安装角的不同，分为径向式、后倾式和前倾式三种。

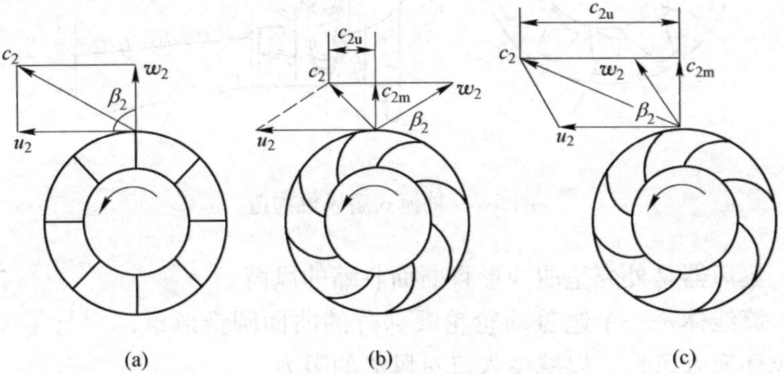

图 5-6 离心式扇风机按叶片安装角度分类

（a）径向式扇风机；（b）后倾式扇风机；（c）前倾式扇风机

其工作原理是当电机经传动装置带动叶轮在机壳中旋转时，叶片间的空气随叶片的旋转而旋转，获得离心力，经叶片端被抛出叶轮，并汇集在螺旋状机壳里。在机壳内空气流速逐渐减小，压力升高，然后经扩散器排出。与此同时，由于动轮中气体外流，在叶片的入口处形成负压区，吸风口处的空气便在此负压的作用下进入动轮叶道，因此形成连续流动的风流。

离心式扇风机按其工作轮入风口方式不同可分为单侧吸风和双侧吸风两种。

5.2.2 轴流式扇风机

如图 5-7 所示，轴流式扇风机主要由动轮 1、圆筒形机外壳 3、集风器 4、整流器 5、流线体 6 和环形扩散器 7 所组成。

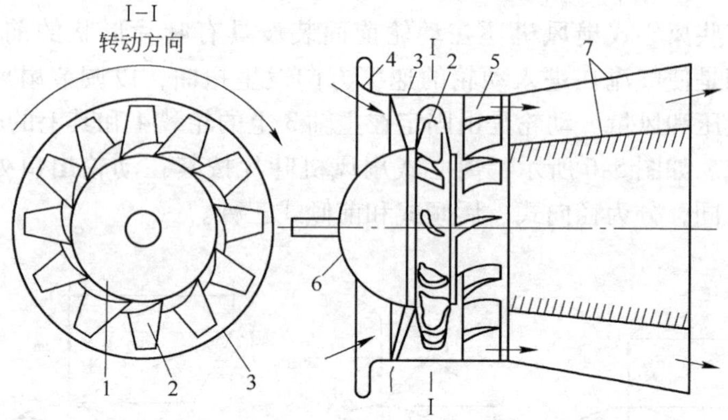

图 5-7　轴流式扇风机构造

集风器是外壳呈曲线形且断面收缩的风筒。

流线体是一个遮盖动轮轮毂部分的曲面圆锥形罩，它与集风器构成环形入风口，以减少入口对风流的阻力。

动轮是由固定在轮轴上的轮毂和等间距安装的叶片 2 组成。

叶片的安装角 θ 可以根据需要调整。国产轴流式扇风机的叶片安装角一般可调为 15°、20°、25°、30°、35°、40°和 45°七种，使用时可以每隔 2. 5°调一次。一个动轮和它后面一个有固定叶片的整流器组成一段。为了提高扇风机的风压，有些轴流式扇风机安装两段动轮。

其工作原理如图 5-8 所示，叶片按等间距安装在动轮上，当动轮的叶片在空气中快速扫过时，由于叶片的凹面与空气冲击，给空气以能量，产生正压，空气从叶道流出，叶片的背面牵动空气，产生负压，将空气吸入叶道。如此一压一吸便造成空气流动。

整流器安装在每一级叶轮之后，其作用是整理由动轮流出的旋转气流，以减少涡流损失。

环形扩散器的作用是使环状气流过渡到柱状气流时，速压逐渐减少，以减少冲击损失，同时使静压逐渐增加。

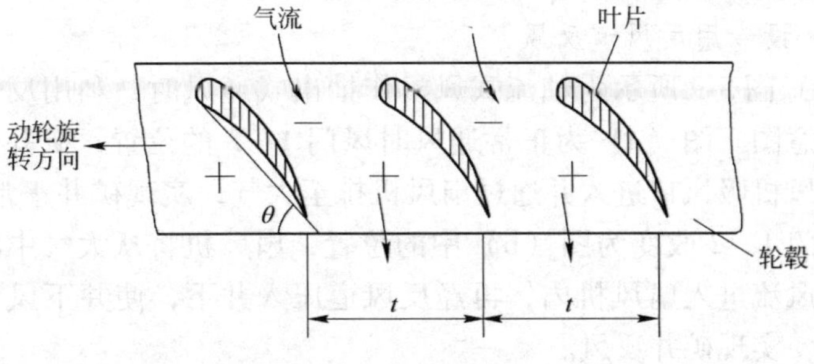

图 5-8　叶片安装结构

5.2.3　扇风机的附属装置

在矿井通风中，由主扇风机及其附属装置配合使用，实现矿井通风功能。

扇风机附属装置包括反风装置、防爆门、风硐和扩散器等。

5.2.3.1　反风装置

反风就是使正常风流反向。实现矿井风流反向的通风附属设施称为反风装置。

《煤矿安全规程》第 127 条规定："生产矿井主要通风机必须装有反风设施，必须能在 10min 内改变巷道内的风流方向……"《冶金矿山安全规程》第 215 条规定："主扇应有使矿井风流在 10min 内反向的措施。每年至少进行一次反风试验，并测定主要风路反风后的风量……"。

矿井生产期间，当进风井筒附近或井底车场等进风流发生火灾或瓦斯煤尘等爆炸时，会产生大量的一氧化碳和二氧化碳等有毒有害气体，如扇风机照常运转，就会将这些有毒有害气体带入采掘工作面，危及工人的生命安全。为此，采取主扇的反风装置迅速将矿井内风流方向反转过来，迅速将这些有毒有害气体排出矿井，以有效控制这些危害的扩大。

反风装置的类型随风机的类型和结构不同而异。目前常用的反风方法有设专用反风道反风、主扇风机反转反风，也有利用备用风机作反风道反风和调节叶片安装角度反风的方法。

A　设专用反风道反风

（1）图 5-9 所示为轴流式风机作抽出式通风时，利用反风道反风的示意图。图（a）为正常通风时风门 1、2 的位置，矿井内污浊空气由风机吸风口进入并通过扇风机排至大气，实现矿井正常通风；若将风门 1、2 改变为图（b）中的位置，扇风机将从大气中吸入新鲜风，风流进入扇风机内，再经反风道压入井下，使井下风流的方向改变，实现矿井反风。

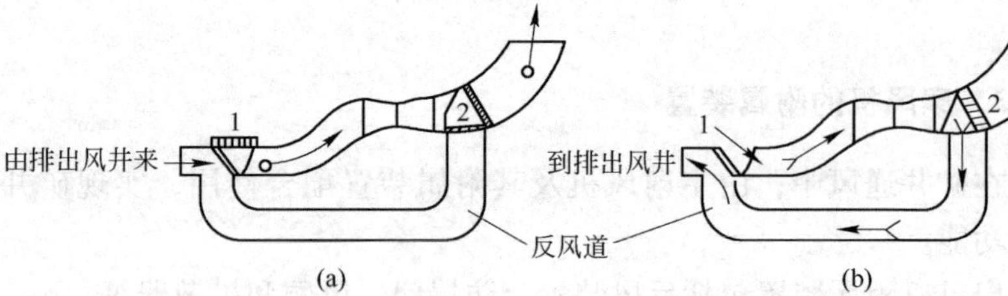

图 5-9　轴流式风机抽出式通风反风

（2）图 5-10 所示为轴流式主扇风机压入式通风反风系统示意图。图（a）中风门 1、2 的位置是正常的通风情况，新鲜风流经主扇风机压入矿井内，实现矿井正常通风。图（b）中风门 1、2 的位置是两扇风门位置改变后的反风系统，矿井内污浊空气通过反风道被扇风机吸入并排至大气，实现矿井反风。

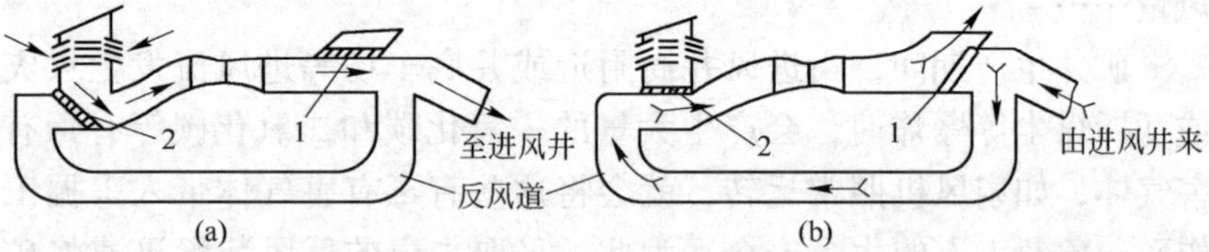

图 5-10　轴流式风机压入式通风的反风

（3）图 5-11 所示为离心式主扇风机反风时的通风系统图。正常通风时，风门 1、2 为实线位置，矿井内污浊空气由风机吸风口进入

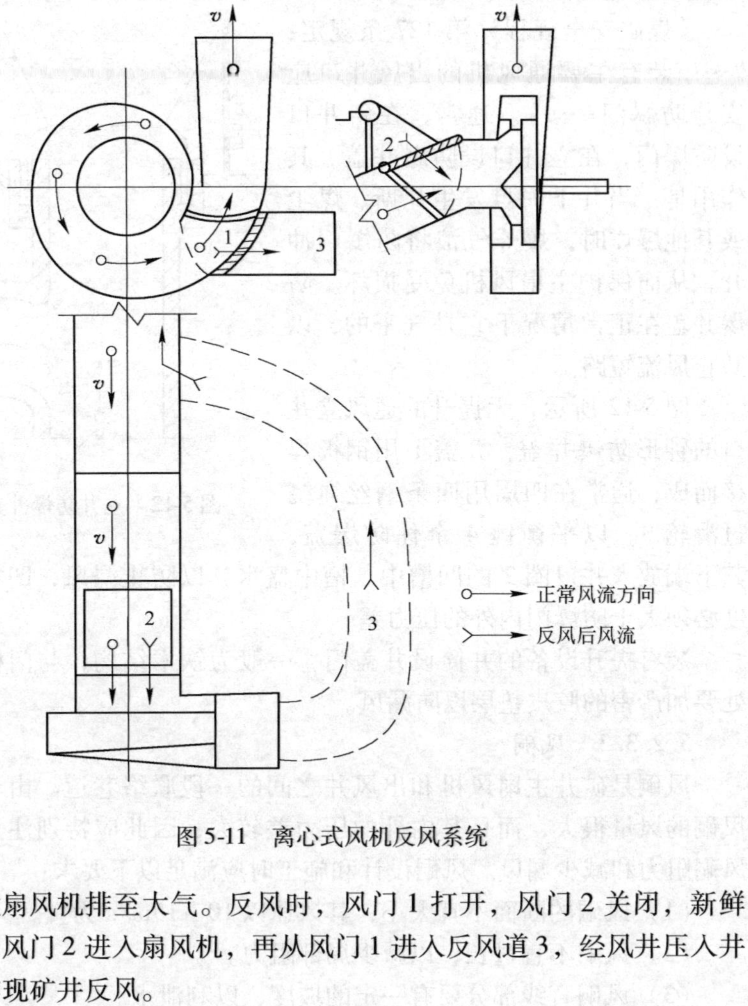

图 5-11 离心式风机反风系统

并通过扇风机排至大气。反风时，风门 1 打开，风门 2 关闭，新鲜风流自风门 2 进入扇风机，再从风门 1 进入反风道 3，经风井压入井下，实现矿井反风。

B 主扇风机反转反风

此种反风只适应于轴流式主扇风机工作的矿井，在反风时，调换电动机电源的任意两相，使电动机改变旋转方向，从而改变主扇风机动轮的旋转方向，使井下风流反向，从而实现矿井反风。这种反风方法，不需要做反风道，基建费用小，反风方便，这也是为什么轴流式主扇风机在矿井使用较广泛的原因之一。

5. 2. 3. 2　防爆门

《煤矿安全规程》第 127 条规定："……装有主要通风机的出风井口应安装防爆门……"。通常，在斜井口设防爆门，在立井口设防爆井盖。其作用是：当井下一旦发生瓦斯、煤尘或其他爆炸时，爆炸气浪将防爆门冲开，从而保护主扇风机免受损坏。防爆井盖在正常情况下它是气密的，以防止风流短路。

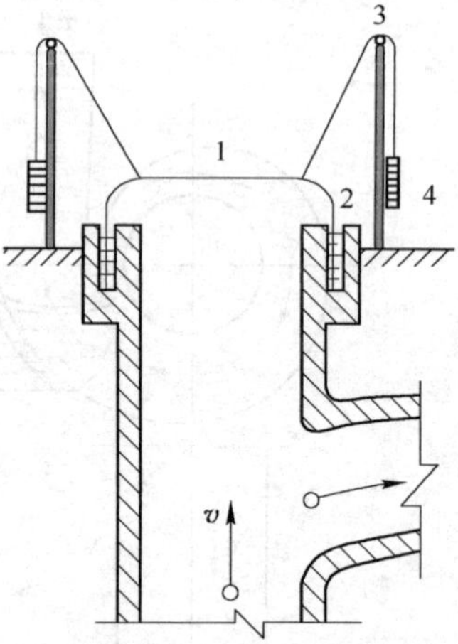

图 5-12　立井防爆井盖

图 5-12 所示，无提升的通风立井口的钟形防爆井盖，井盖 1 用钢板焊接而成，通常在四周用四条钢丝绳绕过滑轮 3，以平衡锤 4 牵住防爆盖，其下端放入井口圈 2 的凹槽中，槽中盛水，以防止漏风，凹槽的深度必须大于防爆门内外的压力差。

装有提升设备的井筒设井盖门，一般为铁木结构，与门框接合处要加严密的胶皮垫层以防漏风。

5. 2. 3. 3　风硐

风硐是矿井主扇风机和出风井之间的一段联络巷道。由于通过风硐的风量很大，而且其内外的压力差较大，因此应特别注意降低风硐阻力和减少漏风。风硐设计和施工时应满足以下要求：

（1）风硐的断面不宜太小，其风速以 10 ~ 15m/s 为宜。

（2）风硐不宜过长，以减少局部阻力。

（3）风硐直线部分要有一定的坡度，以利泄水。

（4）风硐内应安设测定风流压力的测压管。

（5）施工时应尽可能使其壁面光滑，各类风门要严密，以减小漏风量。

5. 2. 3. 4　扩散器

无论矿井采用的是抽出式还是压入式通风，也无论主扇风机是离心式风机还是轴流式风机，在风机出口处都外接一定长度、断面逐渐扩大的构筑物——扩散器。其作用是降低出风口速压，减少动压损失，以提高风机静压。

5.3 扇风机的理论参数及特性

5.3.1 扇风机的理论参数

扇风机的理论参数是在三个假设条件（扇风机内没有能量损失、风流在扇风机内是稳定连续流动、动轮叶片无限多且其厚度忽略不计）下的参数。包括理论风压 H_{ft0}、理论风量 Q_{ft0}、理论功率 N_t 和效率 η。

5.3.1.1 扇风机的理论风压

A 离心式扇风机的理论风压

如图 5-13 所示，扇风机叶轮入口和出口的直径分别为 D_1、D_2，半径 R_1、R_2，叶片宽度 b_1、b_2，力臂为 L_1、L_2，在以上三个假设条件下，流体质点在叶道内的运动一方面随叶轮旋转，做圆周运动，速度为 u(m/s)，同时沿叶片以相对速度 W(m/s)从内缘向外缘运动，二者的合成速度就是空气质点的绝对速度 C(m/s)，随着质点位置的改变，绝对速度不断发生变化，这些变化是由于空气接受了外加能量而产生的。根据动力矩定理，单位时间内流体由一个断面流

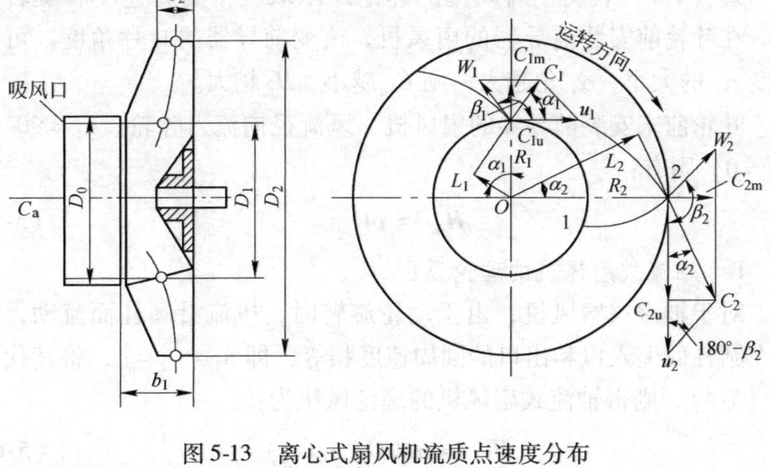

图 5-13 离心式扇风机流质点速度分布

向另一断面时动力矩的增量等于加给这两断面间流体的外力矩。

设每秒钟流过动轮的空气质量为 m(kg/s)，则入口处空气的动力矩 $M_1 = mC_1L_1$，出口处空气的动力矩 $M_2 = mC_2L_2$，由于 $m = \rho Q$，作用在叶轮轴上的外力矩 M 和叶轮的角速度 ω 的乘积就是叶轮轴上的理论功率 N_{f0}，即 $M = N_{ft0}/\omega = Q_{f0}H_{ft0}/\omega$，按动力矩定理 $M = M_2 - M_1$，则得：

$$\frac{Q_{f0}H_{ft0}}{\omega} = m(C_2L_2 - C_1L_1) = Q_{f0}\,\rho(C_2L_2 - C_1L_1) \tag{5-3}$$

简化可得：

$$\begin{aligned} H_{ft0} &= \rho(\omega C_2L_2 - \omega C_1L_1) \\ &= \rho(\omega C_2R_2\cos\alpha_2 - \omega C_1R_1\cos\alpha_1) \\ &= \rho(C_2u_2\cos\alpha_2 - C_1u_1\cos\alpha_1) \\ &= \rho(C_{2u}u_2 - C_{1u}u_1) \end{aligned}$$

即

$$H_{ft0} = \rho(C_{2u}u_2 - C_{1u}u_1) \tag{5-4}$$

式中　C_{1u}，C_{2u}——入口、出口处空气质点的旋转速度，m/s；

α——C 与 u 的夹角；

ω——动轮的角速度，弧度/s。

式（5-4）表明：扇风机的理论风压取决于圆周速度和旋转速度。在叶轮前安装前导器的扇风机，改变前导器的叶片角度，可以改变 α_1 的大小，α_1 角越大，则 C_{1u} 越小，H_t 越大。

叶轮前未安装前导器的扇风机，风流径向流入叶轮，$\alpha_1 = 90°$ 则 $C_{1u} = 0$，则有：

$$H_{ft0} = \rho C_{2u}u_2 \tag{5-5}$$

B　轴流式扇风机的理论风压

对于轴流式扇风机，由于动轮旋转时，风流沿圆柱面流动，因而在圆柱面上入口和出口的圆周速度相等，即 $u_1 = u_2 = u$，将其代入式（5-4），则得轴流式扇风机的理论风压为：

$$H_{ft0} = \rho u(C_{2u} - C_{1u}) \tag{5-6}$$

没有前导器时，风流轴向流入叶轮，$C_{1u}=0$，则轴流式扇风机的理论风压为：

$$H_{ft0} = \rho u C_{2u} \tag{5-7}$$

5.3.1.2 扇风机的理论风量

A 离心式扇风机的理论风量

在不考虑叶片厚度占去的面积情况下，由于离心式扇风机动轮叶片出风口断面面积 $S=\pi D_2 b_2$，那么，风量 Q_{f0}（m^3/s）为：

$$Q_{f0} = SC_{2m} = \pi D_2 b_2 C_{2m} \tag{5-8}$$

式中 D_2——动轮外缘直径，m；

b_2——叶片宽度，m；

C_{2m}——绝对速度 C_2 的径向分速度，m/s。

B 轴流式扇风机的理论风量

在不考虑叶片厚度占去的面积情况下，由于轴流式扇风机动轮叶片出风口断面面积 $S=\frac{\pi}{4}(D^2-d^2)$，那么，风量 Q_{f0}（m^3/s）为：

$$Q_{f0} = SC_a = \frac{\pi}{4}(D^2-d^2)C_a \tag{5-9}$$

式中 D，d——动轮外直径与轮毂直径，m；

C_a——绝对速度 C_2 的轴向分速度，m/s。

5.3.2 扇风机的理论风压特性

掌握了理论风压、理论风量的相关因素，需进一步分析二者之间的关系，从中找出其函数关系式。

5.3.2.1 离心式扇风机的理论风压特性

从离心式扇风机风流速度图 5-13 中可导出：

$$C_{2u} = u_2 + C_{2m}\cot\beta_2 \tag{5-10}$$

将式（5-8）代入式（5-10）得：

$$C_{2u} = u_2 + \cot\beta_2 Q_{f0}/S = u_2 + \cot\beta_2 Q_{f0}/\pi D_2 b_2$$

将上式代入式（5-5），可得：

$$H_{ft0} = \rho C_{2u} u_2 = \rho u_2^2 - \rho u_2 \frac{\cot \beta_2}{\pi D_2 b_2} Q_{f0} \tag{5-11}$$

该式即为离心式扇风机的理论风压特性方程。

5.3.2.2　轴流式扇风机的理论风压特性

轴流式扇风机（叶片出口角 $\beta > 90°$）的理论风压特性方程为：

$$H_{ft0} = \rho u^2 - \rho u \frac{\cot \beta_2}{\frac{\pi}{4}(D^2 - d^2)} Q_{f0} \tag{5-12}$$

两种扇风机理论风压与理论风量的函数关系可用下式表示：

$$H_{ft0} = A \pm B Q_{f0} \tag{5-13}$$

式（5-13）中，当 $\beta_2 > 90°$时，即离心式扇风机叶片是后倾式的和轴流式扇风机，式中间符号为“ - ”；当 $\beta_2 = 90°$时，即离心式叶片径向式的扇风机，式中第二项为零；当 $\beta_2 < 90°$时，即离心式扇风机叶片是前倾式的，式中间符号为“ + ”。

将式（5-13）表示的理论风压与理论风量的函数关系绘在 $H_{ft0} - Q_{f0}$坐标图上，即得到如图 5-14 所示的理论风压特性曲线。

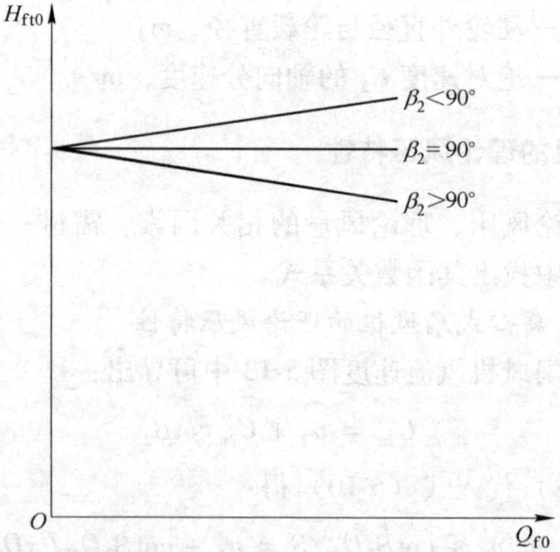

图 5-14　理论风压特性曲线

5.4　扇风机的实际特性

扇风机的实际特性，可用实际风量分别与装置风压 H_{ft}、输入功率 N、效率 η 相关系的三种特性曲线来表示。矿井通风中，将 H_{ft}-Q 曲线称为个体风压特性曲线，N-Q 曲线称为个体功率特性曲线，η-Q 曲线称为个体效率特性曲线。三种曲线是选择评价主扇风机的关键。

5.4.1　扇风机的实际特性曲线

5.4.1.1　扇风机的风压特性曲线

前面是在三个假设条件下分析扇风机理论参数，而事实上，扇风机动轮叶片数量有限，空气流经扇风机时是有能量损失的。所以，理论风压与实际风压存在较大差别。造成风压损失的原因如下：

（1）扇风机内风流是紊流状态，风流通过动轮叶片等过风部件产生的阻力造成风压损失，这份风压损失与风速的平方成正比，可用图 5-15 中的二次抛物线 a 表示。

（2）空气在扇风机内受到叶片的打击而快速流动，而且不断发生方向和速度的改变，空气的冲击产生较大的风压损失。其与风量

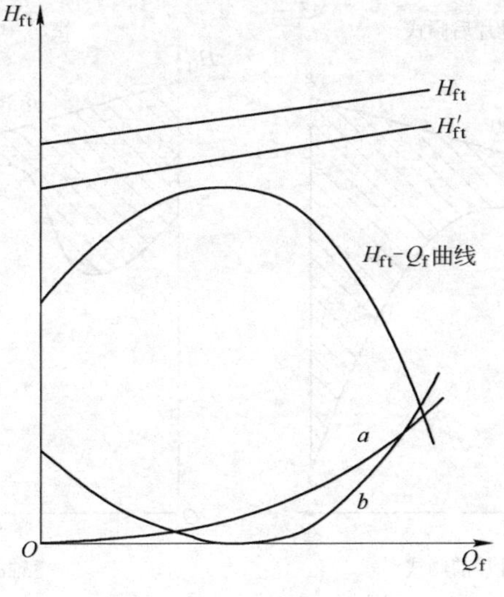

图 5-15　风压特性曲线

的关系如图 5-15 中的 b 曲线所示。

（3）由于动轮叶片数目有限，叶道内空气因惯性作用，将在叶道内产生与动轮旋转方向相反的反向环流，形成环流损失，使得出口速度 C_{2u}降低，风压减小。通常用环流系数 k 表示这一影响，则风压降低到：$H'_{ft}=KH_{ft}$，其中 $k<1$，因此，从 H'_{ft}线的纵坐标值按对应风量减去 a 与 b 两曲线的纵坐标值，就得到如图 5-15 所示的扇风机实际风压特性曲线 H_{ft}-Q_f。

事实上，由于扇风机的构造和空气动力性质不同，风压特性曲线形状亦不同。图 5-16 所示为离心式、轴流式扇风机不同条件下的

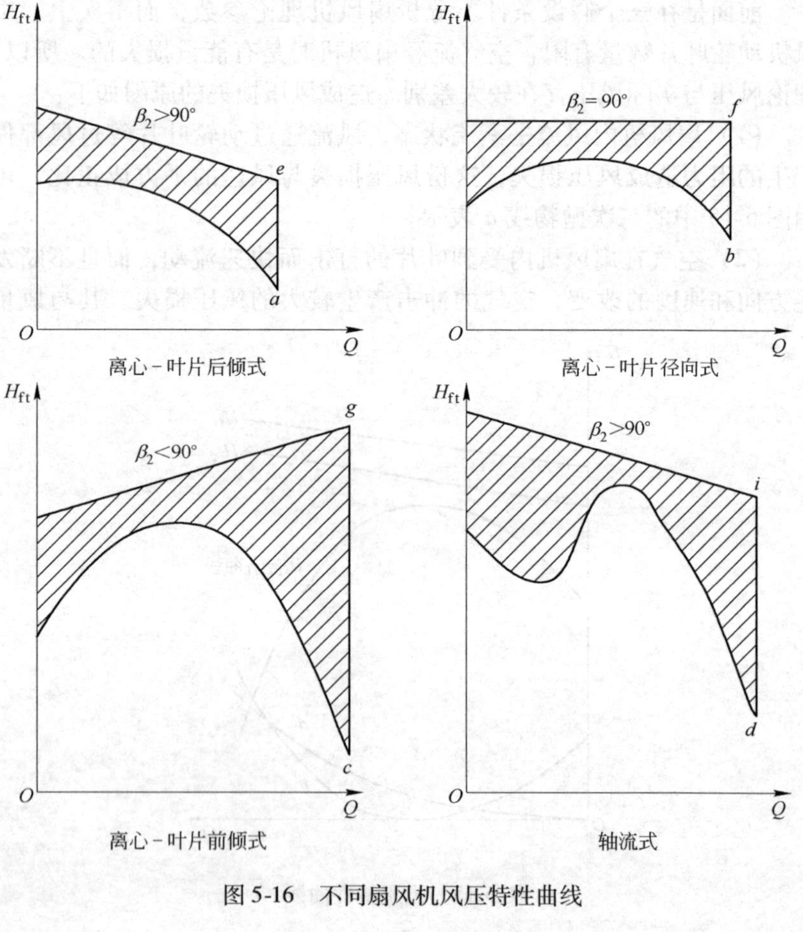

图 5-16　不同扇风机风压特性曲线

风压特性曲线。

图 5-16 中，理论特性直线与实际特性曲线间阴影部分，表示不同风量下所损失的风压。图中 a 曲线比较稳定，即风量变化时风压变化比较均匀，可使效率提高，故离心式主扇风机使用后倾式叶片。c 曲线表示风量变化时风压变化不均匀，但在某一风量下风压较高，故非矿用的高压鼓风机多用前倾式叶片。d 曲线为轴流式扇风机风压特性曲线的一般形式，具有一段马鞍形（又叫驼峰）曲线的特点。

5.4.1.2 扇风机的功率特性曲线

扇风机的功率特性曲线就是描述扇风机输入功率（轴功率）与风量变化的关系。

离心式扇风机输入功率（轴功率）随风量 Q 增加而增大，只有在接近风流完全短路时，功率才略下降。因而，为了保证风机安全启动，避免因启动负荷过大而损坏电机，离心式风机在启动时应将风硐中的闸门全关闭，以减少启动负荷，待其达到正常工作转速后，再将闸门逐渐打开。

轴流式风机的叶片安装角不太大时，在稳定工作段内，功率随 Q 增加而减小。所以轴流式风机应在打开闸门，风阻最小，风量最大时启动，以减少启动负荷。

5.4.1.3 扇风机的效率特性曲线

扇风机的效率特性曲线就是描述扇风机效率与风量变化的关系。

扇风机装置的全压效率：

$$\eta_t = \frac{H_{ft} Q_f}{1000N} \tag{5-14}$$

扇风机装置的静压效率：

$$\eta_s = \frac{H_{fs} Q_f}{1000N} \tag{5-15}$$

式中 η_t，η_s——扇风机装置的全压、静压效率；

H_{ft}，H_{fs}——扇风机装置的全压、静压，Pa；

Q_f——扇风机的实际风量，m^3/s。

扇风机的效率特性曲线可按上述有关公式计算并绘图。根据全风压特性曲线与功率特性曲线的相应各坐标值，按全压效率公式计算效率并绘制曲线；静压效率特性曲线根据静风压特性曲线与输入功率特性曲线的相应各坐标值，按静压效率公式计算并绘制曲线。

对于轴流式扇风机还常绘制等效率曲线，如图 5-17 所示，图中 1、2 分别是轴流式扇风机叶片两个安装角的风压特性曲线，3、4 是相应的效率特性曲线。自各个效率值画水平虚线，分别和 3 及 4 曲线相交，可得几对效率相等的交点，从这几对交点作垂直虚线分别与相应的 1、2 曲线相交，又在 1、2 曲线上得出几对效率相等的交点，然后把效率相等的交点连接起来，即得出图中几条等效率曲线。

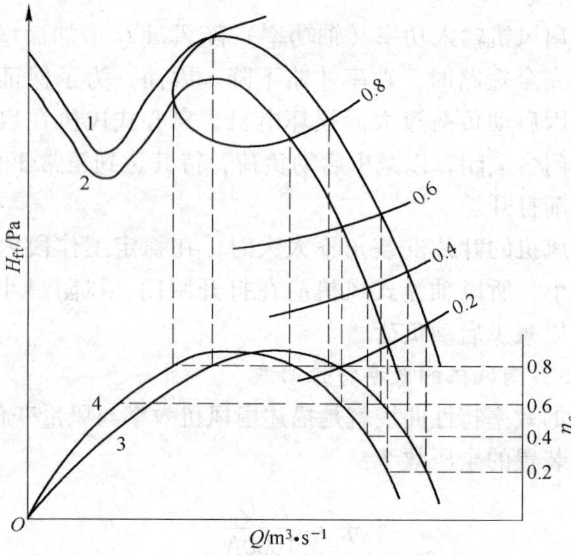

图 5-17　轴流式扇风机等效率曲线

5.4.1.4　扇风机参数的测定与特性曲线的绘制

矿井主扇风机在一定转速下风压、功率、效率分别与风量的关系的一组曲线，是衡量、评价扇风机的运转状况的必须资料，这些曲线需要在矿山现场采用实测方法将其测绘出来。实测方法的原理是：扇风机的 H-Q 曲线是它在不同风阻工作的各个工况点 M 的连线。现将现场实测方法概述如下：

（1）准备工作。采取一定办法将主扇风流短路，在风硐中合适断面上建立一道临时调节闸门，以使过风断面能由断面中心逐步向外扩大，在调节闸门与主扇风机入口之间适当断面上安装几支皮托管，以供测量风流平均的静压与动压，风硐内安放空盒气压计和温、湿度计，以供测算空气重率，同时，在风硐内用风表测量平均风速，求得风量，准备好测定扇风机功率和转数的仪表。

（2）实测工作。测定工作需各方面协调联动，每调节一次闸门的过风断面面积，同时测记一次静压、动压、风速、气象参数、扇风机输入功率和主轴转数。每调节一次闸门相当于主扇风机工作的风阻变化一次，工况相应地变化一次。通常，闸门调节次数包括全打开和全关闭共需 10 ~ 12 次，亦即相应地测得 10 ~ 12 点的工况点的各个参数。

（3）计算绘图工作。根据实测数据，计算主扇风机各工况点的工作参数。

如图 5-18 所示，将实测及计算结果绘制在不同的坐标系上，即

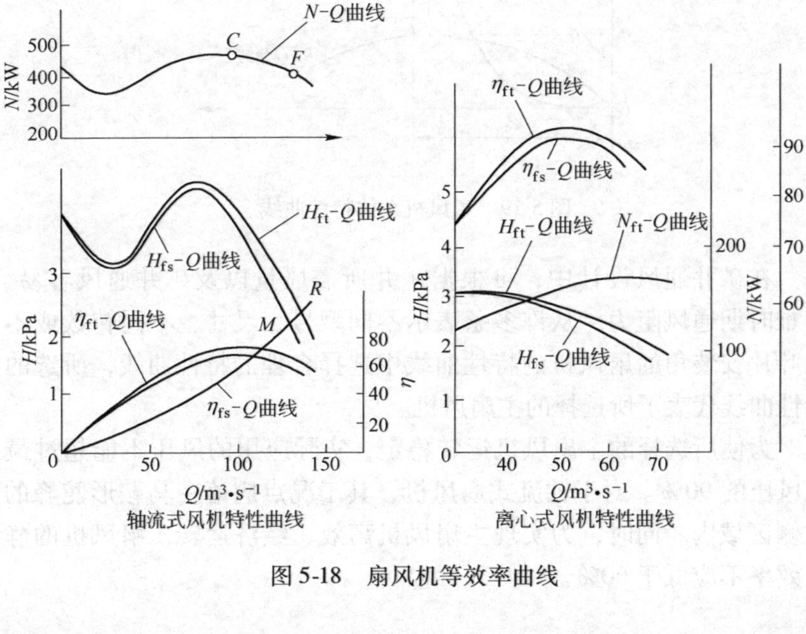

图 5-18 扇风机等效率曲线

可得到一组扇风机特性曲线。

5.4.1.5　扇风机的工况与选择

如图 5-19 所示，扇风机的工况点就是矿井总风阻曲线与 H-Q 曲线的交点 M。工况点对应的坐标值就是该扇风机工作实际产生的静压和风量，通过 M 点作垂线分别与 N-Q 曲线和 η-Q 曲线的交点的纵坐标 N 值与 η 值，分别为扇风机实际的轴功率和静压效率。

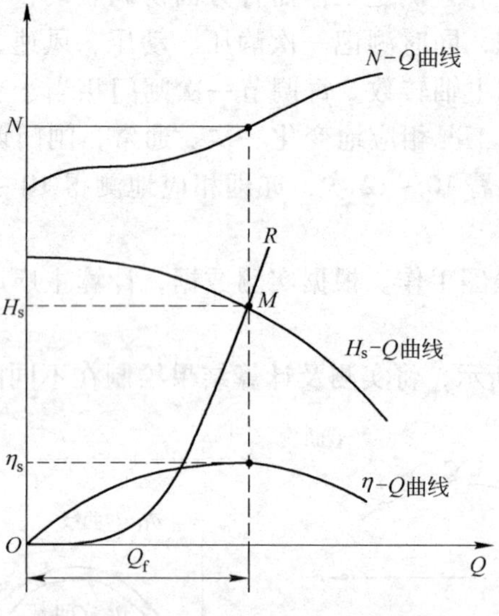

图 5-19　扇风机个体特性曲线

在矿井通风设计中，可根据矿井所需风量以及矿井通风容易、困难时期通风阻力，从许多条表示不同型号、尺寸、不同转数或不同叶片安装角的扇风机的特性曲线中选择合理的特性曲线，所选的特性曲线代表了所选择的主扇风机。

为使所选择的主扇风机运转稳定，实际应用的风压不能超过最大风压的 90%。对于轴流式扇风机，其工况点应落在马鞍形驼峰的右侧区域内。同时，为实现主扇风机高效、经济运转，扇风机的静压效率不应低于 60%。

5.4.2 影响扇风机实际特性的参数分析

扇风机实际特性的影响因素较多。一方面，诸如轴流式扇风机动轮叶片安装角度、前导器叶片角度和扇风机的新旧程度对实际特性的影响，这些可以通过试验检测而确定。另一方面，对于扇风机动轮的转数、动轮的直径以及空气的重率对同类型扇风机实际特性的影响，这些可以用比例定律求得。

5.4.2.1 同类型扇风机的比例特性

同类型扇风机是指彼此的结构、几何上相似，扇风机内风流的运动、动力相似。几何尺寸相似是必要的条件，运动和动力相似是充分条件。

A 几何相似原理

对于同类型扇风机，其形状相似，各对应部件成比例。即：

$$D_1/D'_1 = b_1/b'_1 = D_2/D'_2 = b_2/b'_2 = 常数 \tag{5-16}$$

B 运动相似原理

对于同类型扇风机，对应点的速度图相似，即对应速度成比例。

$$C_{2m}/C'_{2m} = u_2/u'_2 = D_2n/D'_2n' = C_{2n}/C'_{2n} = 常数 \tag{5-17}$$

对于同类型扇风机，叶轮出口风流流过的面积之比为：

$$S/S' = \pi D_2 b_2/\pi D'_2 b'_2 = D_2 b_2/D'_2 b'_2$$

将式（5-16）代入上式，可得：

$$S/S' = (D_2/D'_2)^2 = (b_2/b'_2)^2 = 常数 \tag{5-18}$$

由于 $Q_{ft} = SC_{2m} = \pi D_2 b_2 C_{2m}$，故可得：

$$\begin{aligned} Q/Q' &= SC_{2m}/S'C'_{2m} \\ &= (S/S')\cdot(C_{2m}/C'_{2m}) = (D_2/D'_2)^2\cdot(D_2n/D'_2n') \\ &= (D_2/D'_2)^3\cdot(n/n') \end{aligned} \tag{5-19}$$

式（5-19）表明：扇风机的风量与叶轮直径的三次方成正比，和转数的一次方成正比。

C 动力相似原理

根据动力相似的原理，对于同类型的扇风机，它们对应工作点的风压成正比。即：

$$H/H' = (\rho u_2 C_{2u})/(\rho' u_2' C_{2u}')$$

将式（5-17）代入上式，可得：

$$H/H' = (\rho/\rho') \cdot (D_2/D_2')^2 \cdot (n/n')^2 \quad (5\text{-}20)$$

由于$\rho/\rho' = \gamma/\gamma'$，故可得：

$$H/H' = (\rho/\rho') \cdot (D_2/D_2')^2 \cdot (n/n')^2 = (\gamma/\gamma') \cdot (D_2/D_2')^2 \cdot (n/n')^2 \quad (5\text{-}21)$$

式（5-21）表明：扇风机的风压和空气重率或密度的一次方、叶轮直径的平方、风机转数的平方成正比。

同理可得：同类型扇风机对应工况点的功率比为：

$$N/N' = HQ/H'Q' = (\rho/\rho') \cdot (n/n')^3 \cdot (D_2/D_2')^5 \quad (5\text{-}22)$$

式（5-22）表明：扇风机的功率和空气重率或密度的一次方、叶轮直径的五次方、风机转数的三次方成正比。

同类型风机对应工况点的效率比为：

$$\eta/\eta' = HQ/H'Q' = N/N' \quad (5\text{-}23)$$

故可得：

$$\eta = \eta' \quad (5\text{-}24)$$

这表明，同类型扇风机，它们对应工作点的效率相等。所以，将式（5-19）、式（5-21）、式（5-22）、式（5-24）称为同类型扇风机的比例定律。

5.4.2.2 同类型扇风机的比例定律适应条件分析

（1）从式（5-19）、式（5-21）、式（5-22）、式（5-24）的导出可知，不同类型的扇风机或者同类型而叶片安装角不相等的扇风机，都不能利用这些式子进行参数的换算。

（2）式（5-19）、式（5-21）、式（5-22）、式（5-24）所表示的参数之间的比例关系只有当扇风机所工作的网路风阻不变时才成立。

如图 5-20 所示，n_1、n_2、n_3 分别表示同一扇风机三种不同转数情况的 H-Q 曲线，R、R'是通风网路两种情况时的风阻，他们所对应的工况点 M_1、M_2、M_3 或 M'_1、M'_2、M'_3彼此才是相似的工况点，比例定律对相似工况点才成立，也只有在这种条件下，再加上转数、尺寸变化不大，在运用比例定律换算时方可认为扇风机工作的效率不变，即 $\eta=\eta'$。不同风阻的工况点，如图上的 M_1 同 M'_2或 M_2 同M'_1都不是相似工况点，不能直接用比例定律换算彼此的参数。

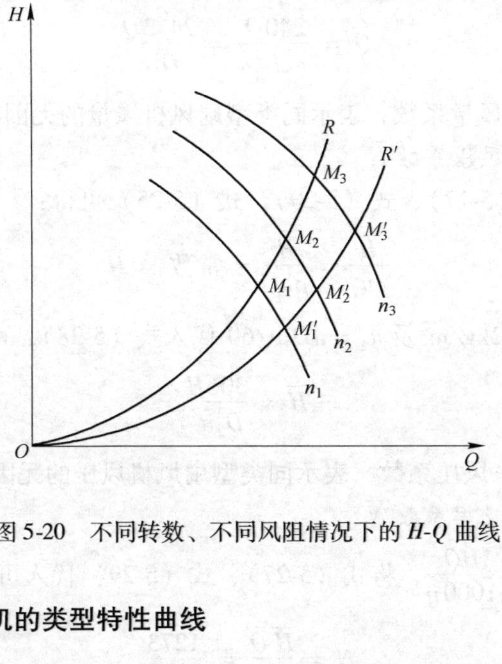

图 5-20　不同转数、不同风阻情况下的 H-Q 曲线

5.4.3　扇风机的类型特性曲线

同类型扇风机尽管几何尺寸、运动和动力条件相似，但由于动轮直径的不同、转数不同等情况，其个体特性曲线会有很多组，使得不同类型扇风机的性能无法进行比较。所以，研究探讨代表扇风机的类型特性曲线，对于扇风机性能的比较、选型尤为重要。

5.4.3.1　扇风机的类型特性参数

A　类型风量系数 $\overline{Q}$

根据式（5-17）得：

$$n/n' = u_2D'_2/u'_2D_2 \tag{5-25}$$

将式（5-25）代入式（5-19）可得：

$$Q/(D_2^2u_2) = Q'/(D_2'^2u'_2) = 常数$$

将上式变形成：

$$Q/\left(\frac{\pi}{4}D_2^2u_2\right) = Q'/\left(\frac{\pi}{4}D_2'^2u'_2\right) = 常数 = \overline{Q} \tag{5-26}$$

将 $u_2 = \pi D_2n/60$ 代入式（5-26），可得：

$$\overline{Q} = \frac{240Q}{\pi^2D_2^3n} = \frac{24.3Q}{D_2^3n} \tag{5-27}$$

式中　$\overline{Q}$——风量系数，表示同类型扇风机风量的无因次参数。

B　类型风压系数 $\overline{H}$

根据式（5-17）、式（5-20）、式（5-25）可得：

$$\frac{H}{\rho u_2} = \frac{H}{\rho u'_2} = 常数 = \overline{H} \tag{5-28}$$

将 $\rho = 1.2\text{kg/m}^2$ 及 $u_2 = \pi D_2n/60$ 代入式（5-28），可得：

$$\overline{H} = \frac{306H}{D_2^2n^2} \tag{5-29}$$

式中　$\overline{H}$——风压系数，表示同类型扇风机风压的无因次参数。

C　类型功率系数 $\overline{N}$

由于 $N = \dfrac{HQ}{1000\eta}$，将式（5-27）、式（5-29）代入可得：

$$\overline{N} = \frac{\overline{H}\,\overline{Q}}{\eta} = \frac{1273}{\rho D_2^2u_2^3} \tag{5-30}$$

将 $\rho = 1.2\text{kg/m}^2$ 及 $u_2 = \pi D_2n/60$ 代入式（5-30），可得：

$$\overline{N} = \frac{\overline{H}\,\overline{Q}}{\eta} = \frac{7435800N}{D_2^5n^3} \tag{5-31}$$

式中　$\overline{N}$——功率系数，表示同类型扇风机功率的无因次参数。

5.4.3.2　扇风机的类型特性曲线的应用

A　根据扇风机个体特性曲线，绘制同类型扇风机的特性曲线根据已知某一扇风机的个体特性曲线，利用计算公式，将个体特性曲线上间隔对应点的参数换算成类型特性参数，并绘制成对应曲线，由于同一类型扇风机只有一组 $\overline{H}$-$\overline{Q}$、$\overline{N}$-$\overline{Q}$ 和 $\overline{\eta}$-$\overline{Q}$ 类型特性曲线，它代表这一类型扇风机的共性，从而可以用它来比较不同类型扇风机的性能。

B 根据扇风机类型特性曲线，绘制个体特性曲线

根据已知类型扇风机的特性曲线，利用计算公式，将类型特性曲线上间隔对应点的参数换算成个体特性参数，并绘制成对应曲线，从而可以得到扇风机某些转数下的若干个体特性曲线，用于选择经济合理的扇风机。

C 根据扇风机类型特性曲线，选取扇风机

首先计算出矿井的风阻 R 值，同时，在拟选用的扇风机类型特性曲线上选取对应效率最高的 $\overline{Q}$、$\overline{H}$ 值。然后依据矿井风阻 R 与矿井等积孔 A 之间以及个体与类型扇风机参数之间的关系，计算出扇风机动轮直径 D_2，并按产品系列选取动轮直径接近此值的扇风机。最后校验该扇风机的个体特性曲线工况点是否在合理工作区间以及风压和风量是否满足矿井通风的要求即可。

具体计算方法为：

依据矿井风阻与矿井通风等积孔之间的关系式进行类型特性参数关系的转换计算。

$$A = 0.38/\sqrt{R}$$

$$A = 0.38Q/\sqrt{H}$$

将类型特性参数 $\overline{Q}$、$\overline{H}$ 计算公式代入上式可得：

$$A = \frac{0.38Q}{\sqrt{H}} = \frac{0.38D_2^2 u_2 \overline{Q}}{\sqrt{\rho u_2^2 \overline{H}}} = 0.856\frac{\overline{Q}}{\sqrt{\overline{H}}}D_2^2$$

$$D_2 = \sqrt{0.44\frac{\sqrt{\overline{H}}}{\overline{Q}\sqrt{R}}} \tag{5-32}$$

根据式（5-32）计算出扇风机动轮直径 D_2，依据扇风机动轮直

径选取动轮直径接近此值的扇风机，同时，校验该扇风机的个体特性曲线工况点是否在合理工作区间以及风压和风量是否满足矿井通风的要求。

5.5　扇风机联合运转

由于多个矿井的联合改造或矿井本身开采范围的扩大，开采水平的延深，多个水平或矿块、采区同时生产，使得矿井通风系统变得复杂，仅靠单台扇风机作业不能满足矿井安全生产对风量的需要时，必须使用多台扇风机联合通风，形成多风机共同在通风网路中联合作业。

两台或两台以上的扇风机同时对矿井通风风网进行工作，叫做扇风机的联合作业或联合运转。

扇风机联合运转的情况与一台扇风机单独运转有些不同。所以分析研究扇风机联合运转的特点、效果及其稳定性，对确保矿井通风的安全尤为重要。

扇风机的联合作业按其工作方式可分为串联作业和并联作业两种。

5.5.1　扇风机串联作业

一台扇风机的出风口直接或通过一段巷道或风筒连接到另一台扇风机的吸风口，两台或多台扇风机同时运转，称为扇风机串联作业。

扇风机串联工作的特点是：通过网路的总风量等于每台扇风机的工作风量，两台扇风机的工作风压之和等于所克服网路的总阻力。

扇风机串联工作按其配置可分为风压特性曲线不同、相同、有无自然风压作用等情况。

5.5.1.1　风压特性曲线不同的扇风机串联运转

如图 5-21 所示，两台不同型号的扇风机 A_1 和 A_2 的风压特性曲线分别为 a 和 b。

根据风量相等和风压相加的原理，得到串联合成特性曲线 c。此

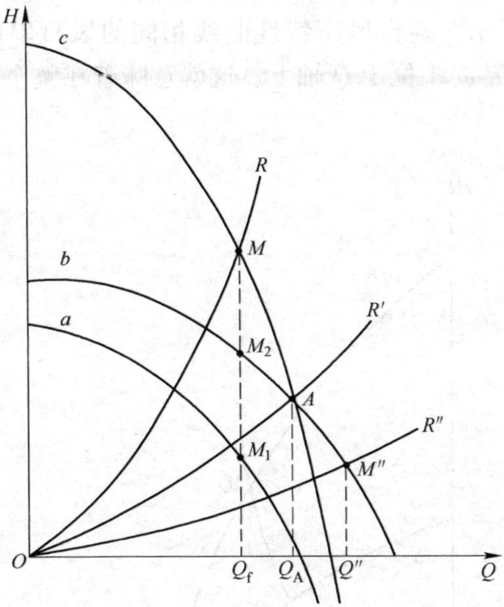

图 5-21 风压特性曲线不同的扇风机串联运行

即为 A_1 和 A_2 两扇风机串联工作的等效风机的特性曲线。

串联等效风机的工况点是网路风阻特性 R-Q 曲线与串联合成特性曲线 c 的交点 M，过 M 作横坐标的垂线，与曲线 a 和 b 的交点分别为 M_1 和 M_2 两点，此即风机 A_1 和 A_2 串联工作时各自的实际工况点。

衡量扇风机串联运转的效果，可用联合工作产生的风压与能力较大的扇风机单独在网路工作所产生的风压之差来表示。由图 5-21 所示，通常将合成特性曲线与风机 A_2 特性曲线 b 的交点 A 称为临界点，其对应风压为临界风压。当矿井风阻曲线 R-Q 较陡，也就是矿井通风风阻较大时，工况点 M 高于临界点 A 时，表示两台扇风机的风压共同起了克服阻力的作用，串联通风有效。当矿井风阻曲线 R''-Q 较缓，也就是矿井通风风阻较小时，工况点 M'' 就是或在临界点 A 以下时，表示两台扇风机串联工作，其中一台做无用功或成为大风机运行的阻力，串联通风无效。

5.5.1.2　风压特性曲线相同的两台风机的串联工作

图 5-22 所示，两台风压特性曲线相同的风机串联工作。由图5-22可见，临界点 A 位于 Q 轴上。这就意味着在整个合成特性曲线上都是有效的。

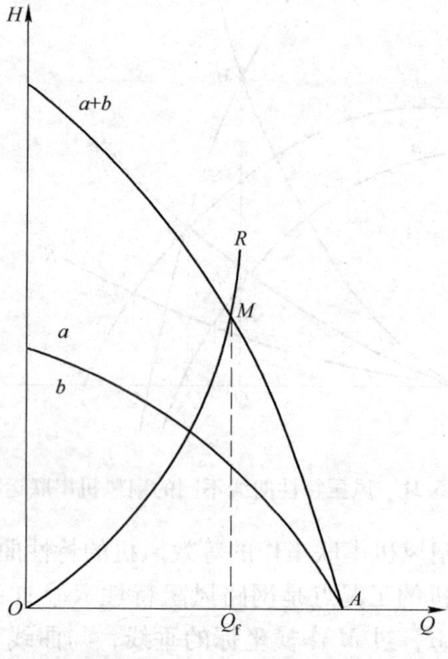

图 5-22　风压特性曲线相同的两台风机串联通风

总之，多台扇风机串联工作适用于因风阻过大而风量不足的网路，通过扇风机串联运转，增加风压，用以克服通风网路过大的阻力，确保必要的供风量。同时，风压特性曲线相同的风机串联工作好于风压特性曲线不同的风机串联工作效果。

5.5.1.3　扇风机与自然风压串联

如图 5-23 所示，H-Q 曲线为矿井主扇风机单独工作时的风压特性曲线，事实上，任何矿井都有自然风压存在，而且都和主扇风机进行串联作业。若自然风压方向与主扇风机风压方向相同，矿井自然风压特性直线为 H_n-Q，合成曲线为 $(H_f + H_n)$-Q，矿井的风阻曲线

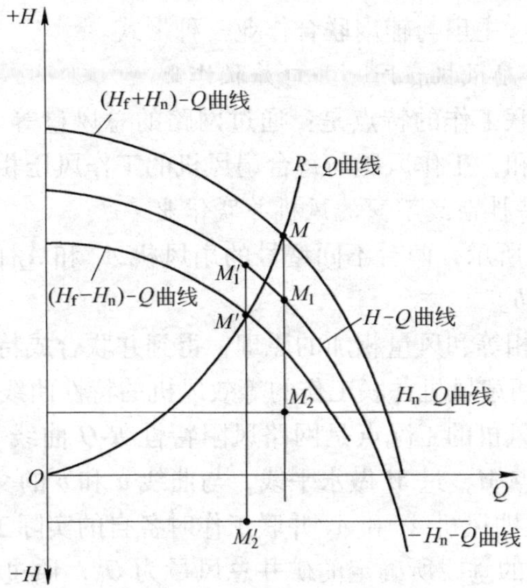

图 5-23　主扇和自然通风联合工作

为 R-Q，那么，风机串联工作的工况点为 M。若自然风压方向与主扇风机风压方向相反，矿井自然风压特性直线为 $-H_n$-Q，合成曲线为 (H_f-H_n)-Q，矿井的风阻曲线为 R-Q，那么，串联工作的工况点为 M'。由 M、M' 作垂直于横坐标直线，与 H-Q 曲线分别交于 M_1、M_1'点，由 M 与 M_1、M' 与 M_1'对应关系可知，当自然风压为正时，风压与自然风压共同作用克服矿井通风阻力，提高了矿井的供风量，有助于矿井通风。当自然风压为负时，将成为扇风机的阻力。由于自然风压的影响，热天矿井总风量可能不足，冷天矿井可能富余，所以，在矿井通风管理工作中，充分考虑自然风压的作用，应及时采取相应措施，一方面确保矿井需风量的供应，另一方面尽量降低电力消耗以降低通风成本。

5.5.2　扇风机并联作业

两台或多台扇风机的吸风口或出风口直接或经过一段井巷连接的工作方式称为扇风机并联作业。

扇风机并联运转一般按其布置方式分为在同一井口并联作业、两翼对角作业、主扇与辅扇联合作业三种形式。

5.5.2.1　扇风机在同一井口并联作业

扇风机并联工作的特点是：通过网路的总风量等于每台扇风机的工作风量之和，工作风压与每台扇风机的工作风压相同。

A　风压特性曲线不同的风机并联作业

如图 5-24 所示，两台不同型号的扇风机 A_1 和 A_2 的风压特性曲线分别为 a 和 b。

根据风压相等和风量相加的原理，得到并联合成特性曲线 c。此即为 A_1 和 A_2 两扇风机并联工作的等效风机的特性曲线。

并联等效风机的工况点是网路风阻特性 R-Q 曲线与并联合成特性曲线 c 的交点 M，过 M 做水平线，与曲线 a 和 b 的交点分别为 M_1 和 M_2 两点，此即风机 A_1 和 A_2 并联工作时各自的实际工况点。

通过 M 点的垂线所确定的矿井总风量为 Q_0，通过 M_1 和 M_2 两点的垂线所确定两扇风机 A_1 和 A_2 的风量分别为 Q_{f1} 和 Q_{f2}，且 $Q_0 = Q_{f1} + Q_{f2}$，通过 M 点的水平线所确定的矿井总阻力为 h_r，等于由通过 M_1 点的水平线所定的 A_1 主扇风机静风压 H_{f1s}，也等于通过 M_2 点的水平线所定的 A_2 主扇风机静风压 H_{f2s}。

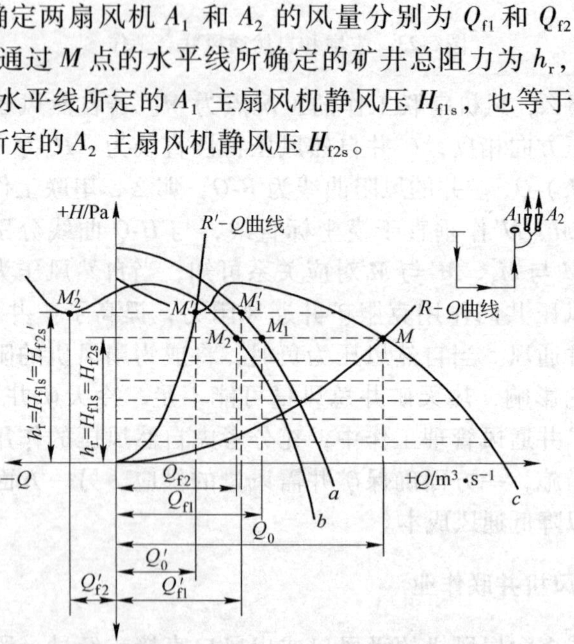

图 5-24　风压特性曲线不同的风机并联作业

从图 5-24 中可见，每台主扇风机单独运转时，其风量之和大于联合运转风量。所以多台扇风机并联作业时，不能充分发挥每台扇风机的风量作用。矿井总风阻越大，风量差值越大，并联作业的效果越差；反之，矿井总风阻越小，并联作业的效果越好。故扇风机并联作业较适用于风网阻力较小时期的矿井通风；而对于新设计的矿井，不宜选用多台主扇风机进行并联作业。

如图 5-24 所示，若矿井的风阻较大，其风阻曲线为 R'-Q 时，自 M' 画水平线分别与 a 和 b 交于 M_1'、M_2'，因 M_2' 点落在第二象限内，A_2 主扇风机的风量为负值，这时矿井的总供风量是两台扇风机风量之差，A_2 主扇风机的风量成为 A_1 主扇风机的短路风量，反而使矿井总风量减少。要避免这种不合理的情况的出现，必须使两台主扇风机联合工作的工况点落在 c 曲线驼峰右侧，同时每台主扇风机的工况点须落在各自的风压曲线的合理使用范围内。

衡量扇风机并联运转的效果，可用联合工作产生的风量与能力较大的扇风机单独在网路工作所产生的风量之差来表示。通常将合成特性曲线与风机 A_1 特性曲线的交点 A 称为临界点。扇风机联合工作的工况点 M 位于临界点 A 右侧时，表示扇风机并联有利于矿井风量的增加，联合工作有效。工况点 M 就是或在临界点 A 以左时，表示两台扇风机并联无效或出现一台扇风机反向进风。

B 风压特性曲线相同的风机并联作业

图 5-25 所示，两台风压特性曲线相同的风机并联作业。风阻特性 R-Q 曲线与并联合成特性曲线 C 的交点 M，M 即为风机并联工作时的实际工况点。过 M 点做水平线，与单个扇风机特性曲线的交点为 M'，M' 为扇风机并联工作各自的工况点。

如图 5-26 所示，两台同型号的轴流扇风机 A_1 和 A_2 的风压特性曲线分别为 a 或 b，并联合成特性曲线 c。由于轴流式扇风机的风压曲线有驼峰或马鞍形区段，图上有一段在同一风压时却有两个或三个风量值，表示当工况点在这段部位时，则可能出现风量不稳定。基于这个原因，在作并联合成曲线时，若风机 H-Q 曲线上同一风压有几个风量值，如图上的 1、2 和 3 点，则并联合成曲线对应的风量值的个数可运用排列组合的乘法定理求得，如图上的 11、12、22、

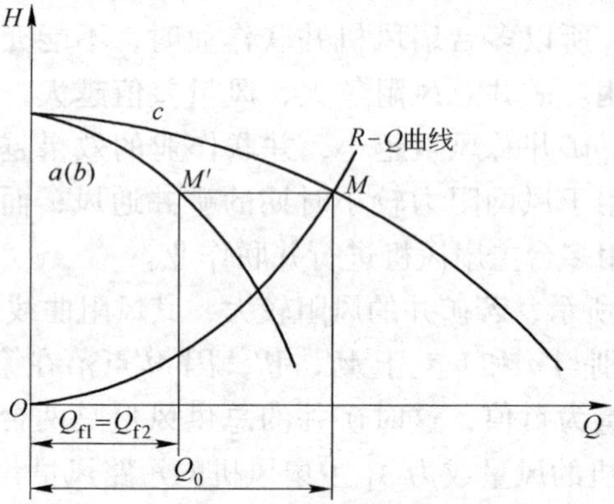

图 5-25　风压特性曲线相同的风机并联作业

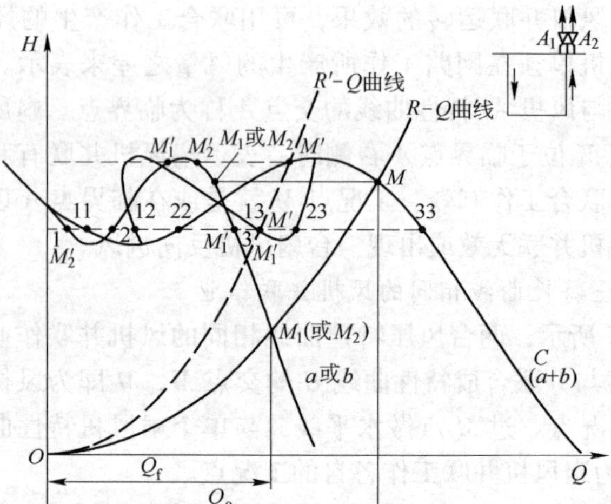

图 5-26　轴流式扇风机并联作业

13、23 和 33 点。如果是两台主扇风机风压特性曲线 a 和 b 不相同，即不重合，那就最多可能有九个合成风量值，并联合成曲线的峰谷部位附近就形成“∞”形区段。如果两风机的风压曲线不一样，或者是其他的形状如驼峰状，那么并联合成曲线的峰部形状也就各异。

并联等效风机的工况点是风阻特性 R-Q 曲线与并联合成特性曲线 c 的交点 M，过 M 做水平线，与曲线 a 或 b 的交点为 M_1 或 M_2 点，此即风机 A_1 和 A_2 并联工作时各自的实际工况点。

如果矿井风阻增大，风阻特性 R'-Q 曲线与合成特性曲线 c 有两个或三个交点 M'。这就意味着这种并联运转是极其不稳定的。因为风机 A_1 或 A_2 的实际工况点是在曲线的峰谷部位飘移，两台风机的实际风量交替变化，各风机的供风量也随着变化，并联运转的通风效果极差。

所以，只有网路风阻曲线在并联合成曲线驼峰以外通过，只获得一个工况点时，风机并联运转才是稳定的。

5.5.2.2　扇风机两翼对角并联作业

如图 5-27 所示，两台扇风机分别在两个井口并联运转是较常见的一种机械通风方式。右翼为风机 A_1，其 H-Q 曲线为 a，平缓单斜状，右翼风阻 R_1。左翼为风机 A_2，其 H-Q 曲线为 b，呈驼峰状，左翼风阻 R_2，通风网路公共段风阻为 R。

图解法绘制联合特性曲线的步骤为：

A　绘制各自主扇风机特性曲线

将两台风机风压特性曲线、风阻特性曲线以及公共风阻特性曲

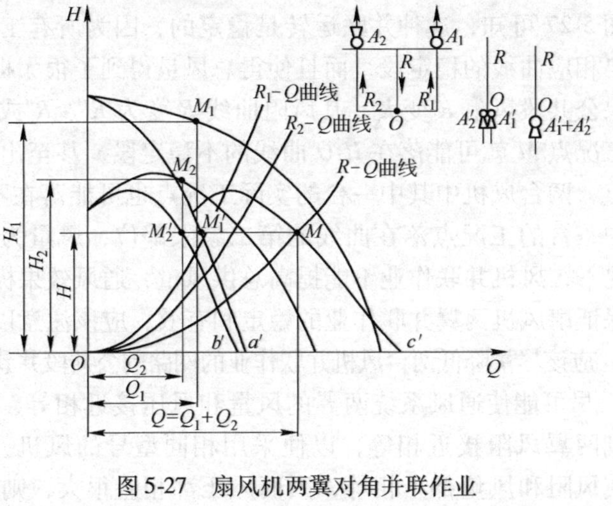

图 5-27　扇风机两翼对角并联作业

线绘在图上。

B 简化系统，绘制风机变位特性曲线

将 A_1 与 A_2 风机变位，设想将它们移至 O 点。通过风机的风量等于通过风阻为 R_1 井巷的风量，风阻为 R_1 井巷的风压损失是风机 A_1 来负担的。因此，要设想将其移至 O 点，则变化后的风机的风压就应减少风阻 R_1 所需的风压损失。具体方法是按等风量从曲线 a 的风压减去曲线 R_1 的风压，就可获得风机 A_1 的变位曲线 a'，同理可获得风机 A_2 的变位曲线 b'。

C 绘制变位后风机联合特性曲线

通过风机变位，相当于两台曲线分别为 A_1'、A_2'的风机在 O 点并联运转。绘制并联合成曲线为 $a'+b'$即 c'，相当于一台等值风机在 O 点克服风阻 R 而运转。

D 工况点分析

$a'+b'$合成曲线 c'与 R 曲线的交点 M 就是等效风机的工况点，其横坐标是流过公共段 R 的风量，亦即两风机的风量之和。过 M 点做水平线分别交曲线 a'和 b'于 M_1'、M_2'，M_1'、M_2'就是两台变位风机的工况点，由于两台风机变位前、后风量是相等的，故从 M_1'、M_2'分别做垂线与曲线 a 和 b 分别交于 M_1、M_2，M_1、M_2 分别为风机 A_1 和 A_2 并联工作时各自的实际工况点。

从图 5-27 可知，这种并联运转是稳定的，因为所有工况点都分别在各自相应曲线的稳定段，而且使得总风量得到了很大提高。

如果公共段风阻 R 变大，其风阻曲线 R 变为 R'、R''或更大，那么并联工况点 M 就可能落在 H-Q 曲线的不稳定段，甚至出现不止一个工况点，两台风机中其中一台的实际工况点也可能落在不稳定段，甚至其中一台的工况点落在曲线的第二象限部位，风量为负值。在这种情况下，风机并联作业不能提高总供风量，通风效果极差。

为保证扇风机两翼并联作业的稳定和有效，应该注意以下几点：

（1）应该尽量降低两台风机并联作业的网路的公共段井巷的风阻。

（2）尽可能使通风系统两翼的风量和风压接近相等，首先，尽可能达到两翼风阻接近相等，以便采用相同型号的风机并联运转。如果两翼风阻和风量都不相等，因而风压都相差很大，则应该分别选用不同规格和性能参数的风机，大小对应匹配。

（3）当因矿井生产的变化，要求其中一台扇风机进行调整，需增人转数、增大叶片安装角等。应该注意这种工况的调控可能带来的影响是不仅影响整个网路的风流状况，而且也会影响并联作业的稳定性。如果需要较大幅度地增加全矿风量，应首先考虑同时调整两翼扇风机。

（4）单机运转稳定，当它与另一台扇风机并联运转时就不一定稳定，反之亦然。

5.5.2.3　主扇风机与辅扇风机联合作业

如图 5-28 所示，在通风网路主扇风机 A_2 与辅助扇风机 A_1 联合

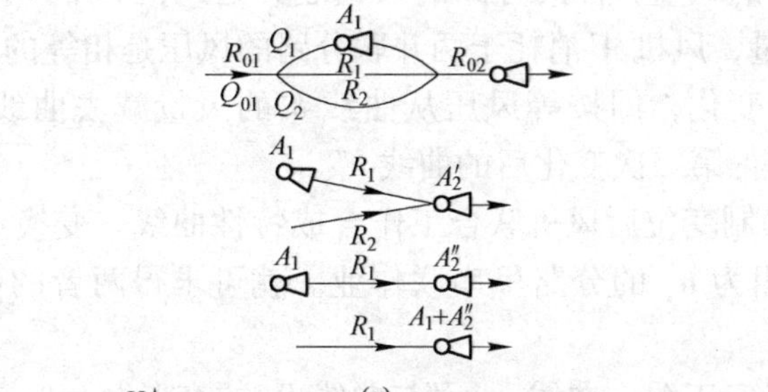

图 5-28　主扇和辅扇联合作业

（a）主扇和辅扇联合作业；（b）联合作业的特性曲线

作业，图中两条并联风路，风阻分别为 R_1、R_2，由于 R_1 远大于 R_2，为了调节风量，在风阻为 R_1 的风路里安设一台辅扇 A_1，在矿井通风中，为了调节某一通风井巷的风量，在井巷内安设一台辅扇是一种常用的风量调节方式。

图解法绘制风机联合工作特性曲线：

（1）在同一坐标系内绘制扇风机各自特性曲线。将两台风机的 H-Q 曲线、风阻 R-Q 曲线绘制在图上。

（2）扇风机变位并绘制变位特性曲线。将风机 A_2 变位，按等风量从曲线 H-Q 的风压减去曲线 R-Q 的风压，则变位后曲线为 b'。

（3）扇风机再变位，并绘制变位曲线。风机 A_2' 的风量为 R_1、R_2 两并联分路的风量，即两分路的风量之和是风机 A_2' 的风量，也是风机 A_2 的风量，风机 A_2' 消耗于两并联分路的风压是相等的。再将风机 A_2' 作第二次变化，即按等风压从曲线 b' 的风量减去曲线 R_2-Q 的风量，就可获得第二次变化后的曲线 b''。

（4）绘制变位后风机联合工作合成特性曲线。变换风机 A_2' 与辅扇 A_1 在风阻为 R_1 的分路里串联作业。就可求得两者的串联合成曲线 $a+b''$。

（5）确定工况。曲线 $a+b''$ 与曲线 R_1 的交点 $M_{a+b''}$，就是辅扇 A_1 与变换风机 A_2'' 串联作业的工况点，同时，可获得辅扇 A_1、主扇 A_2 联合工作时各自的工况点 M_1、M_2。

对于多风机多井口的扇风机联合作业，图解法绘制联合工作特性曲线方法相同，但需注意通风网路的拆解及等效风机的计算。

6 通风网路解算及通风系统图绘制

矿井的通风系统是由通风巷道及其交汇点组成的网路系统，通常，将三条以上巷道的交汇点称为节点，两节点之间的联络巷道称为分支巷道，两条或两条以上的分支巷道形成的闭合回路称为回路或网孔，由多条分支巷道及回路或网孔所形成的通风回路称为通风网路。

风流在通风网路中流动，风量分配形式有两种：一种是按需分配，另一种是自然分配。但无论是哪种分配形式，风流在网路中流动，除服从能量守恒定律外，还遵守风量平衡定律、风压平衡定律和阻力定律。

6.1 网路中风流流动的基本定律

矿井通风中，风流在网路中流动的基本定律有风量平衡定律、风压平衡定律和阻力定律。

6.1.1 风量平衡定律

在通风网路中，流进节点或闭合回路的风量等于流出节点或闭合回路的风量，也就是任一节点或闭合回路的风量代数和为零，此称为风量平衡定律。

如图 6-1 所示，图中点 A 称为节点，根据风量平衡定律，当空气密度不变时，各风量之间的关系：

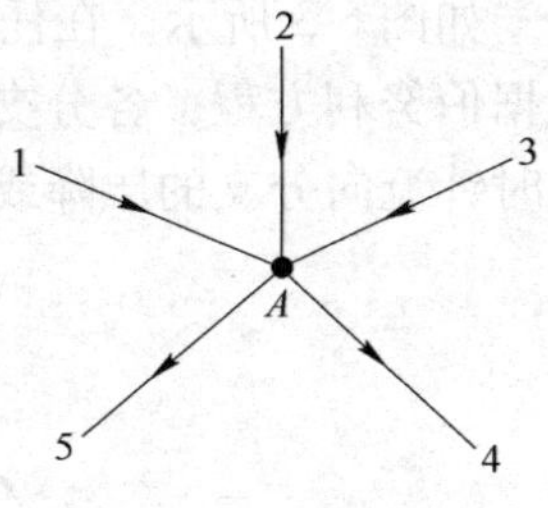

图 6-1　节点风流

$$Q_1 + Q_2 + Q_3 = Q_4 + Q_5$$

即
$$Q_1 + Q_2 + Q_3 - Q_4 - Q_5 = 0$$

如图 6-2 所示，在闭合回路 2-4-6-8-2 中，各风量之间的关系：

$$Q_{1\text{-}2} + Q_{3\text{-}4} = Q_{8\text{-}7} + Q_{6\text{-}5}$$

即
$$Q_{1\text{-}2} + Q_{3\text{-}4} - Q_{6\text{-}5} - Q_{8\text{-}7} = 0$$

数学表达式为：

$$\Sigma Q_i = 0 \tag{6-1}$$

式中　Q_i——流入或流出节点的风量。

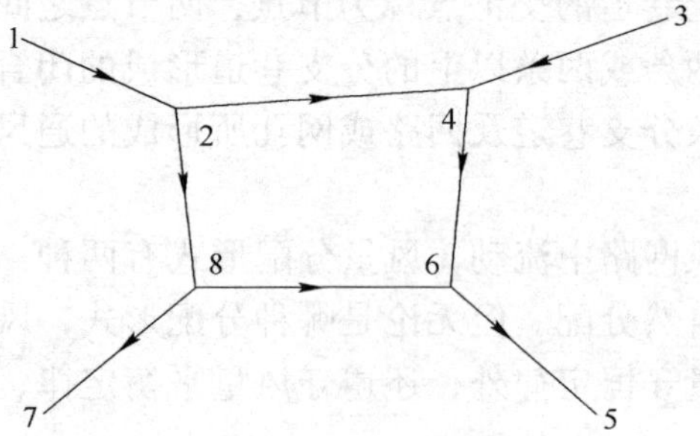

图 6-2　闭合回路风流

6.1.2 风压平衡定律

6.1.2.1　网路中无自然风压及风机工作

如图 6-3 所示，在任一闭合回路中，无自然风压及风机工作时，根据伯努利方程，各分支巷道压降或阻力的代数和等于零。或者说，顺时针流向分支的压降或阻力之和等于逆时针流向分支的压降之和，

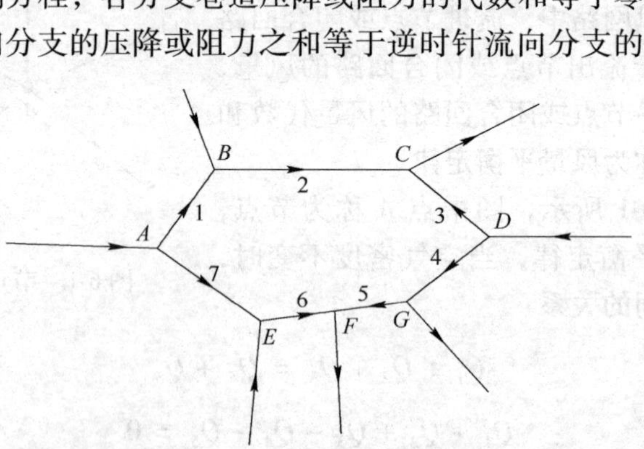

图 6-3　网路中无风机工作的风压降

此称为风压平衡定律。

$$h_1 + h_2 + h_4 + h_5 = h_3 + h_6 + h_7$$

或 $$h_1 + h_2 + h_4 + h_5 - h_3 - h_6 - h_7 = 0$$

即 $$\Sigma h_i = 0 \tag{6-2}$$

式中 h_i——闭合回路中任一巷道的风压损失。

6.1.2.2 网路中有自然风压及风机工作

如图6-4所示，当闭合回路中有自然风压及扇风机工作时，自然风压 H_n 及风机风压 H_f，风压平衡定律为：

$$h_1 + h_2 + h_3 - h_4 - h_5 = H_f + H_n$$

即 $$\Sigma h_i = \Sigma H_i + \Sigma H_n \tag{6-3}$$

需要强调的是，因为风机风压是动力，故它与风机所在分支的阻力符号相反，对于自然风压 H_n，其作用方向与风机方向相同时，其符号与风机风压相同，否则与风机风压的符号相反。

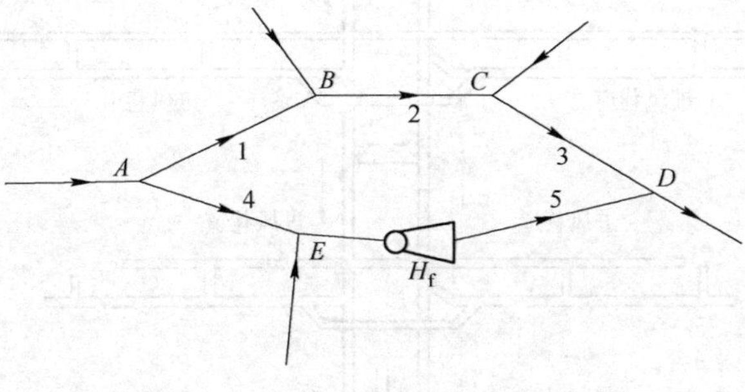

图6-4 网路中有风机工作的风压降

6.1.3 阻力定律

对于任一分支巷道或整个通风网路系统，风流流动都遵守阻力定律。即：

$$h = RQ^2 \tag{6-4}$$

式中 h——巷道的通风阻力，Pa；

R——巷道的风阻，$N \cdot s^2/m^8$；

Q——通风巷道的风量，m^3/s。

6.2　串联、并联通风网路的基本性质

通风网路中，为满足安全生产需要，巷道的联结形式多种多样，但基本联结形式可分为：串联、并联、角联和复杂联结。

6.2.1　串联风路

如图 6-5 所示，采区内回采工作面进风巷道与回采工作面回风巷道，首尾相接，形成串联系统，串联通风的特点如下。

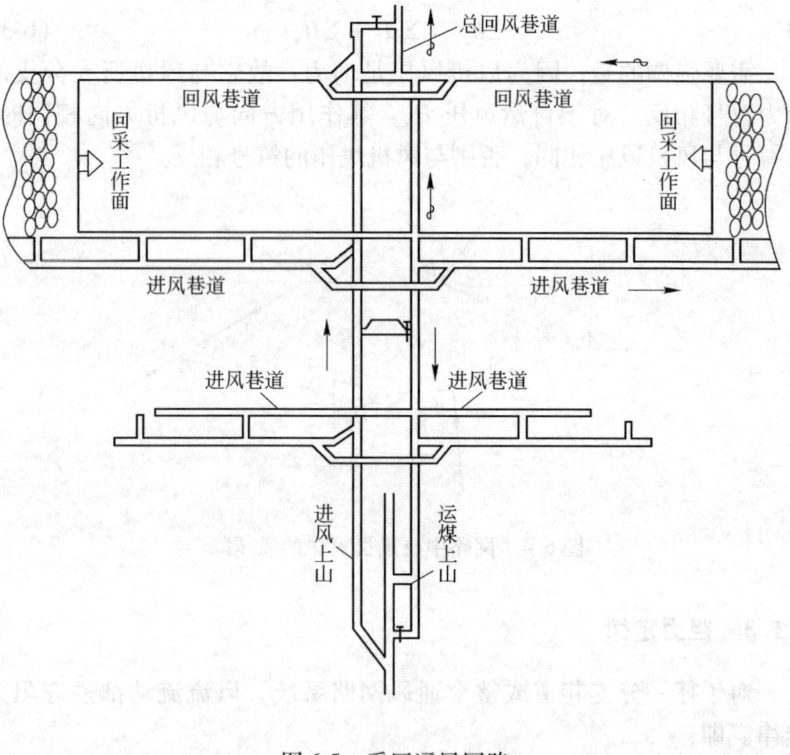

图 6-5　采区通风网路

6.2.1.1　风量关系

根据风量平衡定律，在串联通风网路中，各条巷道的风量相等，即：

$$Q = Q_1 = Q_2 = Q_3 = \cdots = Q_n \tag{6-5}$$

6.2.1.2 风压关系

根据风压平衡定律，在串联通风网路中，各条巷道的总风压降为各巷道风压降之和，即：

$$h = h_1 + h_2 + h_3 + h_4 + \cdots + h_n \tag{6-6}$$

6.2.1.3 风阻关系

根据阻力定律，串联通风网路的总风阻等于各条巷道风阻之和。

由于 $RQ^2 = R_1 Q_1^2 + R_2 Q_2^2 + R_3 Q_3^2 + R_4 Q_4^2 + \cdots + R_n Q_n^2$

且 $Q = Q_1 = Q_2 = Q_3 = \cdots = Q_n$

故 $$R = R_1 + R_2 + R_3 + R_4 + \cdots + R_n \tag{6-7}$$

6.2.1.4 网路巷道等积孔

由于 $A = 0.38/\sqrt{R}$

则 $R = 0.1444/A^2$

依据风阻关系式可得：

$$\frac{0.1444}{A^2} = \frac{0.1444}{A_1^2} + \frac{0.1444}{A_2^2} + \frac{0.1444}{A_3^2} + \cdots + \frac{0.1444}{A_n^2}$$

简化可得：

$$\frac{1}{A^2} = \frac{1}{A_1^2} + \frac{1}{A_2^2} + \frac{1}{A_3^2} + \cdots + \frac{1}{A_n^2} \tag{6-8}$$

6.2.2 并联风路

在图 6-5 中，采区内由进风上山供风给左右回采工作面，乏风经各自回风巷道汇集在采区总回风巷道，形成通风网路中进风 a、回风 b 两节点之间有两条或多条巷道存在，这种巷道之间的关系称为并联风路。

如图 6-6 所示，风路 1、2、3、4、5 之间构成并联风路。

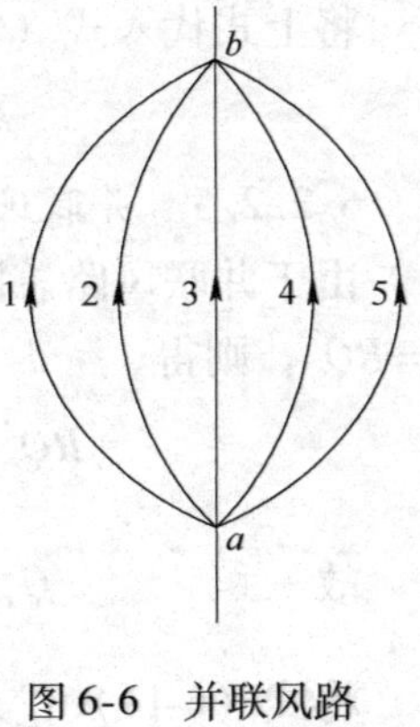

图 6-6 并联风路

并联通风的特点如下。

6.2.2.1　风量关系

根据风量平衡定律，在并联通风网路中，总风量等于各条巷道的风量之和，即：

$$Q = Q_1 + Q_2 + Q_3 + \cdots + Q_n \tag{6-9}$$

6.2.2.2　风压关系

根据风压平衡定律，在并联通风网路中，并联网路总风压等于各条巷道的风压降。即：

$$h = h_1 = h_2 = h_3 = \cdots = h_n \tag{6-10}$$

6.2.2.3　风阻关系

由于 $h = RQ^2$

则 $Q = \sqrt{h/R}$，将上式代入式（6-10），可得

$$\frac{1}{\sqrt{R}} = \frac{1}{\sqrt{R_1}} + \frac{1}{\sqrt{R_2}} + \frac{1}{\sqrt{R_3}} + \cdots + \frac{1}{\sqrt{R_n}} \tag{6-11}$$

由式（6-11）可知，并联网路的总风阻比任一并联分支巷道的风阻小。

6.2.2.4　网路巷道等积孔

由于

$$A = 0.38/\sqrt{R}$$

将上式代入式（6-11），则

$$A = A_1 + A_2 + A_3 + \cdots + A_n \tag{6-12}$$

6.2.2.5　并联风路的风量分配

由于并联风路总阻力等于各分支巷道阻力，根据阻力计算公式 $h = RQ^2$，则得

$$RQ^2 = R_1Q_1^2 = R_2Q_2^2 = \cdots = R_nQ_n^2$$

故　　$Q_1 = \sqrt{\frac{R}{R_1}}Q$

将式（6-11）代入上式，可得各分支巷道风量：

$$Q_1 = \frac{Q}{1 + \sqrt{\frac{R_1}{R_2}} + \sqrt{\frac{R_1}{R_3}} + \cdots + \sqrt{\frac{R_1}{R_n}}}$$

$$Q_2 = \frac{Q}{\sqrt{\frac{R_2}{R_1}} + 1 + \sqrt{\frac{R_2}{R_3}} + \cdots + \sqrt{\frac{R_2}{R_n}}}$$

$$\vdots$$

$$Q_n = \frac{Q}{\sqrt{\frac{R_n}{R_1}} + \sqrt{\frac{R_n}{R_2}} + \sqrt{\frac{R_n}{R_3}} + \cdots + 1} \tag{6-13}$$

6.2.3 串联网路与并联网路的比较

矿井通风中，各工作地点供风应尽量采用并联网路，避免串联。并联网路与串联网路通风系统比较，并联网路通风有下列优点：

（1）总风阻及总阻力较小，并联网路的总风阻比其中任一分支的风阻都小。

（2）各并联分支的风量都可通过改变分支风阻等方法，按需要进行风量调节。

（3）各并联分支都有独立的新鲜风流，串联时则不然，后一风路的入风是前一风路排出的污风，互相影响大，尤其是在发生爆炸、火灾事故时，串联的危害更为突出。

所以安全规程强调各工作面要独立通风，尽量避免采用串联通风。

6.3 角联通风网路的基本性质

存在于并联巷道之间，连通两侧的联络巷道称为角联或对角巷道，两侧并联巷道称为边缘巷道，由这些巷道组成的通风网路称为角联通风网路。如图 6-7 所示，仅有一条对角巷道的网路称为简单角联网

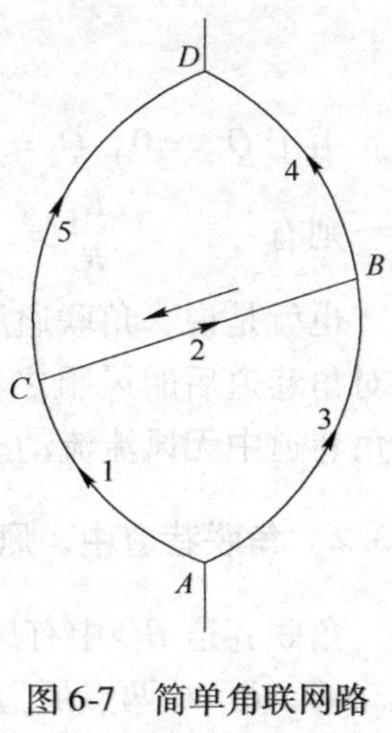

图 6-7 简单角联网路

路。如图 6-8 所示，网路中有两条或两条以上的对角巷道时称为复杂角联网路。

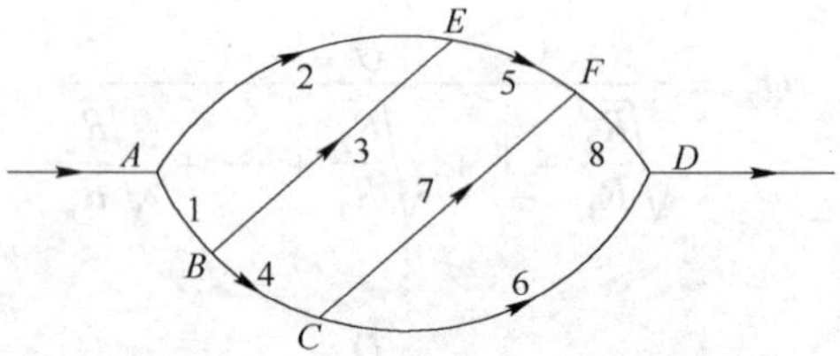

图 6-8　复杂角联网路

角联网路的特点是对角巷道的风流方向不稳定。其对角风道中的风流流动方向有以下三种情况。

6.3.1　角联巷道中无风流流动

角联巷道 BC 中没有风流流动，即 $Q_{BC}=0$，B、C 两点压力相等，两点间无压差存在。

根据风压平衡定律：$h_{AC}=h_{AB}$，$h_{CD}=h_{BD}$

根据阻力定律：$R_{AC}Q_{AC}^2=R_{AB}Q_{AB}^2$，$R_{CD}Q_{CD}^2=R_{BD}Q_{BD}^2$

即 $R_1Q_1^2=R_3Q_3^2$，$R_5Q_5^2=R_4Q_4^2$，将两式相除，可得

$$\frac{R_1Q_1^2}{R_5Q_5^2}=\frac{R_3Q_3^2}{R_4Q_4^2}$$

由于 $Q_{BC}=0$，$Q_1=Q_5$，$Q_3=Q_4$

则有　$$\frac{R_1}{R_5}=\frac{R_3}{R_4}\quad 或 \quad \frac{R_1}{R_5}\Big/\frac{R_3}{R_4}=K=1 \tag{6-14}$$

也就是说，角联通风网路中左侧边缘巷道在对角巷道前的风阻与对角巷道后的风阻之比等于右侧边缘巷道相应巷道风阻之比，则对角巷道中无风流流动。

6.3.2　角联巷道中，风流由 B 向 C 流动

角联巷道 BC 中有风流流动，而且风流流向由 B 向 C 流动，即 $Q_{BC}\neq 0$，B、C 两点压力不相等，B 点的压力大于 C 点的压力。

即
$$h_{AC} > h_{AB}$$
$$R_1 Q_1^2 > R_3 (Q_2 + Q_4)^2$$
$$R_1 / R_3 > (Q_2 + Q_4)^2 / Q_1^2$$

同理
$$h_{BD} > h_{CD}$$
$$R_4 / R_5 > (Q_1 + Q_2)^2 / Q_4^2$$

由于
$$\frac{Q_4^2}{(Q_1 + Q_2)^2} < \frac{(Q_2 + Q_4)^2}{Q_1^2}$$

则
$$\frac{R_1}{R_3} > \frac{R_5}{R_4} \quad 或 \quad \frac{R_1}{R_3} \Big/ \frac{R_5}{R_4} = K > 1 \tag{6-15}$$

6.3.3 角联巷道中，风流由 *C* 向 *B* 流动

同理可得
$$\frac{R_1}{R_3} < \frac{R_5}{R_4} \quad 或 \quad \frac{R_1}{R_3} \Big/ \frac{R_5}{R_4} = K < 1 \tag{6-16}$$

当角联通风网路的一侧分流中，对角巷道前的巷道风阻与对角巷道后的巷道风阻之比，大于另一侧分流相应巷道风阻之比，则对角巷道中的风流流向该侧，反之，风流流向另一侧。

综上所述，确定对角巷道的风流方向，主要取决于对角巷道前后各边缘巷道风阻的比值，而与对角巷道本身风阻的大小无关。因此，要改变对角巷道的风流方向，应改变边缘巷道风阻的比例关系，才能达到目的。

矿井生产实践中，基于安全生产的需要，通常在进风系统或回风系统施工一些联络巷道，即角联巷道，这就复杂了矿井通风系统，给矿井通风管理带来很多问题。一方面，由于角联巷道的存在，可能会造成边缘巷道风流流向不稳，用风地点供风不足；另一方面，由于角联巷道通风设施管理不善，可能会形成局部风流反向，甚至通风系统紊乱。所以，生产实践中，要重点加强角联巷道特别是对通风系统可能会造成较大危害的角联巷道的管理，须采取有力措施，避免危害的产生，一方面，采取必要措施切断或调整边缘巷道的风阻配比，使角联巷道内无风或风流保持稳定；另一方面，通过改变网路结构，消除角联巷道的存在。

6.4　矿井风量调节

在矿井通风网路中，风量的分配形式有两种：一种是按巷道的风阻大小自然分配；另一种是根据工作地点需风量的大小按需分配。矿井生产实践中，随着生产矿井开采水平的延深，生产区域的变化，矿井通风网路及其结构也发生相应的变化。所以，必须及时、有效地进行风量的调节，以满足需风地点风量的要求。

风量调节是矿井通风管理职能部门的重要工作内容之一，它是一项经常性的工作，它对于确保矿井的安全生产尤为重要。

风量调节按其范围，可分为局部风量调节和矿井总风量调节。

6.4.1　局部风量调节

局部风量调节是指在采区内部各工作面间、采区之间或生产水平之间，根据需风量的要求进行的风量调节。通常，风量调节方法有增阻法、减阻法及增加风压法三种。

6.4.1.1　增加风阻的风量调节方法

增加风阻调节的实质是在并联网路阻力较小的分支中安装调节风窗，从而增加风阻，以调节风量，确保风量按需分配。

A　风窗口调节原理及面积

如图 6-9 所示，分支巷道 1、2 风阻分别为 R_1、R_2，通过网路及

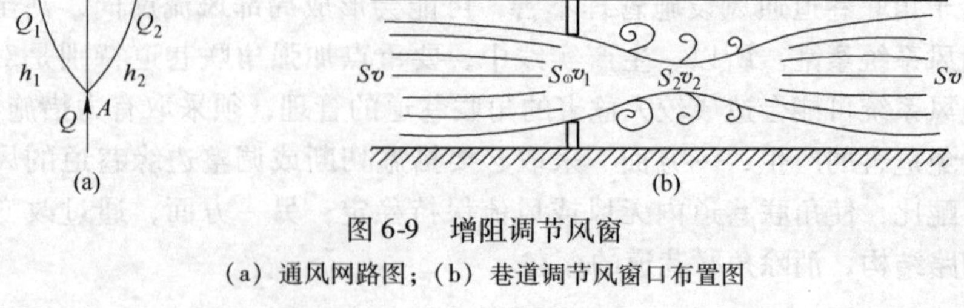

图 6-9　增阻调节风窗

（a）通风网路图；（b）巷道调节风窗口布置图

分支巷道的风量为 Q、Q_1、Q_2，由于自然分配的风量 Q_1、Q_2 不能满足需风地点对风量的要求，须通过调节，使得巷道 1、2 的风量达到既定要求的 Q_1'、Q_2'。

若分支巷道 2 风量不足，所需风量 $Q_2' > Q_1'$，则需在分支巷道 1 中设调节风窗，使其巷道风阻增大为 R'_1。

即
$$R_1' = R_1 + \Delta R$$

增阻后，两分支巷道的阻力为 h_1'、h_2'，根据巷道并联通风的特点，并联网路总风压等于各条巷道的风压降。

即
$$h = h_1' = h_2'$$

则
$$R_2 Q_2'^2 = (R_1 + \Delta R) Q_1'^2$$

可得增加风阻
$$\Delta R = R_2 \frac{Q_2'^2}{Q_1'^2} - R_1 \tag{6-17}$$

从图 6-9 中不难理解，巷道中设置调节风窗，实际上增加的是调节风窗产生的局部风阻，风流流经调节风窗，风流收缩到最小断面 S_2，之后扩大到原有断面 S，其间所造成的风压损失 h_ω 为：

$$h_\omega = \rho (v_2 - v)^2 / 2 \tag{6-18}$$

式中 v_2——风流流经调节风窗后在最小收缩断面处的风速，m/s；

v——巷道内的风流平均风速，m/s。

实验发现，风流通过调节风窗时的速度变化有如下比例关系：

$$\frac{v_2 - v}{v_1 - v} = 1.6 \sim 1.8 \approx 1.7$$

式中 v_1——风流流经调节风窗处巷道内的平均风速，m/s。

若通过调节风窗和巷道的风量为 Q，则上式可写成：

$$v_2 - v = 1.7(v_1 - v) = 1.7\left(\frac{Q}{S_\omega} - \frac{Q}{S}\right) \tag{6-19}$$

式中 S_ω——调节风窗断面面积，m^2。

取 $\rho = 1.2 kg/m^3$，由式（6-17）、式（6-18）、式（6-19）得：

$$S_\omega = \frac{S}{1 + 2.38 S \sqrt{R_\omega}} \tag{6-20}$$

式（6-20）即为某一分支巷道为获得一定风量，满足调节风窗增加巷道风阻需要的调节风窗口面积计算公式。

B　增阻调节的分析

在采用增阻调节法调控巷道风量时，在满足局部分支巷道需风量的同时，会对矿井通风网路造成或大或小的影响，主要表现在以下几个方面：

（1）增阻调节法会使通风网路的总风阻增大，如果主扇风机性能曲线不变，总风量就会减少。

如图 6-10 所示，主扇风压特性曲线Ⅰ和两分支巷道的风阻 R_1、R_2、r_1、r 曲线，则并联风网的总风阻 R 曲线为 r。r 与Ⅰ交点 a 即为主扇风机的工况点，此点对应的风量即为矿井总风量 Q，自 a 作水平线和 r_1、r_2 交于 b、c 两点，该两点对应的风量 Q_1、Q_2 即为流经两风路的风量。若在风路 1 中设调节风门，其风阻为 R_ω，则该风路的总风阻为 $R_1' = R_1 + R_\omega$，在图上绘出 r_1' 曲线，并绘出与 r_1' 和 r_2 并联的风阻曲线 r'，由 r' 与Ⅰ交点 a' 对应的风量即为调节后矿井总风量 Q'，自 a' 作水平线和 r_1'、r_2 交于 b'、c' 两点，该两点对应的风量 Q_1'、Q_2' 即为调节后流经两风路的风量。

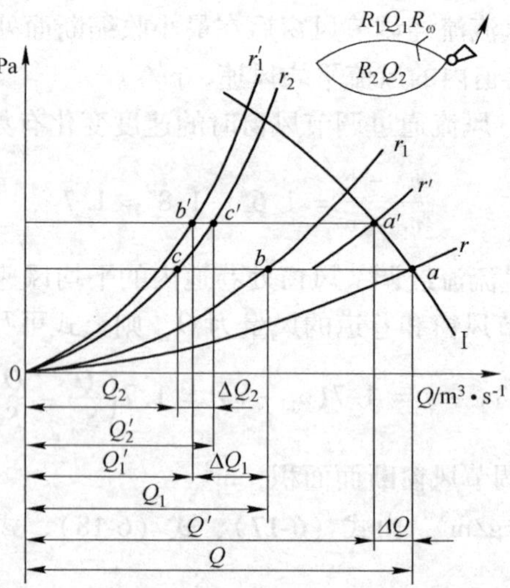

图 6-10　主扇风压特性曲线不变时风量变化分析

当主扇风机性能不变时，从图 6-10 中不难看出，矿井总风量减少量 $\Delta Q = Q - Q'$，风路 1 风量减少量 $\Delta Q_1 = Q_1 - Q_1'$，风路 2 风量增加量 $\Delta Q_2 = Q_2' - Q_2$，很显然，$\Delta Q_1 > \Delta Q_2$，风路中风量减少的多，增加的少，说明一条风路风量的减少并没有完全增加到另一条风路，二者之差就等于总风量的减少值。

（2）总风量的减少值 ΔQ 与主扇性能曲线的关系。

如图 6-11 所示，Ⅰ、Ⅱ分别为轴流式、离心式扇风机的风压曲线，r、r'为调节前后的风阻曲线，风压、风阻曲线分别交于 a、b 和 a'、b'，这些点的横坐标对应调整前后的总风量，从图中不难看出，$\Delta Q' > \Delta Q$，表明扇风机的风压曲线越陡，总风量的减少值越小，反之则越大。

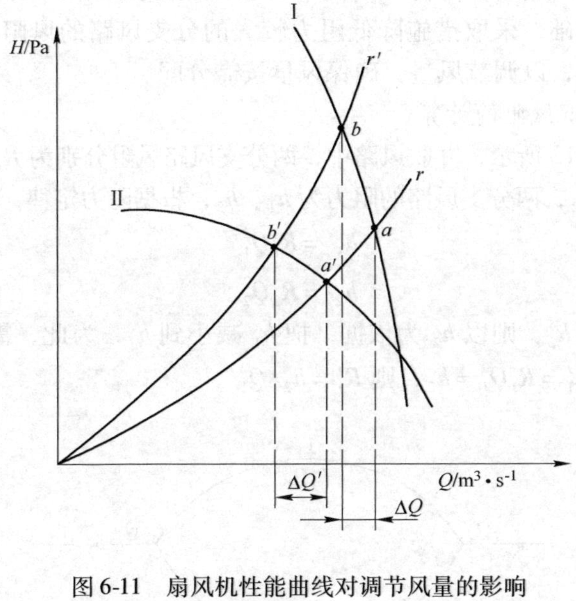

图 6-11 扇风机性能曲线对调节风量的影响

（3）增阻调节方法的适用范围。

如图 6-10 所示，若扇风机性能曲线不变，并联网路中随着 R_ω 的不断增加，风阻曲线变陡，风量 Q_1'不断减少，风量 Q_2'不断增大。当风阻曲线陡到一定程度，也就是风量 Q_2'增加到一定限度以后，其增加率变小。这说明增阻调节方法有一定的使用范围，超过这个范围，效果就不明显。

（4）在实际操作时，要注意调节风门位置的选择，一方面，要便于运输、行人，另一方面，要避免因重复设置而增大电耗。

总之，增加风阻调节法操作简单易行、见效快，它是局部并联风路间风量调节的主要方法。但这种方法使矿井总风阻增加，如果主扇风压曲线不变，势必造成矿井总风量下降，要想保持总风量不减少，就得改变主扇风压曲线，提高风压，增加通风电费。因此，在安排作业面和布置巷道时，尽量使各风路的阻力不要相差太悬殊，以避免在通过风量较大的主要风路中安设调节风门。

6.4.1.2 降低风阻的调节方法

在并联风路中，降低风阻调节的实质是以阻力较小分支风路的阻力值为基础，采取措施降低阻力较大的分支风路的风阻，从而减小通风阻力，以调节风量，确保风量按需分配。

A 降低风阻的计算

如图 6-12 所示，并联风路中，两分支风路风阻分别为 R_1、R_2，风量为 Q_1、Q_2，两分支风路的阻力为 h_1、h_2，根据阻力定律，则有：

$$h_1 = R_1 Q_1^2$$

$$h_2 = R_2 Q_2^2$$

若 $h_1 > h_2$，则以 h_2 为依据，把 h_1 减小到 h_1'，为此，需将 R_1 减小到 R_1' 即 $h_1' = R_1' Q_1^2 = h_2$，则 $R_1' = h_2 / Q_1^2$

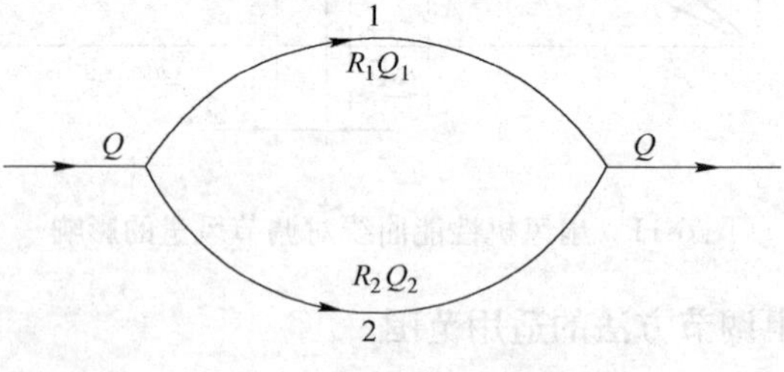

图 6-12 并联风路降低风阻

由此可见，降阻调节法与增阻调节法相反，它是以并联网路中风阻较小风路为基础，采取一定措施，使阻力较大的风路降低风阻，从而实现并联网路各风路的阻力平衡，以达到调节风量的目的。

实现降阻调节的关键是如何降低风路通风阻力，前面讲过，巷道的风阻包括摩擦风阻和局部风阻。当局部风阻较大时，应首先采取措施降低局部风阻，当局部风阻较小摩擦风阻较大时，则应降低摩擦风阻。

B 降低风阻调节的分析

采取降低风阻调节法的优点是能使矿井总风阻减小。若主扇风机性能曲线不变，采用降低风阻调节法会使矿井总风量增加。增加风量的风路中风量增加值大于另一风路的风量的减少值，其差值就是矿井总风量的增加量。其缺点是工程量大、施工时间长、投资大，有时需要停产施工。所以降阻调节法多在矿井年产量增大、原设计不合理或涉及到的巷道严重失修等特殊情况下，用于降低主要风路中某一段巷道的阻力，以实现风量调节的目的。

在实际操作中，通常采取以下措施降低巷道风阻：

（1）当所需降低的巷道阻力不大时，应首先考虑减少局部阻力；

（2）根据具体情况，可在阻力大的巷道一侧开掘并联巷道；

（3）在一些老矿井中，应首先考虑利用废旧巷道作为并联风路供风，以减小风路阻力。

6.4.1.3 利用辅扇风机调节（增加风压）方法

当并联网路中两并联分支风路的阻力相差悬殊，用增阻和降阻调节法都不合理或不经济时，可在风量不足的分支风路中安设辅扇，以提高克服该段巷道阻力的通风压力，从而达到调节风量的目的。

用辅扇进行风路风量调节，其关键是以什么为依据来选择辅扇风机，辅扇风机应满足什么条件，辅扇风机应安设在什么地方。

A 辅扇风机的选择

如图 6-13 所示，并联风路中，两分支风路风阻分别为 R_1、R_2，风量为 Q_1、Q_2，若 Q_2 不足，需增至 Q_2'，在分支 2 中增设辅扇风机。

安设辅扇风机前：两分支风路的阻力为 h_1、h_2，根据阻力定律，

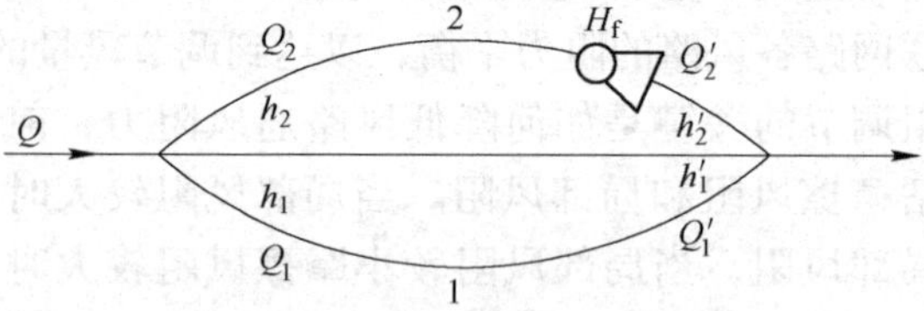

图 6-13　辅扇风机调节风量

则有：

$$h_1 = R_1 Q_1^2 \quad , \quad h_2 = R_2 Q_2^2 \quad , \quad \text{且 } h_1 = h_2$$

安设辅扇风机后：两分支风路的阻力为 h_1'、h_2'，根据阻力定律，则有：

$$h_1' = R_1 Q_1'^2 \quad , \quad h_2' = R_2 Q_2'^2 \quad , \quad \text{且 } h_1' = h_2'$$

那么，辅扇风机工作风压 H_f 应为：

$$H_f = h_2' - h_1'$$

$$H_f = R_2 Q_2'^2 - R_1 Q_1'^2$$

辅扇风机所应造成的有效压力应等于两并联风路中的阻力差值。由于在风路 2 增加了辅扇风机，则该并联系统的总风量增加，风路 1 的风量也会发生一些变化，但其变化量较小，所以，为研究简便，视其调节前后风量近似相等，即 $Q_1 = Q_1'$，则

$$H_f \approx R_2 Q_2'^2 - R_1 Q_1^2$$

因 $Q_1 > Q_1'$，故计算的 H_f 偏小。

选用辅扇风机时，其特性应能保证在工作风量等于或大于 Q_2'时，工作风压稍大于 H_f，否则调节风量不足，但如果辅扇风机的能力过大，就有可能使风路 1 中没有风流、风量不足，甚至出现风流发生反向或逆转，而风路 2 中风量过剩，达不到预期风量调节的效果。

B　辅扇风机的安装使用方法

生产实践中，辅扇调节的使用方法有两种：一种是有风墙的辅扇调节法，另一种是无风墙的辅扇调节法。

（1）有风墙的辅扇调节法。如图6-14（a）所示，在安设辅扇的巷道断面上，除辅扇外其余断面均用风墙封闭，巷道内的风流全部通过辅扇。通常，在风墙上开设小门，以便于检修。

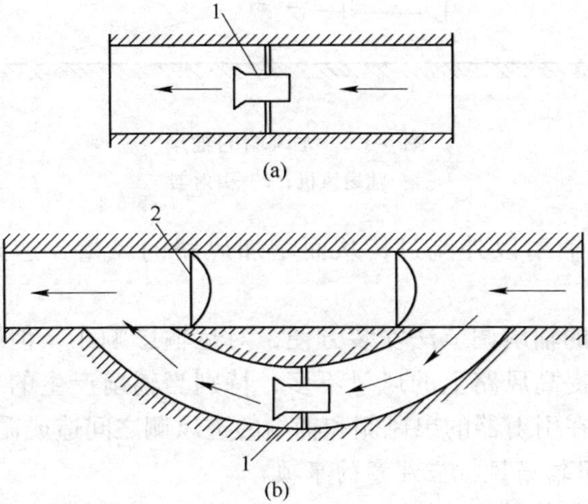

图6-14 有风墙的辅扇

1—辅扇风机；2—风门

如图6-14（b）所示，如果运输巷道断面较小，为不妨碍运输，可另开一巷道，将辅扇安设在绕道内，但在巷道中至少安设两道风门，其风门的间距必须大于一列车的长度，以便于列车通过时，确保风流的稳定。

特别值得注意的是：如辅扇停止运转时，就必须立即打开巷道中的风墙或风门，以便利用主扇单独通风。当主扇停止运转时，辅扇也应立即停止运转，同时打开风墙或风门，避免发生相邻采区风流逆转。

（2）无风墙的辅扇调节法。如图6-15所示，这种方式不需要风墙、风门及绕道，只是在巷道内的辅扇出风侧加装一段圆锥形的引射器，由于引射器出风口的面积比较小，则通过辅扇的风量从这个出风口射出时速度较大，一方面，给巷道内风流增加能量，共同克服风路阻力；另一方面，由于高速风流的诱导作用，带动

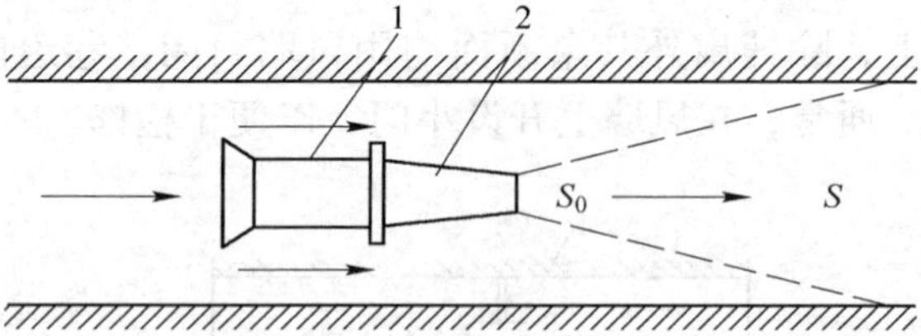

图 6-15 无风墙的辅扇
1—辅扇风机；2—引射器

部分风量从辅扇以外流过，从而增加风路的风量，达到调节风量的目的。

无风墙的辅扇调节法安装方便，对运输影响小，但因增加的能量有限，故提高风路上的风量不多，特别当辅扇产生的上述动能不足时，还会在引射器的出风侧和辅扇的进风侧之间造成循环风。

C 使用辅扇风机应注意的事项

（1）一般把辅扇安设在进风流巷道中，避免含腐蚀性、爆炸性物质的污风通过扇风机侵蚀设备、发生爆炸事故。

（2）辅扇的选择一定合理，使用不当容易造成循环风流、出现风流发生反向或逆转。

（3）有风墙的辅扇风量调解，辅扇停止运转时，应将其控制风门打开，以利用主扇产生的风压通风。

（4）在煤矿，特别要加强辅扇的管理，启动前应检查风流中的瓦斯浓度，只有不超过规定要求时方允许启动。

6.4.1.4 几种风量调节方法比较

A 优缺点及适应条件分析

辅扇调节法和降阻调节法比较，由于前者在阻力较大的风路中安装辅扇，故可不必提高主扇用于这条风路上的风压，而相当于降低了主扇工作风阻，这点和降阻调节法很类似。通常，它要比降阻调节法施工快，施工也较方便，但管理较复杂，安全性比较差。通常，前者经济性较好，但尚需进行具体分析比较。和增阻调节法比较，虽然辅扇调节法需要增加辅扇的购置费、安装费、电力费和绕道的开掘费等，但它若能使主扇的电力费降低很多、服务时间又长时，还是比较经济的。缺点是管理比较复杂，安全性比较差，施工比较困难。

总之，在并联风路中各条风路的阻力相差比较悬殊，主扇的风压满足不了阻力较大的风路需要时，不能采用增阻调节法。当采用降阻调节法在时间上又来不及时，可采用安装辅扇的增压调节法。

B 风量调节结果分析

上述三种风量调节方法，调节结果虽使一些巷道风量得到增加，同时也必然导致另一些巷道风量的变化。以两条调节风路的简单并联为例，不同调节方法时的风量变化情况进行比较分析。

如图 6-16 所示。图中横坐标表示一条风路风量的增加量（%），纵坐标表示另一条风路风量的减少量（%）。从图中可以看出：降阻调节曲线 2 与辅扇调节曲线 3 近似重合，所以调节风量效果基本相似，风量增加量大于另一条风路的风量减少量。这两种调节方法都使总风量有所增加。曲线 1 为增阻调节法的效果，它表明一条风路风量的增加量小于另一风路风量减少量，所以增阻调节的效果不如其他两种方法。调节的效果必须联系所调系统在矿井通风系统中的地位和风机特性来全面分析。

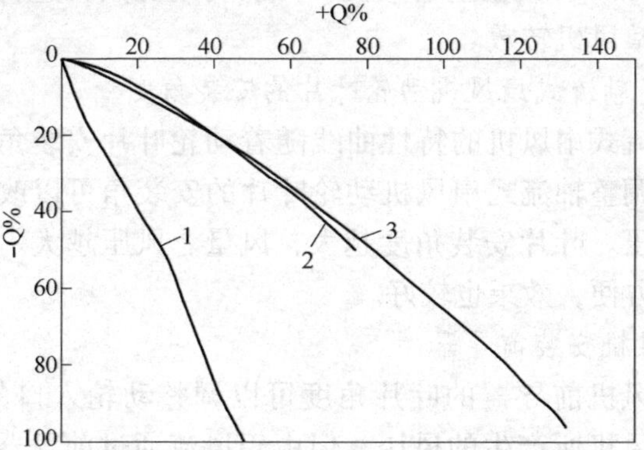

图 6-16 三种风量调节的风量变化曲线

1—增阻调节；2—降阻调节；3—辅扇调节

6.4.2 矿井总风量调节

矿井生产过程中，由于生产区域衔接、生产水平延深、生产规模调整、开采工艺变化等因素影响，矿井通风网路及需风量将随之发生变化，为满足矿井通风安全需要，不仅要进行局部风量的调节，而且还要进行矿井总风量的调节。

矿井总风量调节主要是通过调整主扇风机的工况点来实现，其方法主要有改变主扇风机工作特性曲线的调节法及改变矿井通风网路的风阻特性曲线调节法。

6.4.2.1 改变主扇风机工作特性曲线的调节法

A 改变扇风机的转数

当矿井总风阻一定时，扇风机产生的风量、风压及消耗的功率分别与风机转数的一次方、二次方和三次方成正比。所以，改变扇风机转数可以得到不同的风量、风压和消耗不同的功率。

调整扇风机转数有以下几种主要方法：

（1）如果扇风机和电动机之间是间接传动形式，可通过改变传动比的方法调整扇风机转数。

（2）如果扇风机和电动机之间是直接传动的，则改变电动机的转数或更换电动机来改变扇风机转数。

（3）对于矿井大型主扇风机，可以利用变频调速技术调整电动机转数来调整风机转数。

B 改变轴流式扇风机动轮叶片的安装角度

由于轴流式扇风机的特性曲线随着动轮叶片安装角的变化而变化，所以，调整轴流式扇风机动轮叶片的安装角可以改变扇风机的供风量及风压。叶片安装角度越大，风量、风压越大。这种调节方法使用比较方便，效果也较好。

C 扇风机安装前导器

调整扇风机前导器的叶片角度可以调整动轮入口的风流速度，从而调整扇风机所产生的风压。但由于风流通过前导器时有风压损失，造成主扇风机效率降低，所以，为避免降低扇风机效率，采用前导器调节的范围不宜过大，只作为辅助性调节手段。

6.4.2.2 改变矿井通风网路的风阻曲线的调节方法

如图6-17所示，矿井主扇风机性能曲线不变的情况下，主扇风机在风阻为R的通风网路中运转，其工况点为M，风量为Q。若矿井通风网路风阻加大，风阻曲线变为R_1，扇风机工况点变为M_1，风量变为Q_1。若矿井通风网路风阻减小，曲线变为R_2，扇风机工况点变为M_2，风量变为Q_2。由此可见，改变矿井通风网路风阻特性曲线，就等于调整扇风机工况点，从而实现矿井风量调整的目的。

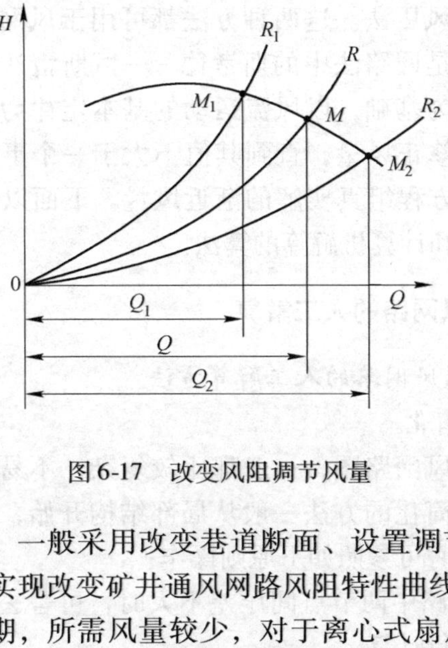

图6-17 改变风阻调节风量

矿山实践中，一般采用改变巷道断面、设置调节风窗等方法降阻、增阻调节，实现改变矿井通风网路风阻特性曲线的目的。

矿井投产初期，所需风量较少，对于离心式扇风机，采取在风硐中调节闸门开启等措施增加风阻，使扇风机的工况点移动，从而达到调节供风量的目的。对于轴流式扇风机，由于其在正常工作段，通常随着风阻增加，风量减少，其轴功率增大。因而采用减小叶片安装角或降低风机转数的办法减少风量，而不采取增加风阻的办法减少风量。

随着矿井生产的延续，矿井需风量大于扇风机供风量时，通过降低矿井总风阻，改变主扇风机工况点或更换较大能力的风机等措施提高矿井总供风量，满足矿井安全生产需要。

6.5 矿井通风网路解算

6.5.1 复杂通风网路解算方法

复杂通风网路解算是在给定风网路结构、风网路各分支风阻、风机特性、部分巷道需风量和自然风压等条件下,求解网路各分支的风量。

复杂通风网路解算的方法较多，不同算法各有其特点，但大体上可分为两类：一类是以回路为基础的回路法；另一类是以节点压力为基础的节点风压法。这两种方法都可用于风网路解算。但国内外应用最普遍的是回路法中的斯考德——恒斯雷迭代法。这种方法的实质是以图论为基础，以风流运动的基本定律为依据，利用迭代法逐次求得回路修正风量，直到其值不大于一个事先给定的精度为止，以获得接近方程组真实解的渐近风量。下面以该法为例，介绍复杂网路的人工和计算机解算的算法。

6.5.2 复杂通风网路的人工解算

6.5.2.1 通风网路的人工解算方法

A 网路的简化

矿井实际通风网路图，一般都比较复杂，不易解算，因此应尽可能使之简化。简化的方法一般从局部结构开始，合并或略去某些通风网路。简化时可参照如下原则操作：

（1）通风网路中两节点间压差不大时，可舍去这段巷道，将两点合并成一点进行计算。

（2）风量很小或风阻很大的并联支路，可舍去不计。

B 通风网路的分解

网路的网孔越多，计算越麻烦。网路的分解就是将大的整体分解成小块，使计算简化。

进行网路分解时，要考虑自然分配风量和按需分配风量的因素，并使每个独立单元网路的总风量为已知。分解时首先把采区系统中的独立单元网路分解出来，再把入风系统独立单元网路和回风系统独立单元网路分解出来，进一步再将各系统独立网路中的小单元网路分解出来。

C 人工解算复杂通风网路的方法与步骤

（1）判断对角分支的风向。根据对角分支巷道风向判别式判断对角分支的风流流动方向。如果事先无法判别其中不稳定风流的方向，可先假定其方向，若计算出该假定风向分支的风量是负值时，则假定的风向不正确，需进行调整。

（2）确定独立网孔或回路的数目。根据以下公式计算确定独立网孔或回路的数目

$$M = B - J + 1 \tag{6-21}$$

式中 M——独立网孔或回路的数目；

B——网路中的分支数；

J——网路中的节点数。

（3）选择独立网孔或回路。通常是用最小树的概念来选择网孔或回路。即在风网路中选择风阻值较小的（$J-1$）条分支为树枝，选择风阻值较大的 M 条分支为弦，这样构成的一棵树叫做最小树。由这棵树的树枝和弦所构成的网孔或回路就是所选定的网孔或回路。

（4）拟定各分支的初始分量。根据已赋初值的分支风量值，利用风量平衡定律和串、并联规律，求出每一条巷道的第一次风量近似值。

（5）计算风量校正值。通风网孔或回路中各分支的风量校正值 ΔQ_i 的计算式为：

$$\Delta Q_i = \frac{\sum_{i=1}^{n} R_i Q_i^2 + \Sigma h_i + \Sigma h_n}{2\sum_{i=1}^{n} R_i Q_i - \Sigma |a_i|} \tag{6-22}$$

式中 n——网孔或回路中的分支数；

$\sum_{i=1}^{n} R_i Q_i^2$——网孔或回路中各分支风压的代数和，Pa，风流顺时针方向流动时，其风压取正值，反之取负值；

$2\sum_{i=1}^{n} R_i Q_i$——网孔或回路中各分支的 2 倍风阻与风量乘积之和，均取正值；

Σh_i——网孔或回路中各通风机对应于风量 Q 的风压的代数

和，Pa，顺时针方向的风机风压为负值，逆时针方向的风机风压为正值；

Σh_n——网孔或回路中各自然风压的代数和，Pa，顺时针方向的自然风压为负值，逆时针方向的自然风压为正值；

$\Sigma|a_i|$——网孔或回路中各通风机风压方程在点（Q_i，h_i）上斜率的绝对值之和。

（6）修正风量值。根据公式（6-23）对风量值进行修正：

$$Q'_i = Q_i + \Delta Q_i \tag{6-23}$$

式中 Q'_i——网孔或回路中分支风量的第二次近似值（假设精确值），m^3/s；

Q_i——网孔或回路中分支风量的第一次近似值，m^3/s；

ΔQ_i——网孔或回路中分支风量校正值，m^3/s。

（7）检验计算结果。将修正后的风量作为未知风量的初始风量，依4、5、6步骤反复计算，直到$|\Delta Q_i|$小于规定的某一精度要求为止。对Q_i的精度要求，在电算中常采用$|\Delta Q_i| \leqslant 0.01 \sim 0.005 m^3/s$，在人工计算中可采用$|\Delta Q_i| \leqslant 0.05 m^3/s$。也有以网孔或回路中两个不同方向风流的累计风压之差与较小的累计风压之比不大于5%作为终止迭代的计算条件。

6.5.2.2 复杂通风网路的人工解算实例

如图6-18和表6-1所示，某矿井有3个进风井和2个回风井，

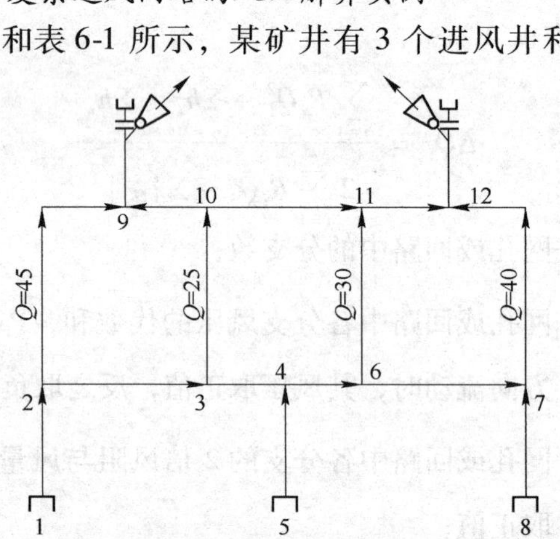

图6-18 矿井通风网路

已知巷道风阻、用风区域的风量和假定的风流方向，要求计算每条巷道的自然分配风量。其精度要求满足$|\Delta Q_i| \leqslant 0.05 m^3/s$，并确定风流的方向。

表 6-1 通风网路迭代计算成果表

回路或网孔	分支	R_i /$N \cdot s^2 \cdot m^{-8}$	第一次迭代计算				
			Q_i /$m^3 \cdot s^{-1}$	$2R_iQ_i$	$R_iQ_i^2$ /Pa	ΔQ_i /$m^3 \cdot s^{-1}$	Q_i' /$m^3 \cdot s^{-1}$
1-2-3-4-5-1	1-2	0.974	60	116.8	3506.4		57.343
	2-3	1.757	15	52.71	395.33		12.343
	3-4	1.532	10	30.64	−153.2		12.657
	4-5	1.163	50	116.3	−2907.5		52.657
Σ				316.53	841.025	−2.657	
5-4-6-7-8-5	5-4	1.163	(52.657)	122.48	3224.7		47.28
	4-6	0.317	40	25.63	507.2		34.623
	6-7	0.343	10	6.86	34.3		4.623
	7-8	2.40	30	144	−2160		35.377
Σ				298.7	160622	−5.377	

回路或网孔	分支	R_i /$N \cdot s^2 \cdot m^{-8}$	第二次迭代计算				
			Q_i /$m^3 \cdot s^{-1}$	$2R_iQ_i$	$R_iQ_i^2$ /Pa	ΔQ_i /$m^3 \cdot s^{-1}$	Q_i' /$m^3 \cdot s^{-1}$
1-2-3-4-5-1	1-2	0.974	57.343	111.704	3202.73		55.285
	2-3	1.757	12.343	43.373	267.68		10.285
	3-4	1.532	12.657	38.781	−245.43		14.714
	4-5	1.163	(46.28)	109.97	−2599.8		49.338
Σ				303.871	625.21	−2.058	
5-4-6-7-8-5	5-4	1.163	(49.338)	114.876	2831.02		48.645
	4-6	0.317	34.623	21.95	380.00		33.93
	6-7	0.343	4.623	3.171	7.331		3.93
	7-8	2.40	35.377	169.81	−3003.68		36.07
Σ				309.907	214.67	−0.693	

续表 6-1

回路或网孔	分支	R_i /N · s² · m⁻⁸	第三次迭代计算				
			Q_i /m³ · s⁻¹	$2R_iQ_i$	$R_iQ_i^2$ /Pa	ΔQ_i /m³ · s⁻¹	Q_i' /m³ · s⁻¹
1-2-3-4-5-1	1-2	0.974	55.285	107.695	2976.96		55.023
	2-3	1.757	10.285	36.141	185.86		10.023
	3-4	1.532	14.725	45.087	−331.73		14.977
	4-5	1.163	(48.645)	113.148	−2752.05		48.907
Σ				203.071	79.04	−0.262	
5-4-6-7-8-5	5-4	1.163	(18.907)	113.758	2781.77		48.371
	4-6	0.317	0.371	34.623	21.951		34.087
	6-7	0.343	35.377	169.81	−3003.68		35.913
Σ				308.69	165.421	−0.536	

回路或网孔	分支	R_i /N · s² · m⁻⁸	第四次迭代计算				
			Q_i /m³ · s⁻¹	$2R_iQ_i$	$R_iQ_i^2$ /Pa	ΔQ_i /m³ · s⁻¹	Q_i' /m³ · s⁻¹
1-2-3-4-5-1	1-2	0.974	55.023	107.185	2948.81		54.822
	2-3	1.757	10.023	35.221	176.51		9.822
	3-4	1.532	14.977	45.890	−343.64		15.178
	4-5	1.163	(48.371)	112.511	−2721.13		48.572
Σ				300.807	60.55	−0.201	
5-4-6-7-8-5	5-4	1.163	(48.572)	112.978	2743.80		48.499
	4-6	0.317	34.087	21.611	368.33		34.005
	6-7	0.343	35.913	172.382	−3095.38		35.986
Σ				309.78	22.479	−0.073	

回路或网孔	分支	R_i /N · s² · m⁻⁸	第五次迭代计算				
			Q_i /m³ · s⁻¹	$2R_iQ_i$	$R_iQ_i^2$ /Pa	ΔQ_i /m³ · s⁻¹	Q_i' /m³ · s⁻¹
1-2-3-4-5-1	1-2	0.974	54.822	106.793	2927.31		54.794
	2-3	1.757	9.822	34.515	169.50		9.794
	3-4	1.532	15.178	46.505	−352.93		15.206
	4-5	1.163	(48.499)	112.809	−2735.55		48.527
Σ				300.622	8.33	−0.028	

续表 6-1

回路或网孔	分支	R_i /N·s²·m⁻⁸	第五次迭代计算				
			Q_i /m³·s⁻¹	$2R_iQ_i$	$R_iQ_i^2$ /Pa	ΔQ_i /m³·s⁻¹	Q_i' /m³·s⁻¹
5-4-6-7-8-5	5-4	1.163	(48.527)	112.874	2738.71		48.518
	4-6	0.317	34.005	21.559	366.56		33.996
	6-7	0.343	35.986	172.733	−3107.98		35.995
Σ				309.92	2.82	−0.049	

解算步骤及方法如下：

（1）网路的分解。将如图 6-18 的网路图分解为进风部分和回风部分。如图 6-19 所示，现以进风部分为例进行解算。

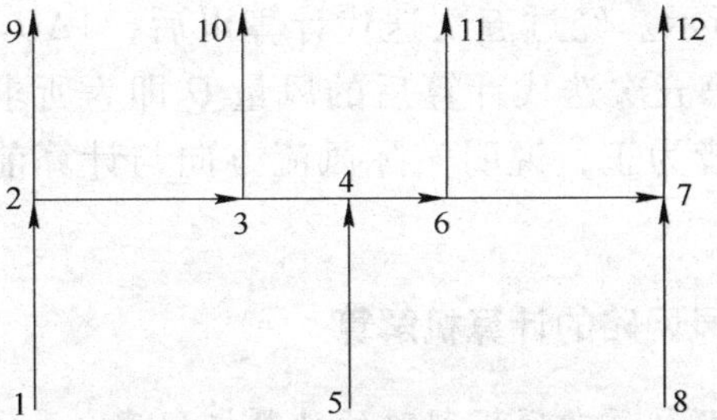

图 6-19 进风系统网路

（2）选择回路或网孔。根据通风网路简化原则，节点 1、5、8 与大气相通可视为一个节点。由公式 $M = B - J + 1 = 11 - 10 + 1 = 2$ 可知，进风系统网路中可选择两个独立的网孔，即 1-2-3-4-5-1 和 5-4-6-7-8-5 两个网孔，并以 1-2 和 5-4 为未知风量巷道。

（3）赋初始风量近似值。对未知风量巷道赋给初始风量的近似值。方法是将所需总风量，根据 1-2、5-4、8-7 三条巷道风阻大致进行分配。假定 $Q_{1\text{-}2} = 60\text{m}^3/\text{s}$，$Q_{5\text{-}4} = 50\text{m}^3/\text{s}$。其他巷道的初始风量计算如下：

$$Q_{2\text{-}3} = Q_{1\text{-}2} - 45 = 60 - 45 = 15\text{m}^3/\text{s}$$

$$Q_{4\text{-}3} = 25 - Q_{2\text{-}3} = 25 - 15 = 10\text{m}^3/\text{s}$$

$$Q_{8\text{-}7} = 45 + 25 + 30 + 40 - Q_{1-2} - Q_{5\text{-}4} = 30\mathrm{m^3/s}$$

$$Q_{4\text{-}6} = Q_{5\text{-}4} - Q_{4\text{-}3} = 50 - 10 = 40\mathrm{m^3/s}$$

$$Q_{6\text{-}7} = Q_{4\text{-}6} - 30 = 40 - 30 = 10\mathrm{m^3/s}$$

(4) 计算风量校正误差 ΔQ_i 并修正风量。用式（6-22）对上面所选定的两个独立网孔的风量校正值 ΔQ_i 进行计算，再用式（6-23）修正各分支的风量，迭代几次，直到满足精度要求为止。为清晰起见，把有关的已知数和计算值列入表 6-1 中。表中带括号的风量值是上一次校正过的风量值，这样可以加快收敛，减少迭代次数。

(5) 检验计算结果。将修正后的风量作为未知风量的初始风量，按第 4 步的步骤反复计算，直到 $|\Delta Q_i| \leqslant 0.05\mathrm{m^3/s}$ 为止。计算结果如表 6-1 所示。经过五次迭代计算以后，$|\Delta Q_i| \leqslant 0.05$，故停止迭代计算。第五次迭代计算后的风量 Q 即为所求的自然分配风量。由于 Q 值皆为正，说明实际风流方向与计算前假定的风流方向一致。

6.5.3 复杂通风网路的计算机解算

6.5.3.1 解算复杂通风网路的计算机程序分类

解算复杂通风网路的计算机程序，根据其功能可分为两类：一类是风网自然分风解算；另一类是风网按需分风解算。前者研究在风网结构、分支风阻、风机特性已知条件下各分支风量如何分配的问题；后者是在已知风网各分支现有风阻和风量的前提下，研究如何人为地采取措施使风网的风量分配以满足生产和安全的需要。具体地说，主要是研究调节方法、调节量、调节点的位置和个数，以使选定的调节方案在保证调节效果的前提下最经济。

6.5.3.2 自动分风解算程序

A 程序框图

图 6-20 所示为自动分风解算程序框图。

B 程序的适用条件及功能

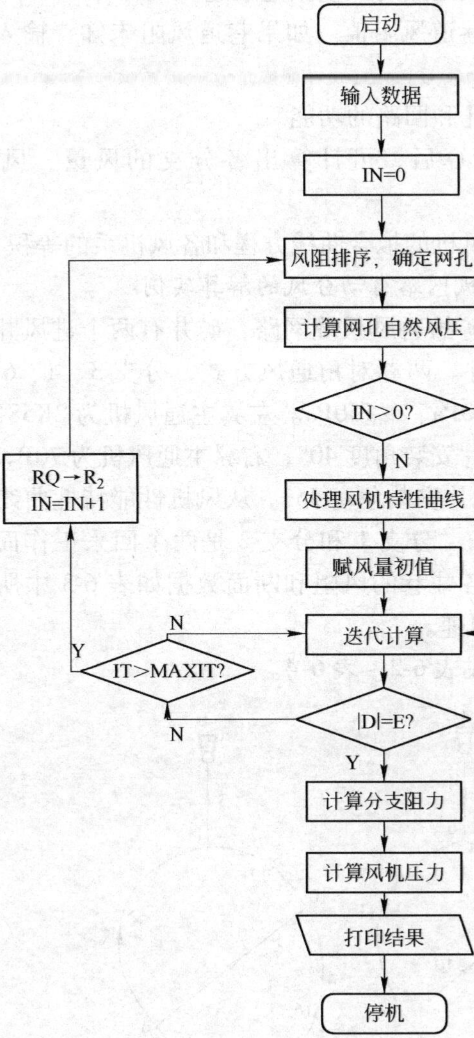

图 6-20 自动分风解算程序框图

（1）可进行局部风网解算。

（2）可进行有风机的风网解算。

（3）允许在任意风道上安排自然风压。

（4）允许某些用风地点的风量预先给定。

（5）可直接输入巷道风阻值。如果巷道风阻未知，输入巷道参数计算风阻值。

（6）具有自选网孔和回路的功能。

（7）通过迭代计算后，可计算出各分支的风量、风速和阻力。

（8）可计算出各风机的拟合曲线方程和各风机系的等积孔。

6.5.3.3　复杂通风网路自动分风的解算实例

图6-21所示为某矿的通风系统网路，矿井有两个进风井：一个为斜井，另一个为立井。两翼对角通风方式，分支3、4、6的自然风压分别是300Pa、200Pa、-150Pa。左翼主通风机为2K58№18，$n=1000$r/min，动轮叶片安装角度40°；右翼主通风机为$70B_2 11$№18，$n=1000$r/min，动轮叶片安装角度45°。从风机性能特性曲线上各选取3点的风量、风压值。分支1和分支2是两个回采工作面，需风量为$30m^3/s$，风网中各井巷的风阻和断面数据如表6-3中所示。解算各井巷风量并验算风速。

（1）输入数据，见表6-2～表6-4。

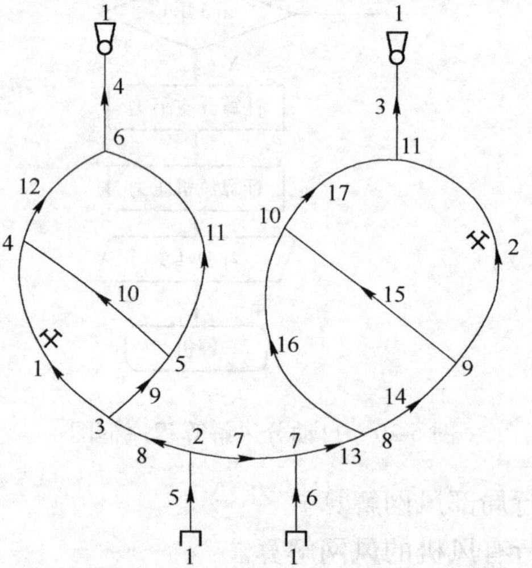

图6-21　某矿通风系统图

表 6-2 输入数据表

风网的支数	风机台数	最大迭代次数	自然风压个数	固定风量数	精度
17	2	50	3	2	0.0001

表 6-3 输入数据表

分支号	始节点	末节点	风阻 /N·s²·m⁻⁸	断面 /m²	自然风压 /Pa	固定风量 /m³·s⁻¹
1	3	4	0.02200	8.0000	0	30
2	9	11	0.02500	10.0000	0	30
3	11	1	0.02600	15.0000	300	
4	6	1	0.02600	15.0000	200	
5	1	2	0.00420	15.0000	0	
6	1	7	0.00640	20.0000	−150	
7	2	7	0.02500	12.0000	0	
8	2	3	0.00500	12.0000	0	
9	3	5	0.01200	8.0000	0	10
10	5	4	0.02500	8.0000	0	
11	5	6	0.02500	8.0000	0	
12	4	6	0.02500	8.0000	0	
13	7	8	0.01200	10.0000	0	
14	8	9	0.01000	10.0000	0	
15	9	10	0.01200	10.0000	0	
16	8	10	0.02300	10.0000	0	
17	10	11	0.02180	10.0000	0	

表 6-4 输入数据表

主扇风机	(Q_1, h_1)	(Q_2, h_2)	(Q_3, h_3)
左翼主通风机	(44.0, 3160)	(60.0, 2580.0)	(68.3, 1140.0)
右翼主通风机	(50.0, 2400)	(57.5, 2000.0)	(65.0, 1300)

(2) 输出数据，见表 6-5 ~ 表 6-7。

表 6-5　输出数据表

回路号	分支数	自然风压	回路分支组成
1	4	0.0000	1　12　-11　-9
2	3	0.0000	2　-17　-15
3	6	150.0000	3　6　13　14　15　17
4	5	200.0000	4　-5　8　9　11
5	3	150.0000	7　-6　5
6	3	0.0000	10　12　-11
7	3	0.0000	16　-15　-14

表 6-6　输出数据表

序　号	始点-末点	风量/$m^3 \cdot s^{-1}$	阻力/Pa	风速/$m \cdot s^{-1}$
1	3-4	30.0000	19.800	3.750
2	9-11	30.0000	22.500	3.000
3	11-1	71.8863	134.3585	4.79242
4	6-1	73.7898	141.5685	4.91932
5	1-2	130.3899	71.4064	8.69266
6	1-7	15.2862	1.4955	0.76431
7	2-7	56.6000	80.0891	4.71667
8	2-3	73.7898	27.2247	6.14915
9	3-5	43.7898	23.0106	5.47373
10	5-4	6.5998	1.0889	0.82479
11	5-6	37.1901	34.5775	4.64876
12	4-6	36.5998	33.4886	4.57497
13	7-8	71.8863	62.0116	7.18863
14	8-8	42.4697	18.0368	4.24697
15	9-10	12.4697	1.8659	1.24697
16	8-10	29.4166	19.9027	2.94166
17	10-11	41.8863	38.2472	4.18863

表 6-7 输出数据表

主扇风机	风机拟合曲线 $H = C_1 + C_2Q + C_3Q^2$	风机系统等积孔 /m^2
左翼通风机	$C_1 = -26598$，$C_2 = 1065.9$，$C_3 = -9.66$	8.3083
右翼通风机	$C_1 = -2600$，$C_2 = 233.33$，$C_3 = -2.667$	8.8798

6.5.3.4 按需分风解算程序

A 程序框图

程序框图如图 6-22 所示。

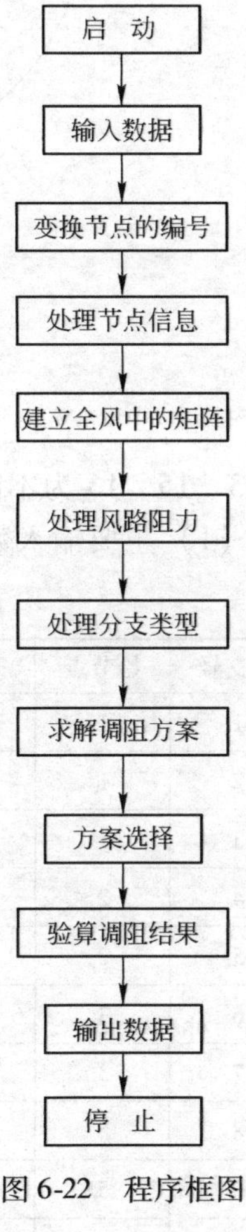

图 6-22 程序框图

B 程序的适用条件及功能

(1) 既可进行局部风网的按需分风解算，也可进行全矿规模的按需分风解算。

(2) 具有处理自然风压的功能。

(3) 绘制通风网路图时，节点编号可以是不连续的或没有一定的次序，程序将输入的所有分支节点号重新排列，满足 $i \rightarrow j$ 且 $j > i$ 的要求，其中 i 为分支始节点，j 为分支末节点。同时规定风网的入风节点号为 1，风网末节点号为最大。

(4) 可解算输入风网的最大阻力路线参数、风网局部阻力、原有风路数、调阻风路数、必需加阻分支号及其节点编号、调阻方案数、调阻方案有关参数、允许加阻的方案以及按选定方案的解算结果。

(5) 在确定一个调阻方案时，计算出方案中各分支的加阻值以及相应的风窗面积。

6.5.3.5 复杂通风网路按需分风解算实例

如图 6-23 所示，某矿通风网路中有 3 个进风井，2 台风机对角抽出通风，共有 17 个分支，表 6-8 中数据为各分支的风阻、需风量和巷道断面面积。分

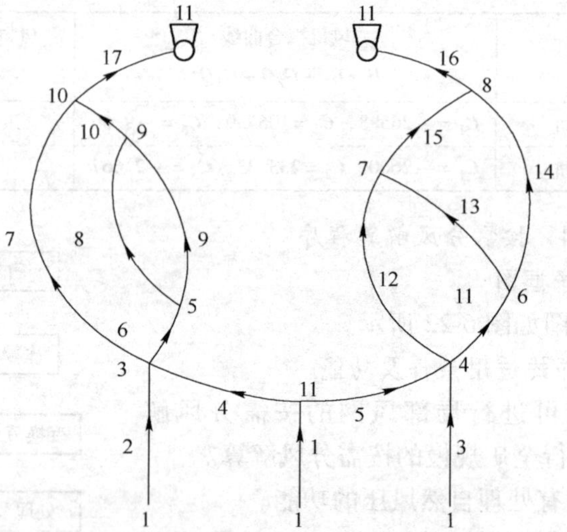

图 6-23　某矿通风网路图

支 13、15、16 为不能加阻分支，解算网路并求调阻方案。

（1）主要输入数据，见表 6-8。

表 6-8　主要输入数据

分支号	始节点	末节点	风阻/$N \cdot s^2 \cdot m^{-8}$	风量/$m^3 \cdot s^{-1}$	断面/m^2
1	1	2	0.0100	100.00	6.00
2	1	3	0.0120	50.00	6.00
3	1	4	0.0150	50.00	6.00
4	2	3	0.0100	80.00	6.00
5	2	4	0.0700	20.00	6.00
6	3	5	0.0200	80.00	6.00
7	3	10	0.0500	50.00	6.00
8	5	9	0.0800	40.00	6.00
9	5	9	0.0900	40.00	6.00
10	9	10	0.0400	80.00	6.00

续表 6-8

分支号	始节点	末节点	风阻/N·s^2·m^{-8}	风量/m^3·s^{-1}	断面/m^2
11	4	6	0.500	40.00	6.00
12	4	7	0.0300	30.00	6.00
13	6	7	0.0700	20.00	6.00
14	6	8	0.0600	20.00	6.00
15	7	8	0.0600	20.00	6.00
16	8	11	0.0400	70.00	6.00
17	10	11	0.0300	130.0	6.00

（2）主要输出数据，见表 6-9、表 6-10。

表 6-9 主要输出数据

分支号	加阻/Pa	风窗面积/m^2
8	16.0	4.12
2	84.0	3.27
3	40.5	3.80
12	623.0	1.35
7	403.0	2.42
11	543.0	1.82
14	229.0	1.46

表 6-10 主要输出数据

分支号	始节点-末节点	调后风阻 /N·s^2·m^{-8}	风量 /m^3·s^{-1}	阻力 /Pa	调后阻力 /Pa	风速 /m·s^{-1}
1	1-2	0.0050	100.00	50.00	50.00	16.67
2	1-3	0.0456	50.00	30.00	114.00	8.33
3	1-4	0.0312	50.00	37.50	78.00	8.33
4	2-3	0.0100	80.00	64.00	64.00	13.33
5	2-4	0.0700	20.00	28.00	28.00	3.33
6	3-5	0.0200	80.00	128.00	128.00	13.33
7	3-10	0.2112	50.00	125.00	528.00	8.33

续表 6-10

分支号	始节点-末节点	调后风阻 /$N \cdot s^2 \cdot m^{-8}$	风量 /$m^3 \cdot s^{-1}$	阻力 /Pa	调后阻力 /Pa	风速 /$m \cdot s^{-1}$
8	5-9	0.0900	40.00	128.00	144.00	6.67
9	5-9	0.0900	40.00	144.00	144.00	6.67
10	9-10	0.0400	80.00	256.00	256.00	13.33
11	4-6	0.38875	40.00	80.00	622.00	6.67
12	4-7	0.72222	30.00	27.00	650.00	5.00
13	6-7	0.0700	20.00	28.00	28.00	3.33
14	6-8	0.6325	20.00	24.00	253.00	3.33
15	7-8	0.0900	50.00	225.00	225.00	3.33
16	8-11	0.0400	70.00	196.00	196.00	11.67
17	10-11	0.0300	130.00	507.00	507.00	21.67

6.6　矿井通风系统图绘制

矿井通风系统图是在矿井开拓及采区巷道布置基础上绘制而成的，反映矿井通风系统中各相关巷道关系及通风参数的示意图。在通风系统图中，应标注以下内容：

（1）标注进、回风风流方向。

（2）标注各通风构筑物和安全设施所在巷道的位置。

（3）根据矿井总风量和风量分配，在各巷道、硐室标注进、回风的风量值。

绘制矿井通风系统图的工具是 Auto CAD 软件。该软件是美国 Autodesk 公司开发的计算机辅助绘图的应用程序包，根据用户的指令迅速准确地绘出所需要的图形，具有容易校正绘图误差以及作较大的修正而无需重新绘制全图的特点，最后能绘出清晰、精确的图形。但是，Auto CAD 软件是一种通用软件，为更好地适用和满足矿井通风系统图绘制的需要，矿井设计人员在该软件的二次开发和应用方面进行了大量的工作，开发出一些高效、方便、针对性强的专业绘图软件，给矿井通风系统图的绘制工作带来极大方便。

MVCAD 软件是淮南矿业学院和平顶山矿务局合作开发的。该软件分为三大部分：一是矿井通风系统图绘制部分——CAST；二是通风网路图生成部分——CANT；三是矿井通风网路解算部分VENT。这三部分各自相对独立，通过数据文件的共享，而构成一个有机的整体。MVCAD 软件的系统总体结构如图 6-24 所示。

MVCAD 软件具有以下功能：

（1）绘制矿井通风系统平面图和立体示意图。

（2）绘制的图形可以以 ASCII 码格式和二进制文件格式存贮在

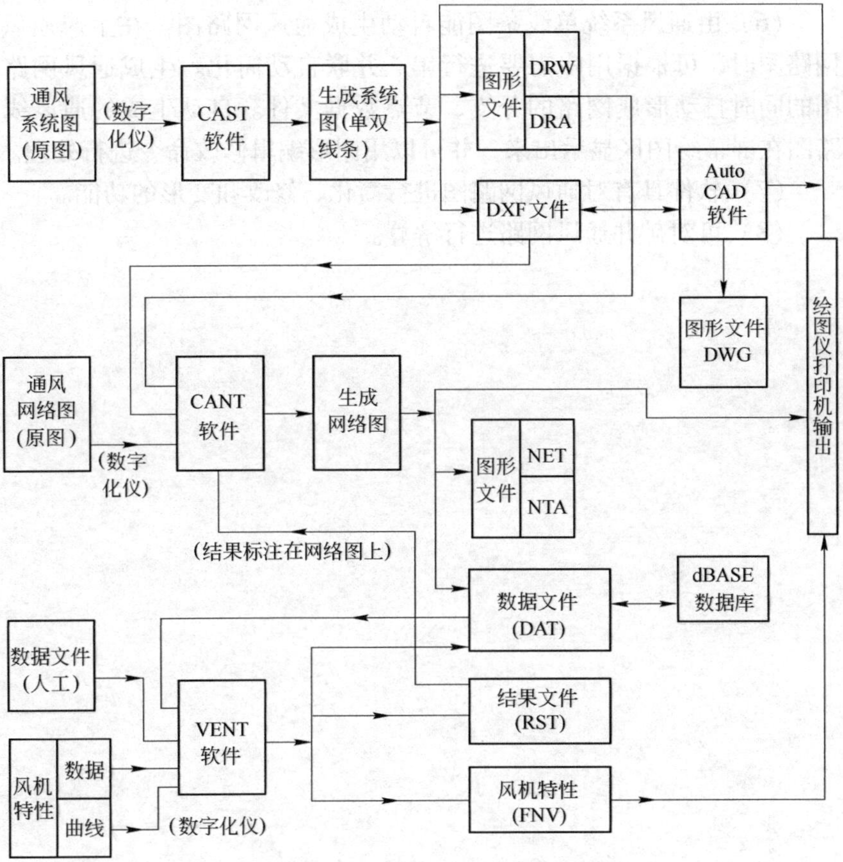

图 6-24 MVCAD 软件的系统总体结构

磁盘上。

(3) 只要绘出通风系统单线条图，就可以由计算机自动将单线条图转变为双线条图，并自动进行巷道交叉点的联通关系处理及空间交错点的消隐处理。

(4) 在通风系统图上可以标注各种中英文文字符号和图形符号。该软件提供了五种英文字体和五种汉字字体及各种常用通风图形符号，如通风构筑物、风流方向等。

(5) 软件提供了一系列修改操作命令，可对绘制的通风系统图进行各种修改。

(6) 由通风系统单线条图能自动生成通风网路图。在生成通风网路图时，可根据用户需要进行串、并联自动简化。生成通风网路图的同时自动形成网路的分支、节点数据文件。自动生成的通风线路图在屏幕绘图区显示出来，并可以用图形编辑修改命令进行处理。

(7) 软件具有对通风网路图进行简化、修改和变形的功能。

(8) 可对矿井通风网路进行解算。

7 掘进通风

为满足矿井基建、生产、安全的需要，需开掘大量的井巷工程。井巷工程的施工，特别是矿岩体的暴露、爆破、破碎、装运等环节产生的有毒有害气体、矿尘等严重污染工作环境，加之其施工通常为单一巷道独头施工，巷道的通风不能形成贯穿风流，其危害极其严重。一方面，有毒有害气体在工作地点积聚，导致工作人员窒息、中毒、爆炸等灾害事故的发生，如煤矿的瓦斯、煤尘爆炸等灾害事故；另一方面，极易导致尘肺等职业病的发生，严重威胁职工的身体健康。所以，为了确保施工安全，必须采取必要的设施、设备，对独头井巷掘进工作面进行有效通风。

为开掘井巷而进行的通风称为掘进通风，亦称局部通风。

掘进通风的目的就是稀释并排除井巷掘进施工过程中产生的有毒有害气体与矿尘，并提供良好的气候条件。

7.1 掘进通风的方法

掘进通风方法有自然通风、矿井主扇风压通风、引射器通风与局扇通风。

利用矿井主扇风压或自然风压为动力的局部通风方法，称为总风压通风；利用扩散作用的局部通风方法，称为扩散通风；利用引射器通风的局部通风方法，称为引射器通风；利用局部扇风机通风的局部通风方法，称为局扇通风。其中应用最普遍的是局扇通风。

7.1.1 总风压通风方法

这种通风方法不需要增设其他动力设备，直接利用矿井总风压，借助于风墙、风障或风筒等导风设施，将新鲜风流导入施工工作面，以排出其中的污浊空气。

7.1.1.1 利用纵向风墙导风

如图 7-1 所示，在施工巷道内用纵向风墙将巷道分为两部分，一边进风，另一边回风。根据风墙的构筑材料分为砖、石、混凝土风墙、木板墙等刚性风障和帆布、塑料等柔性风障。前者刚性风墙漏风小，导风距离可超过 500m。后者导风设施漏风大，只适用于短距离的导风。图中 1 为纵向风墙，2 为带有调节风窗的调节风门，以便行人和调节导入掘进工作面的风量。

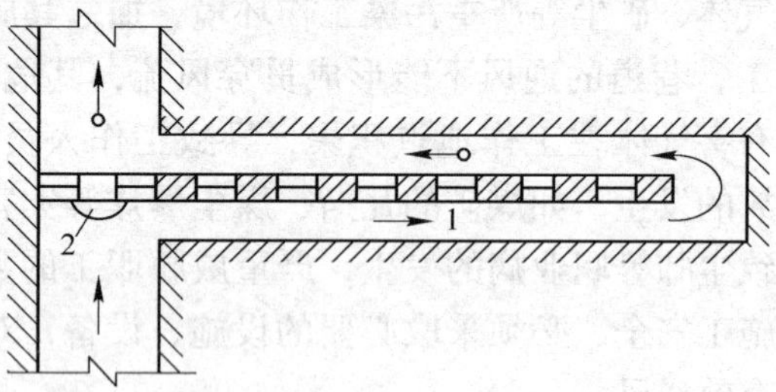

图 7-1 纵向风墙挡风

7.1.1.2 利用风筒导风

如图 7-2 所示，利用风筒导风，需要在进风巷道适当位置设置挡风墙 2，墙上开有调节风窗的调节风门 3，以便调节风量、行人用，风筒 1 实现导风。

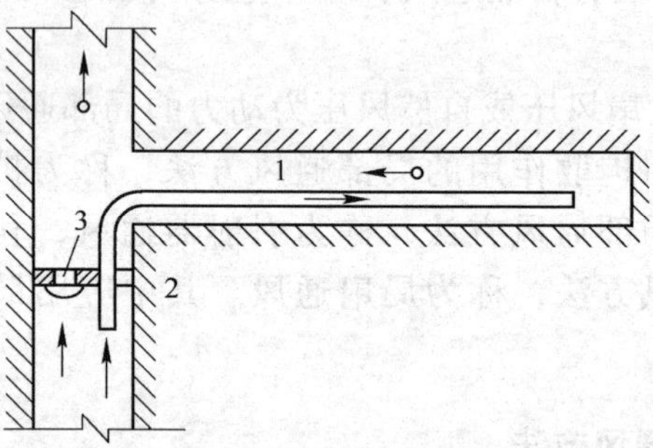

图 7-2 导风筒导风

7.1.1.3 利用平行巷道通风

如图 7-3 所示，巷道施工采取双巷平行掘进，两巷之间按一定

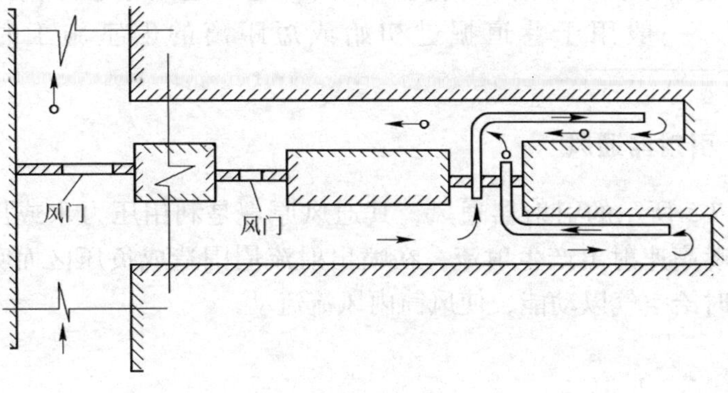

图 7-3 平行巷道通风

距离开掘联络巷道，前一个联络巷道贯通后，后一个联络巷道便密封，一条巷道进风，另一条巷道回风。两条平行的独头巷道可用风筒导风。

平行巷道掘进常用于煤矿的中厚煤层的煤巷施工，短距离通风有时采用巷道导风实现巷道通风。

总风压通风法的最大优点是安全可靠，管理方便，但要有足够的总风压以克服导风设施的阻力。同时，由于须在巷道内建立风墙、风门等设施，增加施工难度，并使得巷道有效断面利用率降低，不便于行人、设备材料运输等，所以，利用总风压实现掘进巷道通风理论上可行，工程实践上却很少采用。

7.1.2 扩散通风

如图 7-4 所示，扩散通风方法不需要任何辅助设施，主要靠

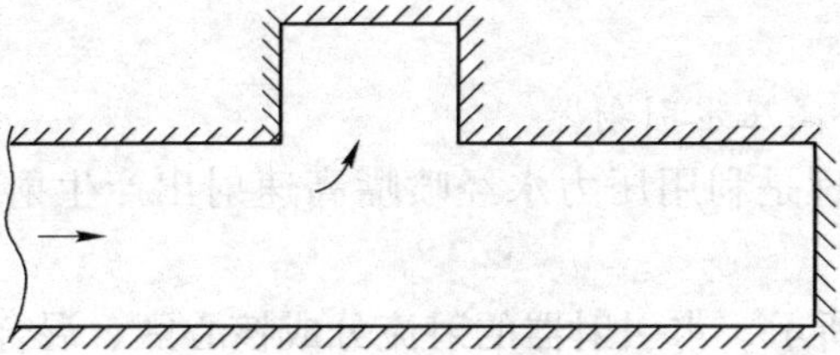

图 7-4 扩散通风

新鲜风流的紊流扩散作用清洗工作面。它只适用于短距离的独头工作面。一般用于巷道掘进初始或短距离的硐室施工时的通风。

7.1.3 引射器通风

图 7-5 所示的引射器通风，其通风原理是利用压力水或压缩空气经喷嘴高速射出产生射流，在喷出射流周围造成负压区而吸入空气，同时给空气以动能，使风筒内风流流动。

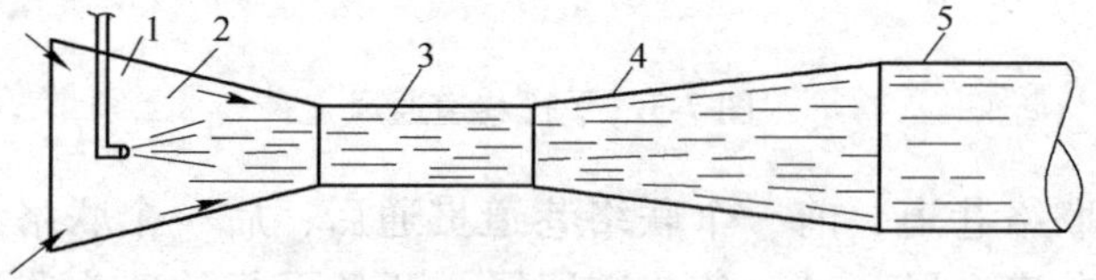

图 7-5　引射器通风原理示意图

1—动力管；2—喷嘴；3—混合管；4—扩散管；5—风筒

根据流经喷嘴的是压缩空气还是高压水，引射器分为压气引射器、高压水引射器两种。

7.1.3.1　压气引射器

其通风原理是利用压缩空气经喷嘴高速射出产生射流，在喷出射流周围造成负压区而吸入空气。为了减少射流与卷吸空气间冲击损失，在喷流前方设置混合整流管，风流经整流后向前运动，使风筒内风流流动。

矿井井下常用的引射器有中心喷嘴式压气引射器、环隙式压气引射器两种。图 7-5 为中心喷嘴式压气引射器；图 7-6 为环隙式压气引射器。

7.1.3.2　高压水引射器

其通风原理是利用压力水经喷嘴高速射出产生射流，使风筒内风流流动。

如图 7-7 所示，水引射器的射流分成核心区、混合区、水滴区。

水引射器的通风效果因喷嘴形状、水压大小而不同，通常，其

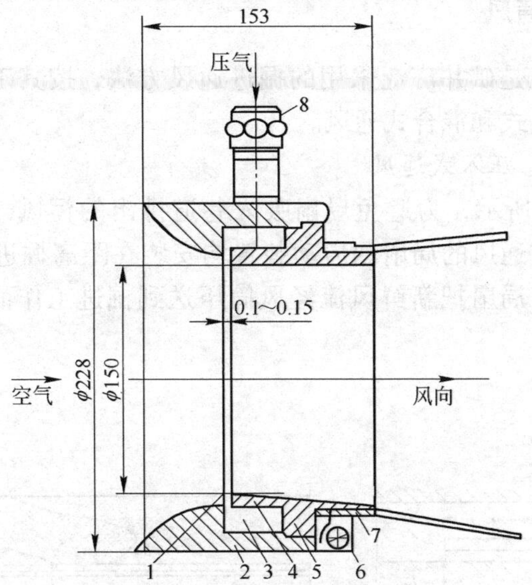

图 7-6 环隙式压气引射器

1—环隙；2—集压器；3—环形室；4—凸缘；

5—喷头；6—卡箍；7—扩散器；8—接头

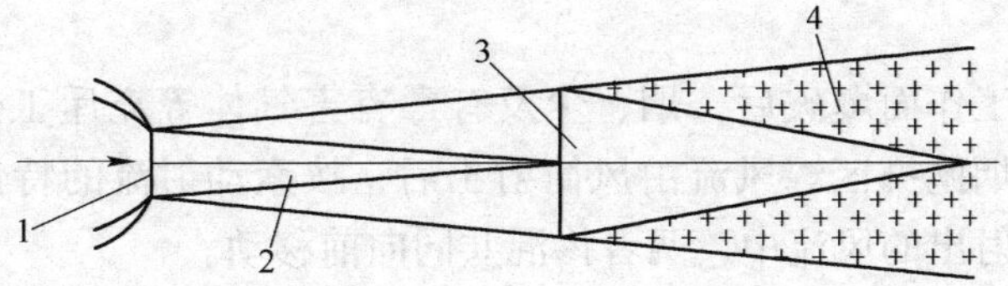

图 7-7 高压水引射器原理图

1—高压水流；2—等速核心区；3—混合区；4—水滴区

工作水压为 1.5 ~3.0MPa，喷嘴出口口径为 2 ~4mm。

引射器通风的优点是安全，尤其在煤与瓦斯突出矿井煤巷掘进时，用它代替局扇，安全性会更高，同时，设备简单、有利于除尘和降温。其缺点是产生的风压低，送风量小，效率低，费用高，且只有掘进巷道附近有高压水源或压气时才能使用，局限性较大。

7.1.4 局扇通风

局扇通风是矿井广泛采用的掘进通风方法，按其工作方式分为压入式、抽出式和混合式通风。

7.1.4.1 压入式通风

如图 7-8 所示，为避免局扇吸入巷道排出的污风，产生循环风现象，压入式通风的局扇和启动装置均安装在距离掘进巷道 10m 以外的进风侧。局扇把新鲜风流经风筒压送到掘进工作面，污风沿巷道排出。

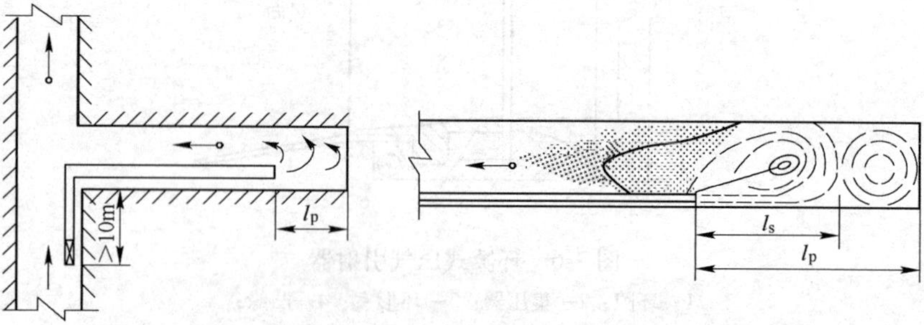

图 7-8 风扇压入式通风示意图

掘进工作面爆破后，烟、尘及有毒有害气体等充斥工作面，形成一个炮烟抛掷区。风流由风筒射出后，按紊动射流的特性使炮烟被卷吸到射出的风流中，两者掺混共同向前移动。

风流从风筒出口到转向点的距离 l_s 为有效射程，风筒出口到工作面的距离为 l_p。当 $l_p \leqslant l_s$ 时，由于射流的紊流扩散作用，使迎头区炮烟与新鲜风发生强烈掺混，炮烟浓度逐渐趋于均匀化，源源不断的新鲜风又逐渐将炮烟置换，因此能迅速将炮烟排走；当 $l_p \geqslant l_s$ 时，在有效射程以外，会存在一个由射流反向流动引起的循环涡流区，如果风筒口距离工作面更远，还可出现第二个循环涡流区。由于射流与第一循环涡流区的交换作用还比较强烈，因此，第一循环涡流区中的炮烟仍能较快地排出。在第二涡流区，因其涡流扩散强度很小，炮烟排出将十分缓慢。所以，为了能有效地排出炮烟，风筒出口与工作面的距离不能超过有效射程，否则会在工作点附近出现烟流停滞区。

根据理论分析和实践经验，压入式通风应满足以下关系：

$$l_p \leqslant l_s = (4 \sim 5)\sqrt{S} \tag{7-1}$$

式中 S——掘进巷道净断面面积，m^2。

压入式通风扇风机把新鲜风流经风筒压送到工作面，而污浊空气沿巷道排出，采用这种通风方式，工作面的通风时间短，但全巷道的通风时间长，因此长距离通风后路巷道污风充斥问题的解决很关键，如若是瓦斯矿井煤巷掘进，后路巷道有可能出现瓦斯等有毒有害气体的积聚，甚至导致灾害事故的发生。

7.1.4.2 抽出式通风

如图 7-9 所示，为避免污风与新鲜风流掺混，抽出式通风的局扇安装在距离掘进巷道口 10m 以外的回风侧。新鲜风流沿巷道流入，污风通过刚性风筒由局扇排出。

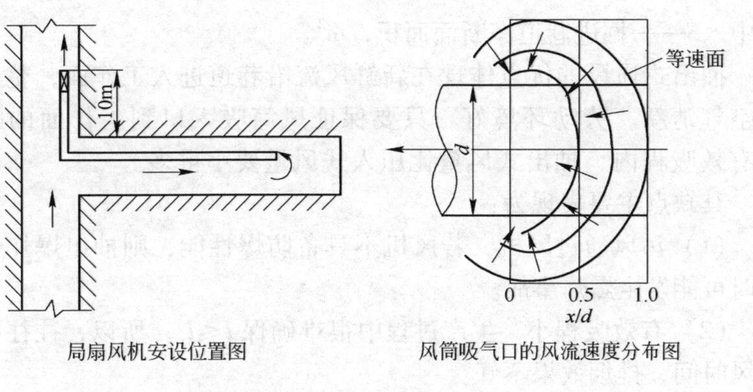

局扇风机安设位置图 风筒吸气口的风流速度分布图

图 7-9 抽出式通风

刚性风筒吸气口外某一点的空气流速与该点至吸气口距离的平方成反比，所以，吸风速度由风筒口往外衰减很快，也就是有效吸程较小。

如图 7-10 所示，设风筒直接吸出炮烟的有效作用范围即有效吸

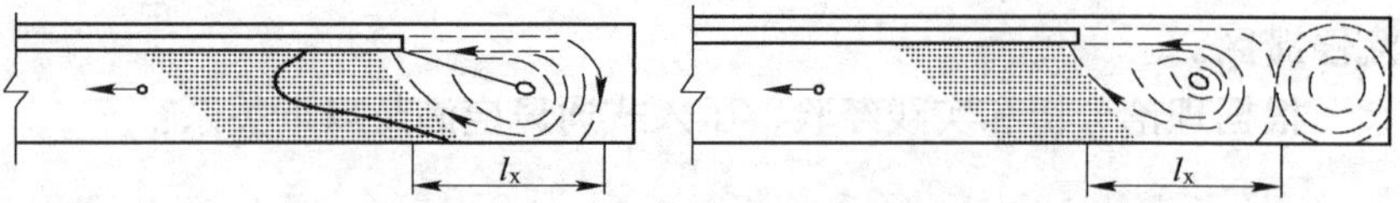

图 7-10　吸风口距工作面不同距离的通风状况

程为 l_x，风筒吸口到工作面的距离为 l。当 $l \leqslant l_x$ 时，使迎头区炮烟与新风流发生强烈掺混，并逐渐靠近吸风口，因此能迅速将炮烟等污浊空气排除；当 $l \geqslant l_x$ 时，在有效吸程以外，会形成循环涡流区，炮烟处于停滞状态，炮烟只是靠紊流扩散进入有效吸程范围并与新鲜风混合至吸风口，通风效果极差。

因此，抽出式通风风筒口距离工作面的距离 l 应小于有效吸程 l_x，否则会在工作地点附近出现烟流停滞区。在巷道条件下，其间满足以下关系：

$$l \leqslant l_x \leqslant 1.5\sqrt{S} \tag{7-2}$$

式中　S——掘进巷道净断面面积，m^2。

抽出式通风的优点体现在新鲜风流沿巷道进入工作面，整个井巷空气清新，劳动环境好，只要保证风筒吸入口到工作面的距离在有效吸程内，抽出式风量比压入式风量要小得多。

其缺点主要表现为：

（1）污风通过风机，若风机不具备防爆性能，则抽出爆炸性气体时可能发生爆炸事故。

（2）有效吸程小，生产过程中很难确保 $l \leqslant l_x$，所以，往往延长通风时间，排烟效果不好。

（3）不能使用柔性风筒，只能使用刚性风筒，成本增加，不便于安装、拆运及管理。

所以，对于煤矿特别是瓦斯矿井的煤巷掘进施工不使用抽出式局扇通风。但对于非煤矿山特别是在立井开凿施工时，采用抽出式通风，既可以迅速排出炮烟又可以抽出粉尘，所以应用较广泛。

7.1.4.3 混合式通风

井巷通风使用两套局扇风机及风筒装置，一套向工作面供新鲜风，一套为工作面排污风，这种通风方法称为混合式通风。它兼有压入和抽出式的优点，同时可避免各自缺点，通风效果较好，多用在大断面、长距离、瓦斯涌出量不大的巷道掘进时的通风。

混合式通风布置方式有多种，有关布置方式优缺点比较见表7-1。

表 7-1 混合式通风布置方式优缺点比较

	长压短抽方式	长抽短压方式	
		前压后抽	前抽后压
布置图	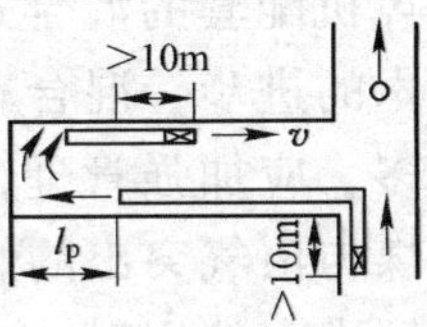	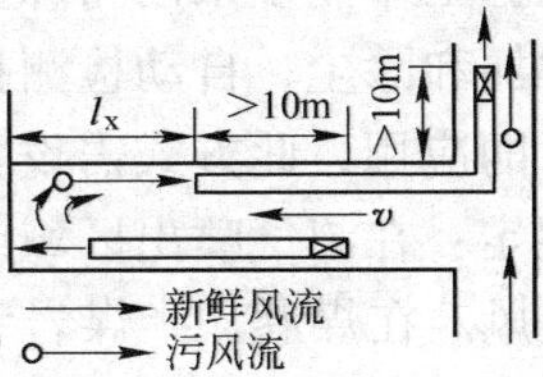	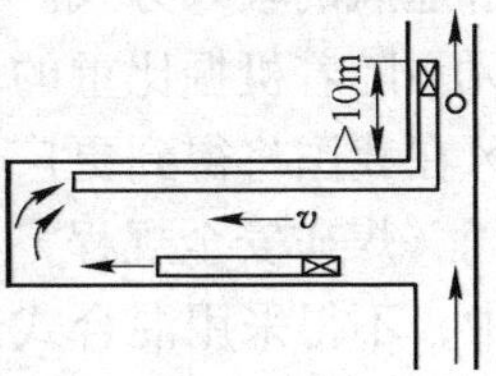
说明	以压入式通风为主，靠近工作面一段用抽出式通风，抽出式通风要配备除尘装置，风筒重叠段风速 $v>0.5m/s$（排瓦斯）或 $v>0.15m/s$（排尘）	抽出式通风为主，靠近工作面一段用压入式通风。压入风筒靠近工作面，抽出风筒口在压入风筒口的后面，不需配备除尘装置	以抽出式为主，抽出风筒靠近工作面，巷道中设一段压入式风筒，该风筒口在抽出式的后面
优缺点	主要使用柔性风筒，成本低。 除尘器随风筒常移动，且增大抽出式通风的通风阻力，除尘效果差时（微细尘粒）可使巷道受到一定程度的污染	不需配备除尘装置，不会增加通风阻力，能解决巷道污染问题，整个巷道通风状况较好 抽出式风筒要用带刚性骨架的柔性风筒（KSS 型风筒）或硬制风筒，成本高	工作面污染较短，但清洗污烟的能力较差，其他优缺点同左
备注	压入式风筒口与工作面的距离，需按式（7-1）估算，机掘时应在机组转载点后面一定的距离。吸入式风筒吸口应靠近工作面 5m 左右		

采用混合式通风时，为了提高通风效果，避免循环风现象发生，应遵守下述要求：

（1）向掘进头供风的风筒出口距工作面的距离应小于有效射程l_s。

（2）抽出式风筒的吸风口或压出式局扇的吸风口应超前压入式局扇10m以上，它与工作面的距离应大于或等于炮烟抛掷距离。

（3）要确保抽出式风机吸风量大于等于压入式扇风机排出风量，并使压入风机至抽出风筒口这段巷道内有稳定的新鲜风流，防止压入风机出现污风循环。

混合式通风兼有压入式和抽出式通风的优点，是大断面岩巷掘进通风的较好方式。机掘工作面多采用与除尘风机配套的混合式通风。随着机掘比重的增加和除尘、自动检测技术的进步，混合式通风在我国将得到更广泛的应用，此方式需设备多，应加强管理，现行《煤矿安全规程》规定：在沼气喷出区域或煤与沼气突出的煤层中，不得采用混合式通风。在煤巷、半煤岩巷掘进中使用时，应遵守规程有关规定。

7.2 掘进通风的风量计算

矿井类别不同、井巷施工层位、用途不同，工作面产生的有毒有害气体种类、性质也不同。对于冶金矿山，独头工作面污浊空气的成分主要是爆破后的炮烟及各种作业所产生的矿尘，所以局部通风所需风量也就以排出炮烟和矿尘作为计算依据。而对于煤矿，特别是瓦斯矿井，更重要的是排除巷道内的瓦斯，所以，其需风量主要满足瓦斯浓度不超标的要求。

7.2.1 矿井局部通风风量计算

巷道的掘进施工，无论是金属矿山还是煤矿，是岩石巷道还是脉内巷道，后者是煤、半煤岩巷道，其施工工艺无论是爆破掘进，还是机械掘进，独头工作面污浊空气的成分主要是爆破、机械切割、煤岩体暴露及各种作业工序所产生的矿尘和有毒有害气体，所以，掘进局部通风所需风量也就以排出这些有毒有害气体和矿尘作为计算依据。

通常情况下，煤矿与冶金矿山不尽相同。对于煤矿瓦斯矿井，无论是穿煤岩巷，还是煤层巷道，掘进工作面污浊空气的成分除了爆破后的炮烟及各种作业工序所产生的矿尘外，还有瓦斯、煤尘等，所以，掘进通风所需风量也就不仅以排出炮烟和矿尘作为计算依据，同时还要考虑排除瓦斯等爆炸性气体，避免瓦斯积聚导致事故的发生。

7.2.1.1 爆破施工巷道掘进通风

巷道掘进施工炸药爆破后，产生大量一氧化碳、氮氧化物等有毒有害气体。氮氧化物毒性大且不稳定，通常按毒性将其折算成 CO（一份氮氧化物相当于 6.5 份 CO），二者之和称为当量 CO，作为爆破后有毒气体生成量的指标。爆破后，独头巷道内有毒气体的浓度大大超过允许浓度，有害于人体健康，甚至会发生炮烟熏人事故。因此，爆破后通风的任务就是迅速将巷道内当量 CO 浓度降至允许浓度以下。

爆破生成的有毒气体量根据炸药的种类、质量和数量而异，还与岩石（或煤）的化学成分、物理性质及爆破参数有关。我国煤矿矿用炸药有毒气体产生量规定不得超过 80L/kg。在风量计算中每千克矿用炸药的当量 CO 生成量应取所用炸药的实际数据，当无实际数据时，在煤层中爆破时可按 100L/kg 计算，在岩层中爆破时取 40L/kg。

爆破后，工作面附近的一段巷道内充满了炮烟，该炮烟区的长度称为炮烟抛掷长度，用 L_t 表示，该长度的大小首先取决于爆破方式，其次是炸药量。

根据生产实践，用电雷管起爆时，炮烟抛掷长度可用下式计算：

$$L_t = 15 + \frac{A}{5} \tag{7-3}$$

用火雷管起爆时，炮烟抛掷长度可用下式计算：

$$L_t = 15 + A \tag{7-4}$$

式中 A———一次爆破的炸药消耗量，kg。

爆破生成的有毒气体、水蒸气、尘粒以气溶胶的雾状悬浮于空气中。假定炮烟抛掷区内炮烟的分布是均匀的，可用下式计算爆破后炮烟区的当量 CO 初浓度 C_0：

$$C_0 = \frac{Ab}{10L_t S} \tag{7-5}$$

式中　b——每 1kg 炸药爆炸生成的 CO 量，一般取 100L/kg；

S——巷道断面面积，m^2。

例如，岩巷掘进工作面采用爆破工艺掘进施工，采用火雷管起爆，2 号煤矿炸药，巷道断面 $7m^2$，一次爆破炸药量 18kg，计算其爆破后炮烟区炮烟初浓度。

炮烟抛掷长度　$L_t = 15 + A = 15 + 7 = 22m$

炮烟区的当量 CO 初浓度 C_0：

$$C_0 = \frac{Ab}{10L_t S} = \frac{18 \times 106.6}{10 \times 22 \times 7} = 1.24\%$$

计算结果高出规程规定的最高允许浓度 0.0024% 的 516 倍，爆破结束，人员立即进入工作地点是十分危险的。所以，掘进工作面的良好通风，对于确保安全生产尤为重要。

A　压入式通风的风量计算

压入式通风工作面需风量有多种计算公式，其中下述两式在我国矿山应用较广。

(1) 前苏联 B. H. 沃洛宁根据“紊流形变”理论导出的计算公式：

$$Q_{yp} = \frac{0.456}{t} \sqrt[3]{\frac{AbS^2L^2}{P^2C_p}} \tag{7-6}$$

式中　Q_{yp}——压入式通风时工作面所需供风量，m^3/s 或 m^3/min；

t——通风时间，s 或 min，一般取 20 ~ 30min；

A——一次爆破的炸药消耗量，kg；

b——每 1kg 炸药爆炸生成的 CO 量，一般取 100L；

S——巷道断面面积，m^2；

L——巷道通风长度，m；

P——风筒进出风量比，即局扇风量与风筒末端风量之比；

C_p——通风所达到的允许浓度，%。

若取 $b=100\text{L/kg}$，$C_p=0.002\%$，则

$$Q_{yp}=\frac{7.8}{t}\sqrt[3]{\frac{AS^2L^2}{P^2}} \tag{7-7}$$

C_p 取0.002%是作为通风的初步要求以计算所需风量，通风 t 时间后，还需要继续通风，使CO浓度降至卫生标准。

当掘进距离较短时，巷道出口断面的炮烟最大浓度仍高于 C_p，式（7-7）中通风长度 L 取独头巷道长度；当掘进巷道很长，炮烟排到离工作面一定距离处，断面上的平均最大浓度已稀释至允许浓度，这一距离称为炮烟稀释安全长度 L_d。此时，巷道通风长度 L 应取炮烟稀释安全长度 L_d。L_d 可用"紊流形变"理论导出的公式计算：

$$L_d=\frac{0.1kb}{C_p}\frac{A}{S} \tag{7-8}$$

式中 k——紊流扩散系数，取决于风筒出口至工作面的距离与风筒直径的比值，通常可取1；

b——炸药有毒气体产生量规定不得超过80L/kg；

C_p——通风所达到的允许浓度，0.002%。

则式（7-8）可简化为：

$$L_d=400\frac{A}{S} \tag{7-9}$$

（2）对于压入式通风，为了有效地排出工作面的炮烟，风筒出口到工件面的距离要求小于风流有效射程，工作面需风量 Q_p 亦可按下式计算：

$$Q_{yp}=\frac{19}{t}\sqrt{ALS} \tag{7-10}$$

式中 Q_{yp}——压入式通风时工作面所需供风量，m^3/s 或 m^3/min；

t——通风时间，s或min；

A——一次爆破的炸药消耗量，kg；

L——巷道通风长度，m；

S——巷道断面面积，m^2。

后一种计算较前一种方法计算结果偏大，所以，为了安全起见，

一般采取后一种方法计算，前一种计算方法作为计算结果的验证。

B　抽出式通风的风量计算

（1）苏联 B. H. 沃洛宁根据“紊流形变”理论导出的计算公式：

$$Q_{cp} = \frac{0.0254}{t}\sqrt{\frac{AbSL_t}{C_p}} \tag{7-11}$$

由于 $L_t = 15 + \frac{A}{5}$，故

$$Q_{cp} = \frac{0.0254}{t}\sqrt{\frac{AbS}{C_p}(15 + \frac{A}{5})} \tag{7-12}$$

式中　Q_{cp}——抽出式通风时工作面所需供风量，m^3/s 或 m^3/min；

t——通风时间，s 或 min；

A——一次爆破的炸药消耗量，kg；

b——每 1kg 炸药爆炸生成的 CO 量，一般取 100L/kg；

S——巷道断面面积，m^2；

L_t——炮烟抛掷长度，m；

C_p——通风所达到的允许浓度，%。

（2）对于抽出式通风，为了有效地排出工作面的炮烟，风筒吸口到工件面的距离要求小于风流有效吸程，工作面需风量 Q_{cp} 按下式计算：

$$Q_{cp} = \frac{18}{t}\sqrt{AL_tS} \tag{7-13}$$

式中　Q_{cp}——抽出式通风时工作面所需供风量，m^3/s 或 m^3/min；

t——通风时间，s 或 min；

A——一次爆破的炸药消耗量，kg；

L_t——炮烟抛掷长度，m；

S——巷道断面面积，m^2。

C　混合式通风的风量计算

（1）长抽短压的通风方式。采取长抽短压的通风方式，应满足抽出式风筒入口的风量 Q_{cp} 大于压入式风筒出口的风量 Q_{yp}，以防止循环风和维持风筒重叠段内的巷道中具有排尘或稀释有毒有害气体的最低风速度。

混合式长抽短压的通风方式风量计算方法有两种，两种方法都需要首先确定压入式风量 Q_{yp}，然后根据 $Q_{cp} > Q_{yp}$ 来确定抽出式风量。

一种是先用式（7-7）或式（7-10）计算压入式风量 Q_{yp}，然后用下式计算抽出风筒口的风量 Q_{cp}

$$Q_{cp} = Q_{yp} + 60vS \tag{7-14}$$

另一种是根据下式确定抽出式风机风量。

$$Q_{cp} = (1.2 \sim 1.25)Q_{yp} \tag{7-15}$$

（2）长压短抽的通风方式。采取长压短抽的通风方式，为防止产生循环风和风筒重叠段内无风或微风现象，应满足压入式风筒出口的风量 Q_{yp} 大于抽出式风筒入口的风量 Q_{cp}。

混合式长压短抽的通风方式风量计算方法有两种，两种方法都需要首先确定压入式风量 Q_{yp}，然后根据 $Q_{yp} > Q_{cp}$ 来确定压入式风量。

一种是先用式（7-12）或式（7-13）计算抽出式风量 Q_{cp}，然后用下式计算压入式风筒口的出风量 Q_{yp}

$$Q_{yp} = Q_{cp} + 60vS \tag{7-16}$$

另一种是：

$$Q_{yp} = (1.2 \sim 1.25)Q_{cp} \tag{7-17}$$

7.2.1.2 瓦斯涌出巷道掘进通风

有瓦斯涌出巷道的掘进通风，除要求爆破后能迅速排除炮烟外，更重要的是排除巷道内的瓦斯，避免瓦斯积聚超限，导致事故的发生。

瓦斯涌出巷道掘进通风风量计算，应分别根据稀释排放瓦斯、炮烟计算，然后取其大者再按防止瓦斯积聚的最低风速进行验算，从而确定掘进工作面需风量。

根据瓦斯涌出量计算风量的原则是保证掘进巷道回风流瓦斯不超过允许浓度。计算公式如下：

$$Q_{风量} = \frac{100Q_{瓦斯}}{C_h - C_j}K \tag{7-18}$$

式中 $Q_{风量}$——掘进巷道需风量，m^3/s；

$Q_{瓦斯}$——掘进巷道瓦斯平均涌出量，m^3/s；

C_h——掘进巷道回风流瓦斯允许体积浓度，%；

C_j——掘进巷道进风流瓦斯允许体积浓度，%；

K——瓦斯涌出不均衡系数，须实测或依据相邻矿井确定。

由于瓦斯密度较空气小，当巷道内风速低于一定值时，会形成巷道顶部瓦斯层状积聚，此状态的风速称为最低风速 v_{min}，巷道层位不同、断面不同其 v_{min} 不同。一般 $v = 0.5 \sim 1m/s$。所以，按式(7-18)计算的风量还必须按下式验算：

$$v = \frac{Q_{风量}}{S} \geqslant v_{min} \tag{7-19}$$

《煤矿安全规程》规定，瓦斯矿井掘进巷道风速不得低于0.5m/s。

7.2.2 巷道掘进防尘、除尘通风

通过局部扇风机进行掘进通风，就是将掘进巷道内矿尘稀释或净化至允许浓度，同时以恰当的风速将空气中悬浮的矿尘排走。

要取得好的排除尘效果，必须使风速大于最低排尘风速，避免矿尘在工作地点迂回悬浮，同时又必须使风速低于二次飞扬风速，避免矿尘二次或多次尘化，加重矿尘污染。所以选择最优排尘风速，使巷道内粉尘浓度最低尤为重要。最优排尘风速的大小与矿尘种类、粒径大小、巷道潮湿状况和有无产尘作业等有关。矿井最优排尘风速一般为0.5～0.7m/s。

按风流将粉尘稀释的要求，掘进巷道排尘风量为：

$$Q_{排尘风量} = \frac{G}{C_{max} - C_j} \tag{7-20}$$

式中 $Q_{排尘风量}$——掘进巷道排尘风量，m^3/s；

G——掘进巷道单位时间内产生的矿尘量，mg/min；

C_{max}——掘进巷道最高允许含尘浓度，mg/m^3；当矿尘中含游离 SiO_2 大于10%时，为 $2mg/m^3$；矿尘中含游离 SiO_2 低于10%时，为 $10mg/m^3$；对含游离 SiO_2 小于10%的水泥粉尘，为 $6mg/m^3$；

C_j——掘进巷道进风流允许含尘浓度，mg/m^3，一般不超过0.5mg/m^3。

根据式（7 20）计算风量后，需验算巷道内风速 v 是否符合通风防、排尘风速 v_d 要求。

$$v = \frac{Q_{排尘风量}}{60S} > v_d \tag{7-21}$$

式中 S——巷道断面面积，m^2；

v_d——最低排尘风速，m/s。

总之，掘进通风的风量计算，原则上应按排炮烟、排瓦斯、排矿尘等因素分别计算，取其大者，然后按最低风速验算，并从中选取高者作为掘进供风量。

通常，实际工作中一般按次要因素计算的风量较小，故可择其主要影响因素进行计算。如高瓦斯煤矿中煤巷掘进时，按沼气计算；金属矿山或无沼气煤矿岩巷爆破法掘进时，按排烟和防尘通风进行计算。

7.3 掘进通风设备的选择

掘进通风设备的选择主要包括导风装置（风筒）及局部通风动力（局扇）的选择。选择并及时调整掘进通风设备对于确保通风安全，降低通风费用尤为重要。

7.3.1 风筒

矿井内掘进风筒的选择遵循抗静电、漏风量小、安全、使用寿命长、价格低廉、便于拆装、运输等原则。

7.3.1.1 风筒的种类

掘进通风使用的风筒分为刚性和柔性两种。刚性风筒通常用金属板或玻璃钢制成。柔性风筒由帆布、胶布、人造革等制成。两者比较，柔性风筒应用更广泛，其优点是重量轻、可伸缩、拆装方便，特别是带有刚性骨架的可伸缩风筒（如图 7-11 所示），即在柔性风筒内每隔一定距离加一钢丝圈或螺旋形钢丝圈，既可用于抽出式通风，承受一定的负压，又具有可收缩的特点，其优势尤为突出。

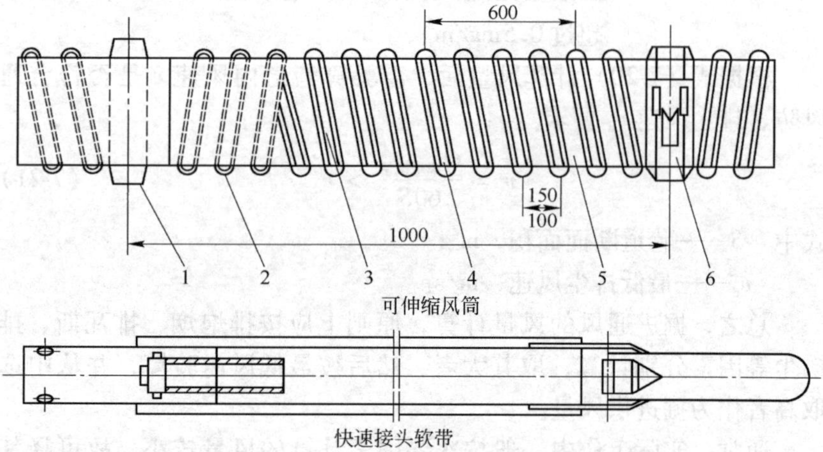

图 7-11　可伸缩风筒

1—圈头；2—螺旋弹簧钢丝；3—吊钩；4—塑料压条；5—风筒布；6—快速接头软带

7.3.1.2　风筒的风阻

风筒的风阻包括风筒的摩擦风阻和局部风阻。局部风阻主要包括风筒接头风阻、弯头风阻以及压入式风筒的出口或抽出式风筒的入口风阻。

（1）摩擦风阻。根据摩擦风阻计算公式：

$$R_{\mathrm{f}} = \frac{aLU^2}{S^3} \tag{7-22}$$

由于风筒横截面为圆形，所以，风筒周界 U 与断面面积 S 及其直径 D 的关系为 $D=4S/U$，将此代入式（7-22），可得

$$R_{\mathrm{f}} \approx 6.5\frac{aL}{D^4} \tag{7-23}$$

式中　a——风筒摩擦阻力系数，$\mathrm{N \cdot s^2/m^4}$；

L——风筒长度，m；

D——风筒直径，m；

S——风筒断面面积，$\mathrm{m^2}$；

U——风筒周长，m。

（2）局部风阻。根据局部风阻计算公式：

$$R_r = \xi \frac{\rho}{2S^2} \tag{7-24}$$

式中　ξ——局部阻力系数，无因次；

ρ——空气密度，kg/m^3；

S——风筒断面面积，m^2。

（3）风阻系数影响因素。刚性风筒内壁粗糙度大致相同，风筒之间的连接用法兰盘连接，所以，摩擦阻力系数 a 受风压影响不大，局部风阻可不计。

柔性风筒或带刚性圈的柔性风筒的摩擦阻力系数 a 都与风筒内风压有关。

如图 7-12 所示，对于柔性风筒由于风压的大小影响到风筒壁的绷紧程度，而壁面的鼓胀或收缩可导致风筒内壁粗糙度的改变。同时，由于柔性风筒的接头套圈是向内凸出，风压大，风筒壁绷的紧，套圈凸起越高，所以，风筒的摩擦阻力系数 a 随压力增大而减小，接头局部阻力系数 ξ 随压力增大而增大。

对于带刚性圈的柔性风筒，由于其结构与柔性风筒有所区别，风筒的摩擦阻力系数 a 随压力增大而略增大，接头局部阻力系数 ξ 随压力增大而略有减小。

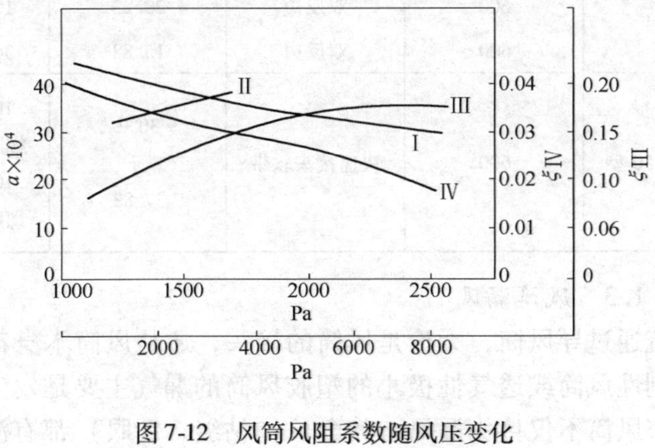

图 7-12　风筒风阻系数随风压变化

Ⅰ、Ⅲ—柔性风筒；Ⅱ、Ⅳ—带刚性圈的柔性风筒

（4）风筒风阻。风筒风阻等于摩擦风阻 R_f、接头风阻 R_j、弯头风阻 R_b、出入口风阻 R_i 之和

$$R = R_f + R_j + R_b + R_i + R_0$$

即
$$R = 6.5\frac{aL}{D^5} + n\xi_j\frac{\rho}{2S^2} + \Sigma\xi_b + \frac{\rho}{2S^2} + \xi_i\frac{\rho}{2S^2} + R_0 \qquad (7\text{-}25)$$

式中 n——风筒接头数；

R_0——其他局部风阻，包括风筒断面的扩大、缩小、分岔、回合等局部阻力。

工程实践中，风筒风阻除与其长度和接头方式等有关外，还与风筒的吊挂、维护等管理质量密切相关，很难用公式进行精确计算。一般都是根据实测百米风筒平均风阻作为衡量风筒管理质量和设计的数据。表 7-2 是开滦集团赵各庄矿和重庆研究所实测的风筒百米风阻值的结果。

表 7-2 实测风筒百米风阻值

风筒类型	风筒直径 /mm	接头方法	百米风阻 /N·s²·m⁻⁸	备注
胶皮风筒	400	单反边	131.32	10m 一节
	450	双反边	121.72	10m 一节
	500	多反边	54.1	50m 一节
	600	双反边	23.23	10m 一节
	600	双反边	15.88	30m 一节
KSS600-150 型	600	快速接头软带	30.2	10m 一节 螺距 150mm
			37.83	10m 一节 螺距 100mm

7.3.1.3 风筒漏风

风流通过导风筒，无论是风筒的接头，还是风筒本身都会产生漏风。刚性风筒或透气性极小的塑胶风筒的漏气主要是发生在接头处，胶布风筒不仅接头漏风，其全长（粘缝、针眼）都有漏风，漏风使得局扇工作风量与工作面的供风量不等。

反映风筒漏风程度的指标有漏风量、漏风率、风筒的有效风量率、风筒漏风备用系数等。

（1）风筒漏风量。风筒始端风量（局扇工作风量 Q_f）与末端风量（工作面的供风量 Q）的几何平均值即为通过风筒的平均风量 Q_a，即

$$Q_a = \sqrt{Q_f \cdot Q} \tag{7-26}$$

Q_f 与 Q 之差就是风筒的漏风量 Q_l。它与风筒的种类、接头的数目、连接方法、质量以及风筒直径、风压以及风筒的维护和管理密切相关。

（2）风筒漏风率。风筒漏风量占局扇工作风量的百分数，即

$$\phi = \frac{Q_f - Q}{Q_f} \times 100\% \tag{7-27}$$

（3）风筒的有效风量率。掘进工作面供风量（风筒末端风量）占局扇工作风量的百分数，即

$$\varepsilon = \frac{Q_f - Q_l}{Q_f} \times 100\% \tag{7-28}$$

将式（7-27）代入式（7-28）可得：

$$\varepsilon = (1 - \phi) \times 100\% \tag{7-29}$$

（4）风筒漏风备用系数。风筒漏风备用系数 ψ 指的是局扇工作风量与工作面供风量的比。即

$$\psi = \frac{Q_f}{Q} = \frac{1}{1 - \phi} \tag{7-30}$$

7.3.2 局部扇风机

7.3.2.1 局部扇风机工作参数

（1）局部扇风机工作风量。考虑掘进工作面需风量要求以及风筒漏风的因素，局部扇风机以下简称局扇，其工作风量按下式计算：

$$Q_f = \phi \cdot Q \tag{7-31}$$

（2）局扇工作风压。局扇工作风压要克服风筒的通风阻力以及

风流出口的阻力，即：

$$H_f = RQ_a^2 + \frac{Q_a^2}{2S^2}\rho \tag{7-32}$$

将式（7-26）、式（7-27）代入式（7-32）可得：

$$H_f = \phi\left(R + \frac{\rho}{2S^2}\right)Q^2 \tag{7-33}$$

式中 H_f——局扇工作风压，Pa；
R——局部风阻，$N \cdot s^2/m^8$；
ρ——空气密度，kg/m^3；
S——风筒断面面积，m^2；
Q——工作面需风量，m^3/min。

7.3.2.2　选择局扇

局扇有轴流式和离心式两种。轴流式局扇风机具有体积小、效率较高、便于安装和串联运转等优点，被广泛采用。缺点是噪声较大。

目前生产的轴流式局扇有防爆型 JBT 系列、非防爆型 JF 系列和 JFD 对旋系列三种。金属矿山由于没有瓦斯和煤尘爆炸危险，因此多选用结构简单，使用轻便的非防爆型局扇（见表7-3）。煤矿必须使用防爆型系列的局扇风机（见表7-4），其性能如图7-13所示。

表 7-3　非防爆型系列局扇性能

型号	局扇外径 /mm	气流性能范围		额定功率 /kW	额定转速 /r·min^{-1}	气流效率 /%	外形尺寸 /mm×mm
		风压 /mmH_2O	风量 /$m^3 \cdot min^{-1}$				
JF-41	398	75～15	75～112	2	2900	70	ϕ505×575
JF-42	398	150～30	75～112	4	2900	70	ϕ505×775
JF-51	508	120～25	145～225	5.5	2900	70	ϕ615×640
JF-52	508	240～50	145～225	11	2900	70	ϕ615×870
JF-61	600	160～35	250～390	14	2900	70	ϕ712×785
JF-62	600	320～70	250～390	28	2900	70	ϕ712×995

表 7-4 防爆型系列局扇性能

技术指标＼型号	JBT-41	JBT-42	JBT-51	JBT-52	JBT-61	JBT-62
外径/mm	400	400	500.8	500.8	600	600
转速/$r \cdot min^{-1}$	2900	2900	2900	2900	2900	2900
全风压/Pa	147 ~ 735	294 ~ 1470	245 ~ 1176	490 ~ 2352	343 ~ 980	686 ~ 3136
风量/$m^3 \cdot min^{-1}$	75 ~ 112	75 ~ 112	145 ~ 225	145 ~ 225	250 ~ 390	250 ~ 390
电机功率/kW	2	4	5.5	11	14	28
级 数	1	2	1	2	1	2
质量/kg	120	150	175	235	315	410

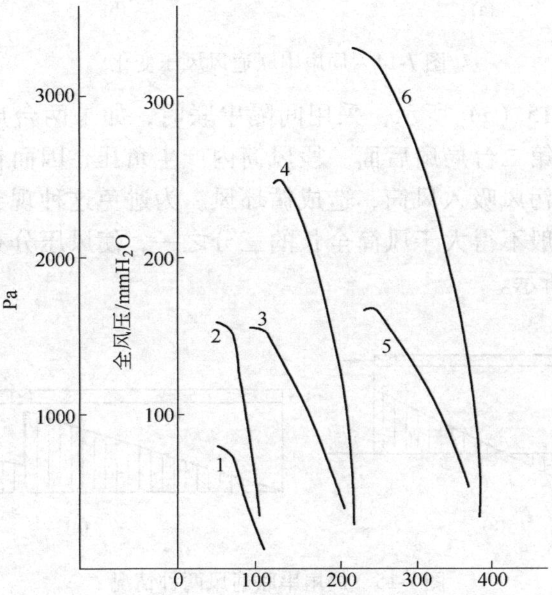

图 7-13 防爆型系列局扇性能曲线

如果选用的局扇工作风压不能满足要求，可选用两台或两台以上局扇进行串联作业。

其串联作业方式分为如图 7-14（a）所示的集中串联和图 7-14（b）所示的间隔串联。两者均可达到增加风压的目的。但从两种串联方式的风压分布图可以看出，在相同条件下集中串联风筒全长的风压大于间隔串联，所以集中串联风筒漏风大于间隔串联。

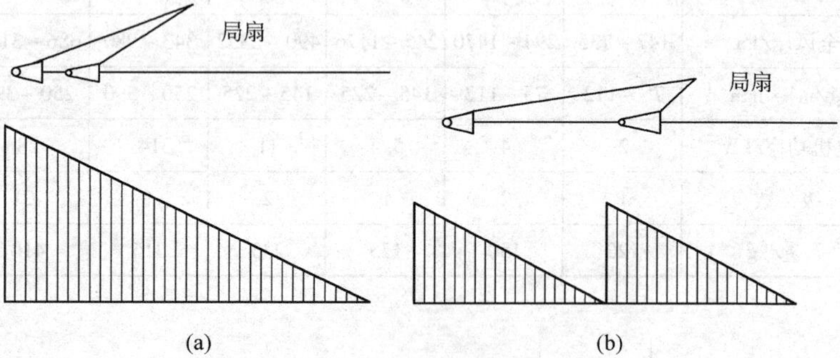

图 7-14　局扇串联通风风压变化

如图 7-15（a）所示，采用间隔串联时，如果两台局扇相隔较远，便会在第二台局扇后面一段风筒内产生负压，因而在这个区段内会有部分污风吸入风筒，造成循环风。为避免这种现象，两台局扇的间距一般不得大于风筒全长的三分之一，使风压分布情况如图 7-15（b）所示。

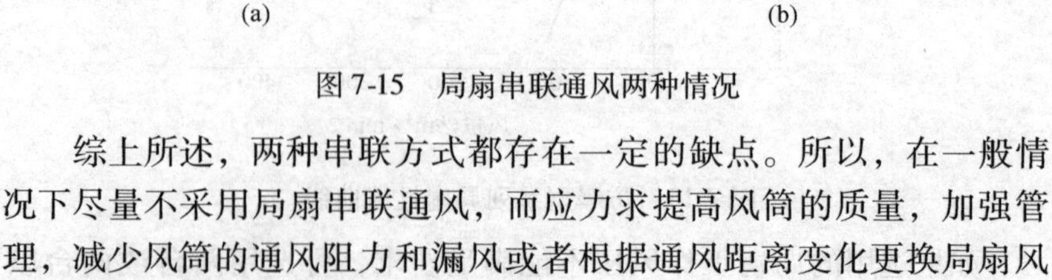

图 7-15　局扇串联通风两种情况

综上所述，两种串联方式都存在一定的缺点。所以，在一般情况下尽量不采用局扇串联通风，而应力求提高风筒的质量，加强管理，减少风筒的通风阻力和漏风或者根据通风距离变化更换局扇风机，满足掘进通风需要。

8 露天矿通风

露天矿通风和矿井通风的任务是一致的，其目的就是向矿内需风地点供给充足的新鲜空气，并通过其稀释排出矿内采场中含有生产性粉尘和有毒有害气体的污浊空气，使污染空气得以净化。

8.1 露天矿的大气污染

露天矿大气环境的污染，主要源于生产过程中产生的粉尘、一氧化碳、氮氧化物、二氧化硫、硫化氢、丙烯醛、甲醛等有毒有害物质，开采含铀、钍伴生的金属矿床时，空气中的放射性氡及其子体和致癌物质。这些物质对生产环境造成污染。

8.1.1 露天矿的大气污染程度分析

露天矿主要污染源及其产生的有害物对大气污染的程度用有害物浓度为卫生标准浓度的倍数、污染范围的大小以及主要污染源的污染物排放强度来表示。

表 8-1 为露天矿在自然通风条件下，生产中各工艺过程产生的有害物浓度与卫生标准浓度的比较以及其污染范围的统计资料。不难看出，露天矿在自然通风条件下，各种作业的有害物浓度普遍超过卫生标准，环境污染极其严重。

表 8-1 露天矿主要污染源及有害物大气污染程度

露天矿主要污染源	产生的有害物	有害物浓度 （卫生标准的倍数）	污染范围
爆破工作	CO、NO_x	5 ~ 10	局部、全矿
钻机穿孔	粉尘	25 ~ 150	局部、全矿
风动凿岩机凿岩	粉尘	25 ~ 575	局部
电铲工作	粉尘	5 ~ 85	局部、全矿

续表 8-1

露天矿主要污染源	产生的有害物	有害物浓度（卫生标准的倍数）	污染范围
装载机工作	粉尘	5～15	局部
铁路运输	粉尘	3～5	局部
汽车运输	粉尘、醛类	1～100、5～25	局部、全矿
带式输送机	粉尘	4～25	局部
电耙运输	粉尘	25～100	局部
锯岩机、破碎机等	粉尘	130～160	局部、全矿
机械破大块	粉尘	4～31	局部
炸药破大块	粉尘	10	局部、全矿
采场内火区	CO、SO_2	3～5	局部、全矿
瓦斯从岩石及地下水中析出	H_2S、Rn、C_nH_m	5～7	局部、全矿
氧化过程（煤、硫化矿物等）	CO、粉尘	2～4	局部
上风端废石场、工厂、外部公路处有害物送入露天矿	SO_2、瓦斯蒸气	10	局部、全矿

表 8-2 为露天矿粉尘污染物排放强度测定资料，从中可以看出粉尘防治措施的作用。

表 8-2　露天矿粉尘排放强度

设　备	粉尘排放强度/$mg \cdot s^{-1}$	备　注
73-200 潜孔钻机	290	有捕尘器
	770	未洒水
YBTM-4 电铲	230	爆堆预湿
自卸汽车	3100	未洒水
	1480	洒　水

8.1.2　露天矿大气污染的影响因素

（1）地区气象特征。露天矿大气污染的危害程度与矿区气象特征有关。干旱少雨矿区，大气污染程度一般较重。大气稳定层结概率高，逆温梯度大，矿区大气污染的危害程度较大，延续时间较长。

（2）矿山地质特征。露天矿大气污染程度与矿床赋存条件有关。矿体较厚且倾角大的矿床开采，易形成深凹矿坑，自然通风比较困难，矿内空气污染物浓度将随采深的增加而增大。同时，矿岩的硬度、性质等因素都与大气污染程度有关。如坚硬矿体的开采，必须进行凿岩爆破工作，因此会造成尘毒的严重污染。硫化矿、沥青矿、铀矿以及含有其他有毒成分的矿体开采时会形成污染源，污染矿内空气。矿区的植被与地形也是影响污染程度的重要因素。如植被差，可能形成二次扬尘。矿区被群山环绕，则自然通风条件差，矿床赋存于山坡，开采时不会形成封闭圈，自然通风条件好，大气污染程度相对较轻。

（3）采矿工艺与技术。矿石破碎、铲装及运输的方式对大气污染程度有很大影响。如用水力开采代替凿岩爆破，会减少尘毒的产生量。若用带式输送机代替自卸汽车运输矿石，污染程度也会大大减轻。

（4）露天矿几何参数与风速、风向。露天矿采场的形状取决于矿体的赋存条件及其特征，从露天矿自然通风条件看，露天矿的形状及平面尺寸与深度之比决定自然通风效果。顺风向的坑口宽度与地表封闭圈以下深度之比越小，自然通风效果越差。

露天矿矿坑形状为椭圆形或长条形时，风向的改变会导致污染程度的显著变化。

适宜的风速有利于矿坑内粉尘浓度的降低，但当风速增加到一定程度，由于尘化作用地表降尘二次飞扬，矿坑内粉尘浓度急剧提高。

（5）露天矿设备生产能力。在一定条件下，露天矿设备周围的粉尘浓度 C 与该设备生产能力存在以下关系：

$$C = C_e \exp\left(\delta \frac{T - T_h}{T_h}\right) \tag{8-1}$$

式中　C——粉尘浓度，mg/m^3；

C_e——已知生产能力或运行速度的矿山设备工作时的粉尘浓度，mg/m³；

δ——与设备类型、矿岩物理力学性质有关的实验系数；

T_h，T——已知的和新的设备生产能力（或运行速度），m³/h（m/s）。

由式（8-1）可知，设备周围粉尘浓度随设备生产能力或运行速度的增加而快速增加。

（6）矿岩的湿度。矿岩湿度较大，生产性粉尘凝聚增重而不易被尘化，工作地点粉尘浓度降低。粉尘浓度与湿度之间存在下列指数关系。

$$C = C_e \exp[-\sigma(\varphi - \varphi_e)] \tag{8-2}$$

式中　C_e——开采自然湿度为 φ_e 的矿岩时的粉尘浓度，mg/m³；

σ——与矿岩性质有关并能表明粉尘湿润能力的无因次系数；

φ——加湿后的矿岩湿度。

8.1.3　露天矿污染源强度测算

根据产尘设备排放污染物的特征，可将污染源分为两类：一类是污染物经一定通道排放，如装有捕尘器罩的钻机、破碎机产尘以及自卸汽车、推土机、装载机的尾气排放；另一类是污染物无固定通道排放，如电铲铲装与自卸汽车运行时扬尘等。

借鉴前苏联露天矿主要设备的污染源强度测算的方式和方法，按污染源排放类型计算污染源强度。

8.1.3.1　有捕尘装置的钻机产尘与柴油机尾气排放强度

$$G = \frac{\sum_{i=1}^{N} C_i Q}{N} \tag{8-3}$$

式中　G——产尘强度，mg/s；

C_i——在通道中或排出口处尘、毒浓度，mg/m³；

Q——在通道中或排出口处实测排风量，m³/s；

N——样品数。

8.1.3.2 挖掘机作业产尘强度

$$G = \frac{1}{k} L_x^2 \psi v (C_x - C_s) \tag{8-4}$$

式中 C_x——挖掘机作业点下风侧 15 ~ 20m 处采样点的平均粉尘浓度，mg/m³；

C_s——挖掘机作业点上风侧 15 ~ 20m 处采样点的平均粉尘浓度，mg/m³；

k——实验常数，与污染源类型和通风方式有关，可由表 8-3 查得；

L_x——下风侧采样点距尘源的平均距离，m；

v——采样时电铲作业区的平均风速，m/s；

ψ——无因次系数，$\psi = k'v + b$；

k'，b——无因次实验系数，可由表 8-4 查得。

表 8-3 计算挖掘机产尘强度的实验常数 k

污染源类型及排放点位置		k 值	
		复环流式	直流式
点 源	在台阶表面附近	5.6	5.6
	在台阶表面上部	3.6	3.0
点 源	在台阶表面附近	3.0	2.7
	在台阶表面上部	1.5	1.3

表 8-4 计算挖掘机产尘强度的实验系数 k'、b

露天矿通风方式	污染物排放位置	k'	b
复环流式	在台阶表面附近	0.122	0.22
	在台阶表面上部	0.07	0.05
直流式	在台阶表面上部	0.05	0.05
	在台阶表面附近	0.045	0.22
	露天矿外地面	0.42	0.05

8.1.3.3 自卸汽车运行时扬尘强度

$$G = \frac{k'' v_p v L_x^2 \varphi_s (m_x - m_s)}{N_a Q' (b_p + 2 L_x \varphi_s)} \tag{8-5}$$

式中　G——产尘强度，mg/s；

k''——与采场通风方式有关的系数（复环流式取 0.94；直流式取 1.44）；

v_p——自卸汽车（空、重车）的加权平均运行速度，m/s；

v——取样时，公路周围的平均风速，m/s；

L_x——从公路中心至下风向采样点的距离，m；

φ_s——无因次系数；

m_x，m_s——在取样时间及采样器过滤流量均相等时，在公路下风侧及上风侧所测得的平均粉尘质量，mg；

N_a——在取样时间内往返的车辆数，台；

Q'——采样时空气通过滤膜的流量，m^3/s；

b_p——沿公路行驶的不同类型汽车轴距的加权平均值，m。

8.2　露天矿自然通风

8.2.1　露天矿小气候与大气层结

露天矿小气候是矿区内气象要素变化规律的总和，是贴地气层与采场裸露岩层相互作用的结果。它与矿区地形、采场空间几何参数、岩层物理力学特征等因素有关。露天矿小气候特征主要表现在矿区贴地气层的温度场与风速场的结构和分布形式上。贴地气层温度场的变化，主要取决于露天矿内太阳辐射的分布及底板岩层的地热状态。露天矿风速场的形成与发展，受地面风流及坑内局部风流的综合影响。

太阳辐射分布与矿区地理位置、坡面朝向、倾角、颜色及季节和时间有关。露天矿底部与南帮常处于阴影之中，所得太阳辐射热量比北帮少得多，夏季时为北帮的 1/4，冬季时为北帮的 1/8。露天矿工作面的日照度随采深的增加而减少。

岩层与空气接触，产生热量的交换。热交换量与底板和空气的温差成正比。当温差为正值时，空气从底板吸热；当温差为负值时，空气向底板放热。空气吸热后气温增加，有助于在坑内形成上向风流；空气放热后会产生制冷效应，使贴地气层密度增大，可能导致在坑底形成风流停滞区，即所谓的逆温层。由于采场各处热量分布不均，边帮受热随时间变化。

露天矿具有各自独特的温度场结构，从而产生各种热力作用的局部风流。例如在深凹露天矿内经常存在由南帮至北帮的局部风流，就是由于南帮比北帮阴冷的原因。

露天矿大气层结就是指大气层的温度场结构。可用垂直和水平两个方向的气温梯度的变化来表示。根据大气层结可以确定大气状态。露天矿大气层结的基本类型有下列四种：

（1）气温随深度的增值大于绝热梯度，即 $\Delta t > 1℃/100m$。此时的大气状态是活跃的，能使气流做上升运动。

（2）气温随深度的增值小于绝热梯度，即 $\Delta t < 1℃/100m$。但 $\Delta t > 0$，此时的大气状态趋于停滞，不能保证空气做垂向移动。

（3）气温不随深度变化，即 $\Delta t = 0$，温度梯度为 0，大气处于稳定状态。

（4）气温随深度下降，即 $\Delta t < 0$，温度梯度为负值时，形成大气逆温层结状态，这时沿垂直方向的气层极为稳定。

根据现场垂直空间大气探测的实际资料得知，垂直温度梯度值往往随地表坑口以上高度和地表坑口以下深度不断变化。逆温层结可能在任意高度和深度出现，并具有不同的厚度与强度。

8.2.2 露天矿风流结构

露天矿风流结构通常采用沿垂直方向的水平流速的变化来描述。

（1）露天矿地表以上风速变化规律。对于在各种大气状态下风速随高度的变化可用式（8-6）表示：

$$v_z = v_1 \left(\frac{z}{z_1} \right)^{\vartheta} \tag{8-6}$$

式中 v_z——高度为 z 处的风速，m/s；

v_1——高度为 z_1 处的风速，m/s；

ϑ——大气状态系数。$\vartheta = 0.3 \sim 0.5$ 为稳定状态；$\vartheta = 0.2 \sim 0.3$ 为由稳定到不稳定的过渡状态；$\vartheta = 0.1 \sim 0.2$ 为不稳定状态。

（2）浅凹露天矿坑内风速变化规律。坑内自然风流与地表风流方向一致，风速自上而下按指数规律递减。

$$v_z = \varphi_1 v_0 \left(\frac{H-z}{H}\right)^{\vartheta} \tag{8-7}$$

式中 v_z——深度为 z 处的风速，m/s；

φ_1——考虑 v_0 变化的系数（一般为0.6~0.67）；

v_0——地表风速，m/s；

H——露天矿深度，m；

ϑ——大气状态系数（0.3~0.6）。

（3）深凹露天矿坑内风速变化规律。深凹露天矿坑底存在复环流区，因此在坑内整个垂向自上而下会出现风速值逐渐减小到零，而后形成反向气流的情况。在反向气流区，风速按抛物线规律变化，深凹露天矿采场复环流区风速最大值一般在 $0.35v_0$ 以下。

（4）露天矿坑内“相对风速”的变化规律。采场坑内某点的风速绝对值 v_k 与地表风速 v_0 之比为“相对风速” Δv，即 $\Delta v = \frac{v_k}{v_0}$。露天矿采场坑内的相对风速是随时间而变化的，但有一定规律。通常在白天可观察到最大值，而在傍晚、夜间和清晨较小。这就说明，相对风速与太阳辐射强度有关。实测表明，如地表风速在1.5m/s以下时，采场内不同标高处测得的相对风速的变化范围为0.07~5.6。随着地表风速的增加，不同高度上的相对风速的最大值将减小。当地表风速大于5m/s时，相对风速值均小于1。相对风速大于1时表明，坑内存在着热力作用的局部风流，形成了比地表风速大的合成气流。

（5）露天矿坑内风流方向的变化规律。露天矿坑内的风流受热力与动力的复合作用。除冬季外，露天矿内存在着南风为主的总趋势。露天矿的几何形状对气流方向也有一定影响。如狭长的露天矿采场，可能在坑内出现沿长轴方向的风流，而与地表风向无关。

8.2.3 露天矿自然通风方式

如图8-1~图8-4所示，露天矿自然通风的方式有对流式、逆增式、直流式、复环流式、逆增-对流式、复环流-直流式、直流-复环

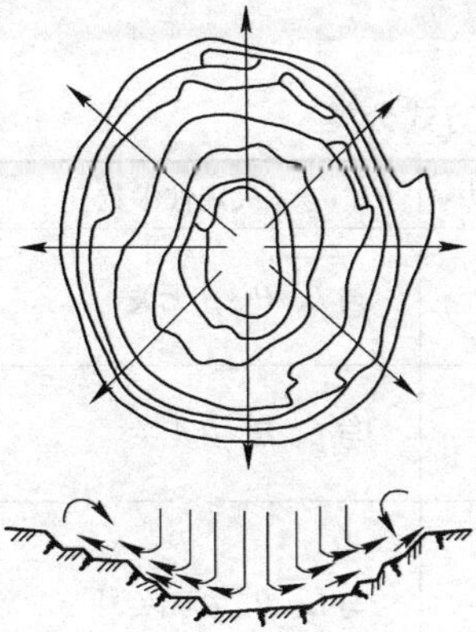

图 8-1 露天矿对流通风

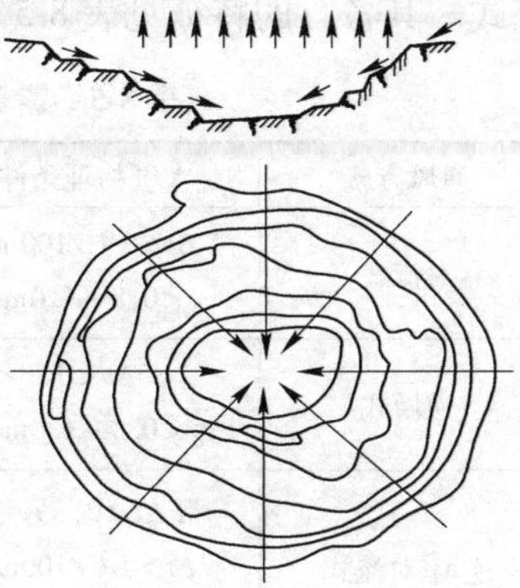

图 8-2 露天矿逆增式通风

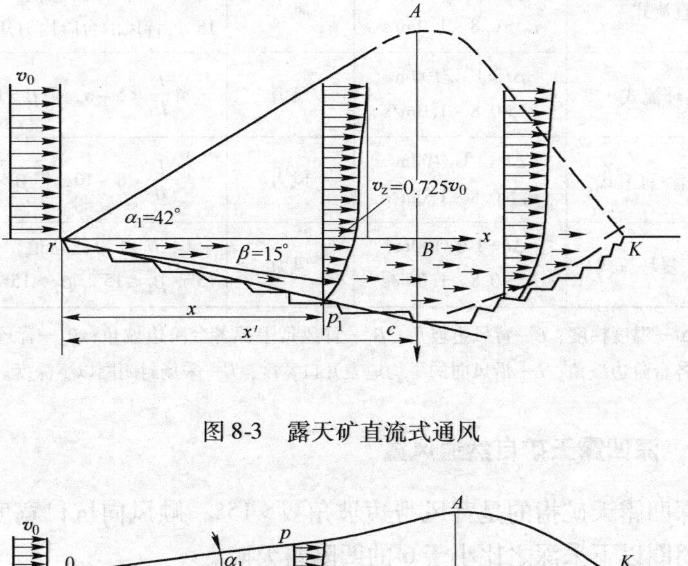

图 8-3 露天矿直流式通风

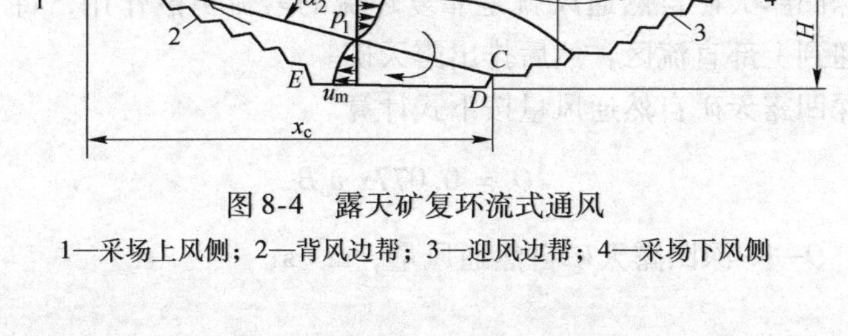

图 8-4 露天矿复环流式通风

1—采场上风侧；2—背风边帮；3—迎风边帮；4—采场下风侧

流式。其各自的特征见表 8-5。

表 8-5　露天矿自然通风方式分类

通风方式	大气物理条件	主要动力	决定性参数
对流式	$\Delta t > 1$℃/100m $v_0 < 0.8 \sim 1.0$m/s	热力	与 L、H、β 无关
逆增式	$\Delta t < 0$ $v_0 < 0.8 \sim 1.0$m/s	热力	与 L、H、β 无关
逆增-对流式	一帮 $\Delta t < 0$，另一帮 $\Delta t > 1$℃/100m $v_0 \leqslant 1 \sim 1.5$m/s	热力	与 L、H、β 无关
直流式	$\Delta t = 1$℃/100m $v_0 > 0.8 \sim 1.0$m/s	风力	L、H 可为任意值，但 $\beta \leqslant 15°$。背风的台阶均匀开采时
复环流式	$\Delta t = 1$℃/100m $v_0 > 0.8 \sim 1.0$m/s	风力	当 $\frac{L}{H} < 5 \sim 6$，但 $\beta > 15°$
复环流-直流式	$\Delta t = 1$℃/100m $v_0 > 0.8 \sim 1.0$m/s	风力	当 $\frac{L}{H} < 8 \sim 10$，但 $\beta > 15°$
直流-复环流式	$\Delta t = 1$℃/100m $v_0 > 0.8 \sim 1.0$m/s	风力	L、H 可为任意值，但 $\beta > 15°$、$\beta_1 \leqslant 15°$、$\beta_2 > 15°$

注：Δt—温度梯度；β—背风边坡角；β_1—背风帮上部各台阶边坡角；β_2—背风帮下部各台阶边坡角；L—沿风向的平均地表开口宽度；H—采场封闭圈以下深度。

8.2.4　深凹露天矿自然通风量

深凹露天矿指的是背风帮边坡角 $\alpha > 15°$，顺风向坑口宽度与地表封闭圈以下采深之比小于 6 的凹陷露天矿。

深凹露天矿自然通风就是靠复环流的紊流扩散作用，将有害物质传递到上部直流区，然后排出露天矿。

深凹露天矿自然通风量按下式计算。

$$Q = 0.077 x_c v_0 B \tag{8-8}$$

式中　Q——深凹露天矿自然通风量，m^3/s；

x_c——深凹露天矿顺地表风向若干有代表性垂直剖面上横坐标的平均值，m；

v_0——地表风速，m/s；

B——垂直于风向的露天矿地表开口的最大宽度，m。

由式（8-8）可知，深凹露天矿自然通风量大小只与该矿的几何形状及地表风速有关。

8.2.5 深凹露天矿自然通风的净化能力

8.2.5.1 露天矿自净能力及其应用

露天矿自净能力是指露天矿采场内部空间，在自然通风条件下按照卫生标准所能容纳的污染物排放强度（mg/s）。它是评价和设计露天矿通风的主要参数。为了充分利用自然风能，需要对露天矿本身固有的这种稀释与排除坑内大气污染物的能力进行分析。

假定地表风速相对稳定，污染源排放强度及复环流区污染物平均浓度基本不变，深凹露天矿自净能力按下式计算。

$$A = Q^k(C - C_0) \tag{8-9}$$

式中 A——自净能力，mg/s；

Q——自然通风量，m^3/s；

k——大气污染物紊流扩散系数。内部源作用时，$k = 0.382$；外部源作用时，$k = 0.5$；

C——污染物允许浓度，mg/m^3；

C_0——自然通风风源的污染物浓度，mg/m^3。

将矿内污染物的综合排放强度与自然通风自净能力相比较，从而决定是否需要采取和采取什么污染防治措施。为直观准确地进行分析比较，通过以下判别式进行决断。

$$\Delta_i = \Sigma G_{ij} N_j k_j - A_j \tag{8-10}$$

式中 G_{ij}——j 类型连续污染源的 i 种污染物的排放强度，mg/s；

N_j——j 类型连续污染源的每天平均使用量，如台数等；

k_j——j 类型连续污染源的同时工作系数 $0 < k < 1$；

A_j——自然通风对 j 类型连续污染源的自净能力，mg/s。

当$\Delta_i>0$时，表明污染源的i种污染物的排放强度已超过采场的自净能力，应对i种污染物采取全矿综合性防治措施。

当$\Delta_i<0$时，表明污染源的i种污染物的排放强度低于采场的自净能力，仅需对i种污染物采取局部防治措施。

8.2.5.2 增加深凹露天矿自净能力的途径

（1）强化自然风力通风。尽可能减少矿区出入口的地面通风阻力，避免在风口布置建筑物、废石场、矿石堆，以求增大自然风量。在高山地区的露天矿邻近若有低谷时，可设法使露天坑底与其沟通，尽可能沿主风向布置出入沟或使采场长轴与主风向一致或接近。

（2）利用自然热力通风。充分利用露天坑内南、北面的温差，使之产生较强的局部风流。

（3）净化入坑风源。对矿区地表及外部污染源进行综合治理。

8.3 露天矿人工通风

利用机械的、热力的或联合的动力而非自然动力使采场内的空气流动，实现矿内通风称为露天矿人工通风。

按通风范围可将露天矿人工通风分为全矿人工通风和局部人工通风；按风流输送方式又可分为利用坑道与风筒的通风和自由紊流射流通风；按通风动力类型分为机械式、热力式和组合式通风。

8.3.1 露天矿人工通风方法

（1）利用直升飞机进行采场通风。20 世纪 60 年代初前苏联曾在现场进行直升飞机人工通风试验。实践证明，直升飞机可以对局部风流停滞地区实行强制通风。但无法解决全矿性通风问题，而且在采场坑底飞行有较大的危险性。

（2）通过专用巷道或扇风机进行通风。这种通风方法需构筑专门的通风巷道或设置大直径风筒，投资较大，维护费也高，而且往往需要配置多台大风量扇风机，电耗较高。

（3）利用热力装置产生对流通风。这种通风方法燃料消耗大，通风效果差，燃料燃烧本身增加污染。

（4）利用露天矿专用风机产生的自由紊流射流进行通风。因为自由射流具有沿其流动方向动量不变的特点，能将大量空气输送到较远的距离，从而实现矿坑通风。

8.3.2 露天矿人工通风设备

前苏联近三十年的实践表明，最具有发展前途的露天矿通风扇风机是以飞机螺旋桨为主体的移动式装置。

表 8-6 列出了三种类型的 YMII 系列扇风机和早期研制成功并获推广的 OB-3 型扇风机。YMII 型扇风机本属露天矿局部通风用扇风机，但配套使用时可以完成全矿范围的通风任务。如 YMII-14 及 YMII-21 型扇风机能产生强大的上向自由射流，从坑底排出大量污染空气。只是其吸风范围较小，通常只有 50～150m。因此需要在坑内大气污染停滞区布置机动性强、能产生水平向射流的 YMII-1 型扇风机予以配合。

表 8-6 露天矿用扇风机

风机型号	射流倾角	传动类型	传动功率 /kW	初始直径 /m	初始流量 /$m^3\cdot s^{-1}$	初始速度 /$m\cdot s^{-1}$	射距 /m	备注
YMII-1	水平 ±45° 垂直 ±15°	BEIIA 3-548 柴油机	380	3.6	220	22	480	4 叶片 AB-2 型航空螺旋桨，适用于 1200 万 m^3 停滞区通风，水箱 $30m^3$，水枪射程 70m，水泵能力 $150m^3/h$
YMII-14	垂直 ±(30°～60°)	电动机	320	14.5	1210	7.5	370	MN-2 直升飞机承重螺旋桨，可供 200m 采深通风

续表 8-6

风机型号	射流倾角	传动类型	传动功率 /kW	初始直径 /m	初始流量 /$m^3 \cdot s^{-1}$	初始速度 /$m \cdot s^{-1}$	射距 /m	备注
YMII-21	垂直 ±(30°~60°)	电动机	1200	21	3000	9.6	750	MN-4 直升飞机承重螺旋桨，可供 400m 采深通风
OB-3	水平 ±45°	BEIIA 3-540 柴油机	320	3.6	210	21	310	三叶片 AB-7H-161 型航空螺旋桨，水箱 $25m^3$，水枪喷水量 $15m^3/h$，喷嘴喷水量水泵能力 $5m^3/h$

8.3.3 露天矿全矿范围的人工通风设计

8.3.3.1 实施人工通风的依据

对露天矿实施全矿性人工通风，既不经济也非必要。判定露天矿是否应该采取全矿性人工通风，一般采用在一定的时间条件下，全矿处于静风时，全矿污染物积聚后达到的最高平均浓度值与卫生标准规定污染物最高允许浓度值进行比较的方法来判定。

满足式（8-11）和式（8-12），即当露天矿连续生产的时间内，全矿污染物积聚后达到的最高平均浓度值大于卫生标准规定污染物最高允许浓度值时，必须对全矿实施人工通风。

$$C_{\mathrm{H}} = \frac{J_{\min}}{V} > C \tag{8-11}$$

$$t = \frac{CV}{G_{\min}} < t_{\mathrm{c}} \tag{8-12}$$

式中 C_{H}——全矿处于静风时，全矿污染物积聚后达到的最高平均浓度值，mg/m^3；

C——污染物最高允许浓度值，mg/m^3；

V——全矿容量，m^3；

t——全矿平均浓度达到 C 的累计时间，s；

t_c——连续生产时间，s；

J_{min}——根据一次连续性静风统计或预计时间所估算的同类污染物的排放总量（按采取防治措施后的排放浓度下限计算），mg；

G_{min}——全矿采用防治措施后同类污染物总排放强度的下限值，mg/m^3。

在露天矿连续生产的时间内，即 $t_c < t$，全矿污染物积聚后达到的最高平均浓度值小于卫生标准规定污染物最高允许浓度值，即 $C_H < C$，就没必要对全矿实施人工通风。

8.3.3.2 全矿人工通风计算方法

（1）采用设置在坑底的上向自由射流扇风机时，按下式计算每台扇风机的污风排出量：

$$Q_1 = 218q_0\left(\frac{aH_3}{d_0} + 0.29\right) \tag{8-13}$$

式中 Q_1——每台扇风机的污风排出量，m^3/s；

q_0——每台风机射流的初始风量，mg/m^3；

a——风流结构系数；

H_3——从坑底算起的污染区高度，m；

d_0——射流的初始半径，m。

（2）采用设置在采场上部的向下自由射流扇风机时，按下式计算采场所需总风量：

$$Q_t = \frac{Vb\sqrt{\ln\frac{C_H}{C}}}{t} \tag{8-14}$$

式中 Q_t——采场所需总风量，m^3/s；

b——无量纲系数，为露天矿自由紊流通风指数，其值为

0.078～0.13；

t——通风时间，s。

为了使向下自由射流到达采场坑底处轴线风速不超过 2.5m/s，避免二次扬尘，需根据给定的射程 L、风流结构系数 a 以及射流初始半径 d_0，按下式求得射流初始速度：

$$v_0 = 2.6\left(\frac{aL}{d_0} + 0.29\right) \tag{8-15}$$

每台扇风机的供风量按下式求得：

$$q_0 = Sv_0 = \pi p_0^2 v_0 \tag{8-16}$$

全矿所需扇风机的台数按下式求得：

$$n \geqslant \frac{Q_t}{q_0} \tag{8-17}$$

8.3.3.3　局部人工通风计算

局部人工通风及其通风方式的确定取决于单位时间露天矿坑内局部生产区域产尘量与全矿平均产尘量比较结果。当式（8-18）成立，即局部生产区域产尘量小于全矿平均产尘量，则只需进行采场内的局部人工通风，对污染物进行稀释和排放，而无需从采场外引入新风

$$\frac{C_H}{C} \leqslant \frac{V}{V_s} \tag{8-18}$$

式中　V_s——局部污染地区的容积，m³；

V——全矿容积，m³。

当$\frac{C_H}{C} > \frac{V}{V_s}$，说明局部生产区域产尘量大于全矿平均产尘量，除需进行采场内的局部人工通风外，还必须从地表向采场送入新风，对污染物进行稀释和排放。

露天矿局部人工通风主要需确定扇风机自由射流在给定射程处的平均风速以及在给定平均风速条件下的风流射程及其作用区直径。

（1）自由射流的平均风速确定

$$v_p = \frac{0.095v_0}{\frac{ax}{D_0} + 0.145} \tag{8-19}$$

式中 v_p——平均风速，m/s；

v_0——扇风机出口处风流风速，m/s；

a——扇风机的紊流结构系数；

x——从风机出口处到确定平均风速断面的距离，m；

D_0——扇风机出风口直径，m。

计算断面中所要求的平均风速一般为0.6～1.0m/s。

（2）在给定的平均风速 v_p 条件下射流的射程计算

$$L = \frac{D_0\left(0.095\frac{v_0}{v_p} - 0.145\right)}{a} \tag{8-20}$$

式中 L——射流射程，m。

（3）在距离为 x_m 处射流作用区直径

$$D_x = 6.8d_0\left(\frac{ax}{d_0} + 0.145\right) \tag{8-21}$$

式中 D_x——射流作用区直径，m。

那么扇风机在 x_m 处断面风量为：

$$Q_x = \frac{\pi}{4}D_x^2 v_p \tag{8-22}$$

式中 Q_x——扇风机 x_m 处断面风量，m^3/s。

8.4 露天矿大气污染的综合防治

露天矿大气污染的防治必须贯彻预防为主、综合防治的原则，采取标本兼治的综合防治措施。

（1）工艺措施。尽量选用无尘毒或少尘毒的开采工艺流程及设备，从根本上控制污染源，使其排放强度减少到最低限度。如用水力开采代替凿岩爆破；以带式输送机代替自卸汽车或以低污染新型设备取代高污染的老装备；采用合理的孔网参数与药量；使用低污染的炸药及合理的起爆顺序等。

（2）技术措施。如采用水、各种溶液、泡沫、沥青、盐类、胶体、合成物质、植物或它们的组合来抑制粉尘。

（3）组织措施。强化露天矿自然通风及充分利用自然风流的生产管理措施。如合理布置排土场、地表建筑物、出入沟及开堑沟来增加地表入风量；尽可能使采场长轴方向与地表主风向一致或接近；合理布置工作面及设备；安置风流导向设施；选择风速最大时进行爆破等。此外，对夜间在坑内易产生逆温的露天矿，实行白天两班作业以避开大气污染最严重的夜间。

（4）人工通风。使用以航空螺旋桨为主的局部或全露天矿通风的扇风机，利用它们产生的自由紊流射流进行人工通风。

（5）设备司机室空调。当采用上述措施后，仍不能将大气尘毒含量降到最大允许值时，或采取上述措施在经济上不合理时，或在当地气候条件下，生产环境内气温与湿度超过了卫生标准时应采用司机室空调与净化装置。

（6）工人个体防护。在生产环境大气质量难以达标的场合下，可使用防尘口罩或防毒面具，在工作环境极端恶劣、工作人员数量较少的情况下，采用个体防护措施在技术经济上是合理的。

9 矿井通风系统

矿井通风系统是向矿井下各作业地点供给新鲜空气，排出污浊空气的通风网路、通风动力和通风控制设施的总称。矿井的通风系统对资源的安全开发有着极其深远的影响。

矿井通风系统可分为若干类型。根据矿井通风系统的结构可分为统一通风和分区通风；根据进、回风井的布置位置可分为中央式、对角式、分区式及混合式通风；根据主扇的工作方式可分为压入式、抽出式和混合式通风；根据主扇的安装地点可分为井下、地表和井下地表混合式通风。

9.1 统一通风与分区通风

一个矿井构成一个整体的通风系统称为统一通风，一个矿井划分若干个独立的通风系统，风流互不干扰，称为分区通风。拟定矿井通风系统时，应首先考虑采用统一通风还是分区通风。

9.1.1 统一通风与分区通风

分区通风的各通风系统是处于同一开拓系统中,但各自有独立的通风动力,一套完整的进、回风井巷,它们在通风系统上是相互独立的。但由于存在于同一开拓系统,所以各系统井巷间存在一定的联系。

比较统一通风与分区通风系统，分区通风具有风路短、阻力小、漏风少、费用低以及风路简单、风流易于控制、有利于减少风流串联和合理进行风量分配等优点。因此，在一些矿体埋藏较浅且分散的矿井开采浅部矿体时期，得到广泛的应用。但是，由于分区通风需要具备较多的入排风井，它的推广使用受到一定的限制。

9.1.2 分区通风适用条件

是否采用分区通风，主要看开凿通达地表的通风井巷工程量的大小或有无现成的井巷可以利用。一般说来，在下述条件下采用分区通风比较有利。

（1）矿体埋藏较浅且分散，开凿通达地表的通风井巷工程量较小或有原井巷可供利用。

（2）矿体埋藏较浅，走向长，产量大，如构成统一通风系统，风路长、漏风大、网路复杂、风量调节困难。

（3）开采矿物有自燃发火危险、高瓦斯或煤与瓦斯突出的矿井且生产规模较大的矿井。

9.2　中央、对角和混合式通风

每一个矿井的通风系统至少要有一个可靠的进风井和一个可靠的回风井。按进风井与回风井在井田内的相对位置，可分为中央式、对角式和混合式三种通风形式。

9.2.1　中央式通风

矿井进、回风井均位于井田走向的中央，风流在井下的流动路线是折返式的。中央式布置具有基建费用少、投产快、地面建筑集中、便于管理、井筒延深施工方便、容易实现反风等优点。但矿井生产后期风路长、阻力大、边远采区可能因此风量不足，系统的漏风较大。

中央式通风按进、回风沿矿体倾斜方向相对位置的不同，它又可分为以下两种。

9.2.1.1　中央并列式通风

如图 9-1 所示，进风井与回风井均并列布置在井田走向的中央。适用于矿体倾角较大、走向不长的矿井，投产初期暂未设置边界安全出口，且自燃发火不严重的矿井。

中央并列式通风的特点如下：

（1）初期投资少，地面建筑和供电集中，采区生产集中，并便于管理。

（2）建井工期较短，井筒延深时通风也较方便。

（3）节省风井工业场地，占地少，比在井田内打边界风井矿柱

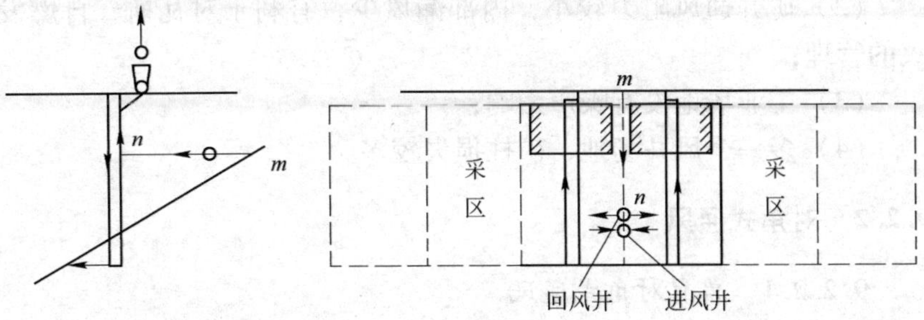

图 9-1 中央并列式通风系统

损失少。

（4）进出风井之间的漏风较大、风路较长、阻力较大，要特别加强管理。

（5）工业场地有噪声影响。

9.2.1.2 中央分列式（中央边界式）通风

如图 9-2 所示，进、回风井大致位于井田走向的中央，在矿体沿倾斜方向上，回风井和进风井相隔一段距离，出风井的井底高于进风井的井底，主扇风机设在出风井口，为了满足主提、副提的需要，同时便于水平延深，一般要在井田走向的中央开凿两个并列井筒。适用于矿体倾角小，走向长度不大的矿井。

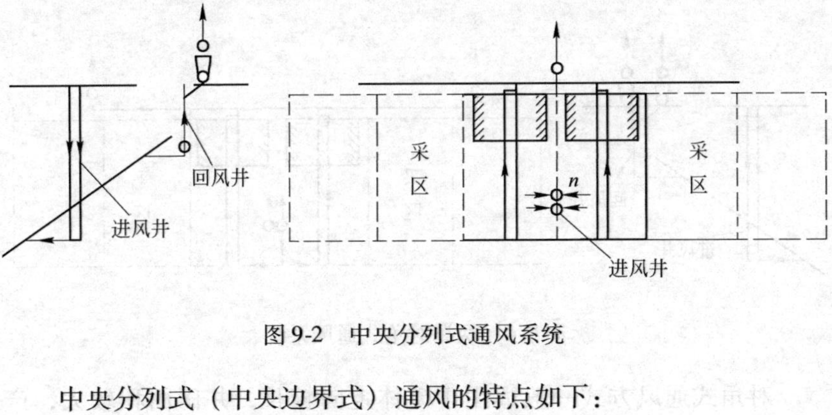

图 9-2 中央分列式通风系统

中央分列式（中央边界式）通风的特点如下：

（1）与中央并列式通风比较，其安全性可靠性强。

（2）矿井通风阻力较小，内部漏风少，有利于对瓦斯、自燃发火的管理；

（3）工业场地没有噪声影响；

（4）多一个风井场地，矿柱损失较多。

9.2.2　对角式通风

9.2.2.1　单翼对角式通风

如图 9-3 所示，进、回风井分别位于井田的两翼称为单翼对角式通风。

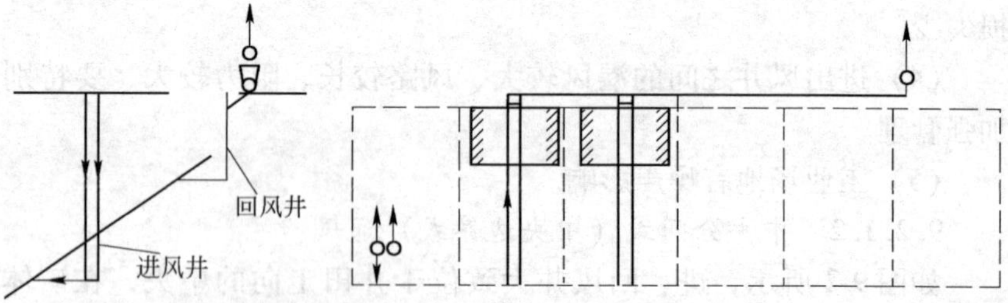

图 9-3　单翼对角式通风系统

9.2.2.2　两翼对角式通风

如图 9-4 所示，进风井位于井田中央，回风井设在两翼，称为两翼对角式通风。

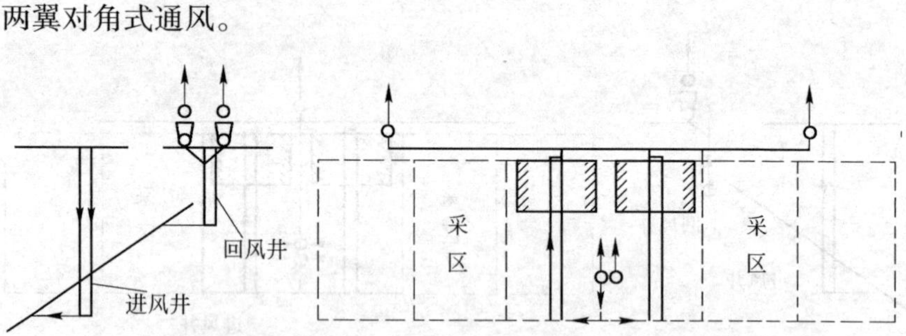

图 9-4　两翼对角式通风系统

对角式通风方式一般适用于矿体走向较长，井田面积较大，产量较高的矿井。其优点是通风风流在井下的流动路线是直向式，因

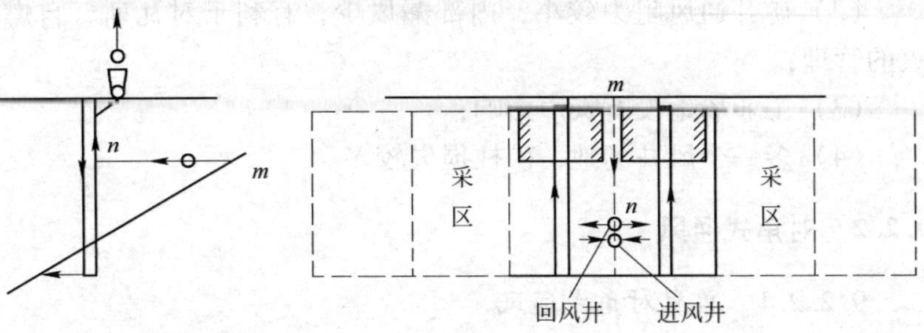

图 9-1　中央并列式通风系统

损失少。

（4）进出风井之间的漏风较大、风路较长、阻力较大，要特别加强管理。

（5）工业场地有噪声影响。

9.2.1.2　中央分列式（中央边界式）通风

如图 9-2 所示，进、回风井大致位于井田走向的中央，在矿体沿倾斜方向上，回风井和进风井相隔一段距离，出风井的井底高于进风井的井底，主扇风机设在出风井口，为了满足主提、副提的需要，同时便于水平延深，一般要在井田走向的中央开凿两个并列井筒。适用于矿体倾角小，走向长度不大的矿井。

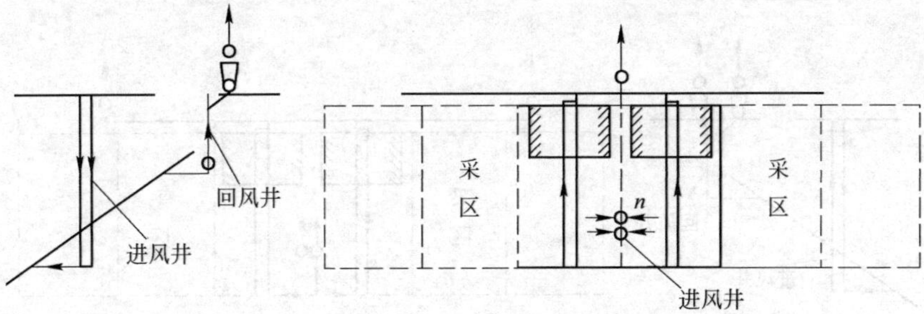

图 9-2　中央分列式通风系统

中央分列式（中央边界式）通风的特点如下：

（1）与中央并列式通风比较，其安全性可靠性强。

（2）矿井通风阻力较小，内部漏风少，有利于对瓦斯、自燃发火的管理；

（3）工业场地没有噪声影响；

（4）多一个风井场地，矿柱损失较多。

9.2.2　对角式通风

9.2.2.1　单翼对角式通风

如图 9-3 所示，进、回风井分别位于井田的两翼称为单翼对角式通风。

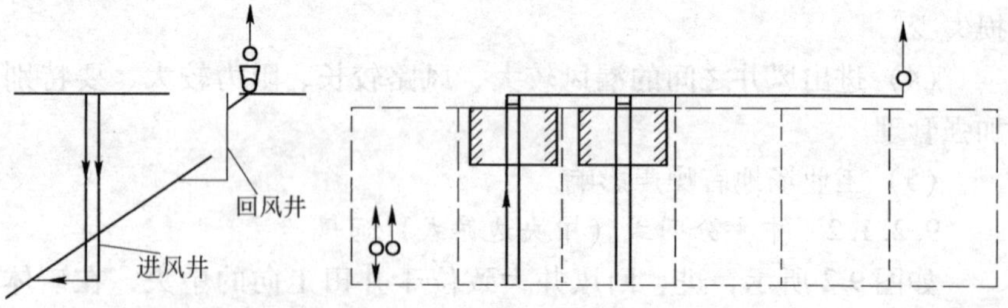

图 9-3　单翼对角式通风系统

9.2.2.2　两翼对角式通风

如图 9-4 所示，进风井位于井田中央，回风井设在两翼，称为两翼对角式通风。

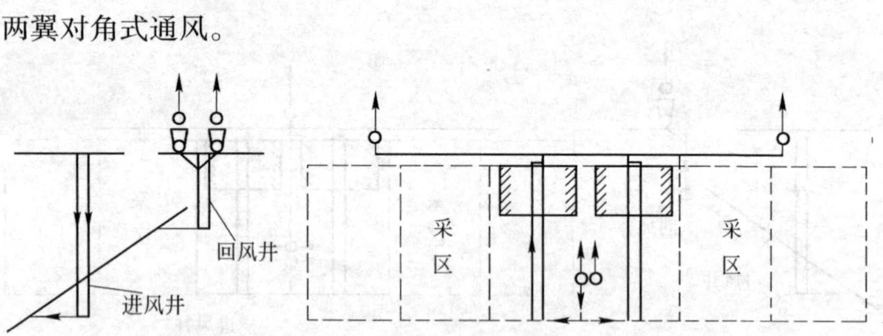

图 9-4　两翼对角式通风系统

对角式通风方式一般适用于矿体走向较长，井田面积较大，产量较高的矿井。其优点是通风风流在井下的流动路线是直向式，因

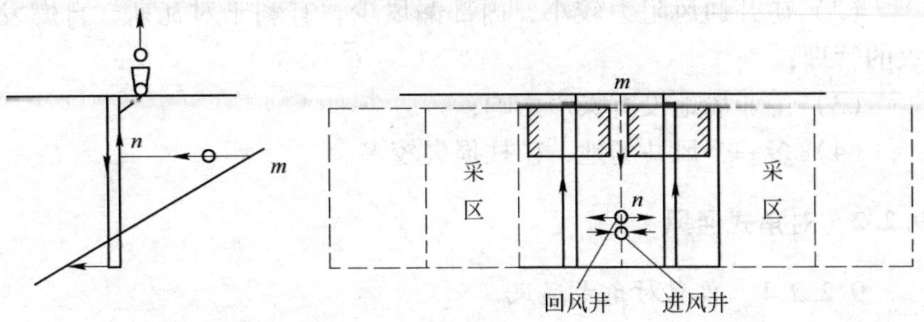

图 9-1　中央并列式通风系统

损失少。

（4）进出风井之间的漏风较大、风路较长、阻力较大，要特别加强管理。

（5）工业场地有噪声影响。

9.2.1.2　中央分列式（中央边界式）通风

如图 9-2 所示，进、回风井大致位于井田走向的中央，在矿体沿倾斜方向上，回风井和进风井相隔一段距离，出风井的井底高于进风井的井底，主扇风机设在出风井口，为了满足主提、副提的需要，同时便于水平延深，一般要在井田走向的中央开凿两个并列井筒。适用于矿体倾角小，走向长度不大的矿井。

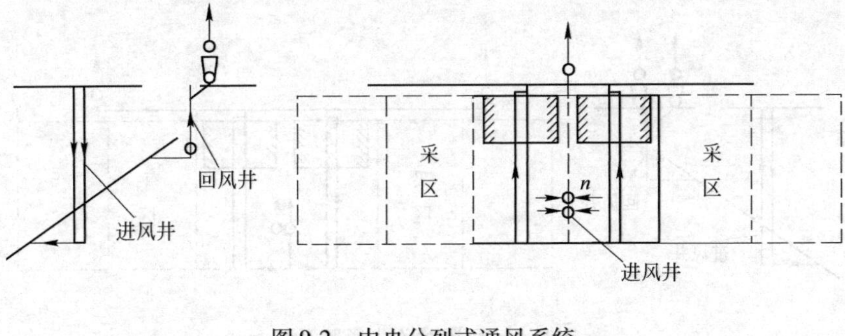

图 9-2　中央分列式通风系统

中央分列式（中央边界式）通风的特点如下：

（1）与中央并列式通风比较，其安全性可靠性强。

（2）矿井通风阻力较小，内部漏风少，有利于对瓦斯、自燃发火的管理；

（3）工业场地没有噪声影响；

（4）多一个风井场地，矿柱损失较多。

9.2.2　对角式通风

9.2.2.1　单翼对角式通风

如图 9-3 所示，进、回风井分别位于井田的两翼称为单翼对角式通风。

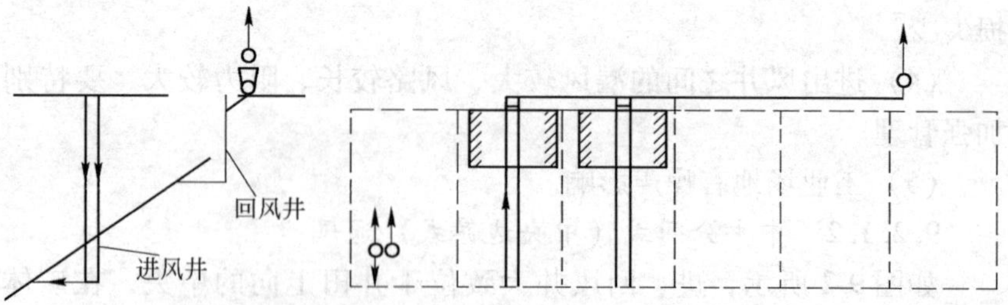

图 9-3　单翼对角式通风系统

9.2.2.2　两翼对角式通风

如图 9-4 所示，进风井位于井田中央，回风井设在两翼，称为两翼对角式通风。

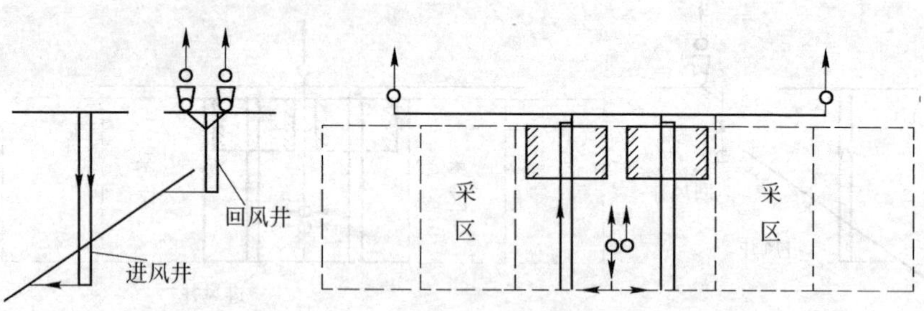

图 9-4　两翼对角式通风系统

对角式通风方式一般适用于矿体走向较长，井田面积较大，产量较高的矿井。其优点是通风风流在井下的流动路线是直向式，因

此路线较短，阻力和漏风较小、各采区间风阻比较均衡，便于按需要控制风量分配，矿井所需总风压也比较稳定。其缺点是初期投资大，建井工期较长。

9.2.3　混合式通风

混合式通风是由上述诸种方式混合组成。例如中央分列与两翼对角混合式、中央并列与两翼对角混合式等。

如图9-5所示，中央分列与两翼对角混合式通风系统，为了缩短基建时间，在矿井投产初期采用中央分列式通风系统，随着生产的发展，当开采到两翼边界时，则用中央分列与两翼对角混合式的通风系统。

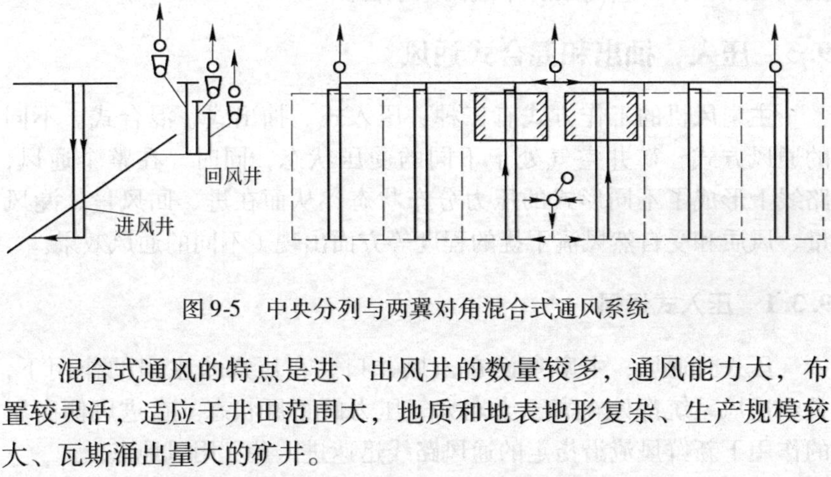

图9-5　中央分列与两翼对角混合式通风系统

混合式通风的特点是进、出风井的数量较多，通风能力大，布置较灵活，适应于井田范围大，地质和地表地形复杂、生产规模较大、瓦斯涌出量大的矿井。

矿井进风井与回风井的布置形式，要根据矿体赋存条件、矿井开拓、开采方式，因地制宜地进行布置，确定其布置方式时，应注意以下几项影响因素：

（1）当矿体埋藏较浅且分散时，开凿通达地表的井巷工程较小，而开凿贯通各矿体的通风联络巷道较长，则可多开几个进、回风井，分散布置，工程量少，又可缩短风路，降低通风阻力。反之，当矿体埋藏较深且集中，开凿风井工程大，而开凿各矿体之间通风联络巷道较短，就应少开风井，采用集中进、回风的通风方式。在矿井浅部开采时期，由于距地表较近，可分散布置，到深部开采时，再适当集中。

（2）要求早期投产的矿井，特别是矿体边界还未探清的情况下，可暂时采用中央式布置，井下很快构成贯通风流，有利于尽快投产。随着两翼矿体勘探精度的不断提高，再考虑开凿边界风井。

（3）当矿体走向特别长或特别分散，矿井开采范围广，生产能力大，所需风量大时，采用多井口、多扇风机，进、排风井分散布置的方式，这样可降低通风阻力，减少漏风。但不要把两个进风井或两个排风井邻近布置，以避免风流方向不稳定或出现烟尘停滞区。

（4）矿区地形、地质条件对井筒布置也有影响，主通风井应避免开凿在含水层、受地质破坏或不稳定的岩层中，井筒要在受采动波及以外，井口应高出历年最高洪水位。

9.3 压入、抽出和混合式通风

主扇风机的工作方式有三种：压入式、抽出式、混合式。不同的通风方式，矿井空气处于不同的受压状态，同时，在整个通风，路线上形成了不同形式的压力分布状态，从而在进、回风量、漏风量、风质和受自然风流干扰的程度等方面出现了不同的通风效果。

9.3.1 压入式通风

压入式通风，主扇安设在入风井口，在压入式主扇的作用下，整个通风系统都处在高于当地大气压力的正压状态。在进风侧高压的作用下新鲜风流沿指定的通风路线迅速进入井下用风地点。

压入式通风由于使整个通风系统都处于正压状态，所以，有利于控制采空区、老窑等地点的有毒有害气体外逸而污染矿井空气。但主扇风机一经因故停止运转，它所服务的巷道系统内空气压力下降，使采空区内有毒有害气体向停风区域涌出，可能导致停风区域巷道内有毒有害气体浓度超限，或使巷道中的氧气浓度下降，严重时可使人员缺氧窒息。同时，压入式通风的风门等风流控制设施均安设在进风段巷道，进风段巷道其中有些是交通要道，人员、车辆或提升容器通过频繁，风门易受损坏，井底车场漏风大，不易管理和控制。

9.3.2　抽出式通风

抽出式通风的矿井主扇安设在回风井口。抽出式主扇的工作使整个矿井通风系统处在低于当地大气压力的负压状态。在回风侧高负压的作用下，用风地点的污风迅速进入回风系统，污风不易扩散。

与压入式通风比较，抽出式通风由于使整个通风系统都处于负压状态，所以，对于有自燃发火、瓦斯等危险的矿井，具有防止一旦停风时瓦斯等有毒有害气体大量涌出的作用。同时，风流的调节控制设施均安设在回风巷道，不妨碍行人、运输，管理方便。但不利于控制采空区、煤矿老窑等地点的有毒有害气体外逸而污染矿井空气。

9.3.3　混合式通风

主扇风机压抽混合式通风要在进风井口设一台风机作压入式工作，回风井口设一台风机作抽出式工作。通风系统的进风部分处于正压状态，回风部分处于负压状态。这种通风方式兼有压入式和抽出式两种通风方式的优点，是提高矿井通风效果的重要途径。但混合式通风所需通风设备较多，通风动力消耗也大，管理复杂。

选择主扇风机的工作方式时，地表有无塌陷区或其他难以隔离的通路，即产生漏风的因素十分重要，对于开采无地表塌陷区或虽有塌陷区但可以采取充填、密闭等措施，能够保持回风巷道有严密性的矿井，应采用抽出式或以抽出式为主的混合式通风。对于开采有地表塌陷区，而且回风道与采空区之间不易隔绝的矿井，应采用压入式或以压入式为主的压抽混合式的风机工作方式进行矿井通风。

9.4　主扇风机的安装

主扇风机可安装在地表，也可安装在井下，一般安装在地表。

主扇风机安装在地表的主要优点是：安装、检修、维护管理都比较方便。井下发生灾变事故时，地表风机比较安全可靠，不易受到损害。井下发生火灾时，便于采取停风、反风或控制风量等通风措施。其缺点是：井口密闭、反风装置和风硐的短路漏风较大。当矿井较深，工作面距主扇较远时，沿途漏风量大。在地形条件复杂的情况下，安装、建筑费用较高，并且安全上受到威胁。

主扇风机安装在矿井下，主扇装置的漏风少，风机距工作面近，沿途漏风也少。可同时利用较多井巷进风或回风，可降低通风阻力。但其风机安装、检查、管理不方便。且易受井下灾害所破坏。所以，矿井主扇风机一般安装在地表。

10 矿井通风设计

矿井通风系统的设计是矿井设计的一个重要组成部分。通风设计的好坏关系到矿井在整个服务年限内的生产、效率及安全状况。对于新建矿井，在进行开拓、开采设计的同时，必须进行通风设计。生产矿井在扩建和水平延深时也要进行通风设计，以适应开拓和开采的需要，满足整个开采年限内各个时期的通风要求，保证各个时期的合理通风。

10.1 矿井通风设计的原则及主要内容

矿井通风设计分为新建矿井与改造或扩建矿井的通风设计。

新建矿井的通风设计，既要考虑矿井前期生产的需要，又要考虑矿井长远发展与改扩建的可能。对于改建或扩建矿井的通风设计，必须对矿井原有的生产与通风现状做出详细的调研，分析通风存在的问题及对改扩建的要求，考虑矿井生产的特点，充分利用原有的井巷与通风设备，提出更完善、经济、安全可靠的通风设计。

10.1.1 矿井通风系统设计依据

(1) 矿区气象资料：常年风向，历年气温最高月、气温最低月的平均温度，月平均气压。

(2) 矿区恒温带温度，地温梯度，进风井口、回风井口及井底气温。

(3) 矿区降雨量、最高洪水位、涌水量、地下水文资料。

(4) 井田地质、地形，矿区有无老窑及其存在地点和存在情形等。

(5) 矿井设计生产能力及服务年限，矿井各个水平服务年限，各采区的储量和产量分布、生产规模。

(6) 矿井开拓方式及采区巷道布置，采掘工作面的比例，生产和备用工作面个数，井下同时工作的最多人数，同时爆破的最多炸药量。

（7）主、副井及风井的井口标高。

（8）矿井各水平的生产能力及服务年限，采区及工作面的生产能力。

（9）矿井巷道断面图册。

（10）矿井技术经济参数及相邻矿区、矿井的经验数据或统计资料等。

煤矿矿井的通风设计还要提供以下资料：

（1）煤层的瓦斯风化带垂深，各煤层瓦斯含量、瓦斯压力及梯度等。

（2）煤层自然发火倾向，发火周期。

（3）煤尘的爆炸危险性及爆炸指数。

10.1.2　矿井通风设计的步骤及主要内容

一个完整的矿井通风系统设计应包括以下内容：

（1）拟定矿井通风系统，绘制通风系统图。对影响通风设计的自然因素进行必要的概述，提出矿井通风系统可行方案，进行技术经济比较，选择最佳通风系统，并论证其合理性。

（2）计算、分配矿井总需风量。根据矿井设计规范规定，按照回采、掘进、硐室及其他地点的实际需风量进行计算，同时按照井下同时工作的最多人数每人每分钟供给风量不得小于 $4m^3$ 进行验算。

（3）计算通风系统总阻力。

（4）矿井总负压计算。服务年限较短的矿井，应选出全矿井通风容易和通风困难两个时期通风网络计算最小和最大通风负压；如服务年限较长的大型矿井，应选择计算达到设计产量和通风机最大使用年限期内通风容易和通风困难两个时期的最小和最大负压，并将计算结果列入负压计算总表。

（5）选择矿井通风设备。根据矿井初、后期及达产时的矿井总需风量和总负压（如多风井抽风，每个回风井应单独计算），选择矿井通风设备。

（6）计算矿井通风等积孔，评价矿井通风系统。

（7）概算通风费用。

（8）绘制矿井通风系统图。

（9）编写说明书。

10.2　拟定矿井通风系统

矿井通风系统建立在矿井开拓系统基础之上。因此，确定开拓系统方案时，必须同时确定相应的通风系统方案，以便全面进行方案的经济技术比较，确定经济、安全可靠的矿井通风系统方案。

10.2.1　拟定矿井通风系统的原则

影响矿井通风系统选择的因素较多，应重点考虑起决定作用的主要因素，同时注意其他因素，进行全面分析，选定比较合理的通风系统。选择和拟定通风系统时要满足下列要求：

（1）应满足矿井基建工程量最小，投产较快，经济合理，安全可靠的基本要求。

（2）进风井口要避免受有害气体和粉尘的侵入，以免污染进入矿井的风流。

（3）每一矿井必须有完整的独立通风系统。

（4）如果用箕斗井或胶带输送机斜井兼作进风井，必须有可靠的防降尘措施，保证风流质量。

（5）如用箕斗井兼作回风井，井上下装卸载装置和井塔都必须有完善的封闭设施，其漏风率不得超过15%，并应有可靠的降尘设施。

（6）每一生产水平和每一采区都必须有独立的回风道，实行分区通风。

（7）井下火药库、大型充电硐室、破碎硐室等必须设有单独回风道。

（8）主扇应有反风装置，并保证10min内实现矿井风流反向。

总之，选择矿井通风系统时，应根据矿山特点，提出几个技术上可行，经济上较合理的方案，经过综合比较，选择安全可靠的矿井通风系统。

10.2.2 绘制矿井通风系统图

通风系统图是根据矿井开拓、采区巷道布置及矿井的通风系统绘制而成，它主要反映通风系统中各通风巷道的空间关系及通风参数。在通风系统图中应包括下列内容：

（1）矿井通风系统的风流路线、风流方向、风速、风量。

（2）各巷道、硐室、工作面的名称、断面形状、几何尺寸、风量值与阻力值。

（3）通风构筑物和安全设施所在位置。

10.3 矿井需风量计算

矿井总需风量计算是矿井通风设计的一个极其重要的内容，是计算矿井通风阻力和选择通风设备基本参数的基础。

全矿井总需风量可按下式计算：

$$Q_t = K(\Sigma Q_h + \Sigma Q_b + \Sigma Q_j + \Sigma Q_d + \Sigma Q_q) \tag{10-1}$$

式中 Q_t——矿井总风量，m^3/s；

ΣQ_h——回采工作面需风量的总和，m^3/s；

ΣQ_b——备用工作面需风量的总和，m^3/s；

ΣQ_j——掘进工作面需风量的总和，m^3/s；

ΣQ_d——独立通风硐室需风量的总和，m^3/s；

ΣQ_q——矿井除采、掘硐室以外的其他巷道需风量的总和，m^3/s；

K——矿井风量备用系数（抽出式通风取 1.15～1.20，压入式通风取 1.25～1.3）。

根据金属、非金属及煤炭开采矿井通风特点，尤其是工作地点需风量的差异，结合两类矿井生产的实际，为了区别掌握，按金属、非金属矿山和煤矿矿井分别介绍全矿井需风量的计算方法。

10.3.1 煤矿矿井总需风量计算

根据矿井总需风量的计算公式（10-1），分别计算各用风地点需风量。

10.3.1.1 回采工作面需风量的计算

在煤矿，每个回采工作面实际需风量，应按瓦斯、二氧化碳涌出量、爆破后的有害气体产生量以及工作面气温、风速和人数等规定分别进行计算，然后取其最大值作为回采工作面的风量。回采工作面有串联通风时，按其中一个回采工作面实际需要的最大风量计算。

A 按瓦斯或二氧化碳涌出量计算

根据煤矿瓦斯或二氧化碳含量情况，回采工作面的需风量的计算有下列几种方法。

（1）对于高瓦斯或高二氧化碳矿井，根据《煤矿安全规程》规定，回采工作面回风巷风流中瓦斯浓度不得超过1%的要求计算。即

$$Q_{hi} = 100 \cdot q_{hi} \cdot K_i \tag{10-2}$$

式中 Q_{hi}——第 i 个回采工作面实际需要风量，m^3/s；

q_{hi}——该回采工作面回风巷风流中瓦斯或二氧化碳的平均绝对涌出量，m^3/s。在生产矿井，该值应从实测中求得，在新设计矿井中可根据邻近条件相似的生产矿井有关数据选取；

K_i——该回采工作面的瓦斯涌出不均衡系数，是指在正常生产条件下，该回采工作面回风巷风流中瓦斯或二氧化碳最大绝对涌出量与平均绝对涌出量之比，该值应从实测和统计中得出，一般可取1.2～2.1。

（2）对于工作面布置有专用排瓦斯巷道的回采工作面，其风量用以下公式计算：

$$Q_{hi} = Q'_{hi} + Q_{hwi} \tag{10-3}$$

$$Q_{hwi} = \frac{q_{CH_4}}{2.5\%} \cdot K_i \tag{10-4}$$

式中 Q_{hi}——第 i 个回采工作面实际需要风量，m^3/s；

Q'_{hi}——回采工作面需要风量，m^3/s；

Q_{hwi}——第 i 个回采工作面排瓦斯巷道实际需要风量，m^3/s；

q_{CH_4}——工作面尾巷风排瓦斯或二氧化碳的量，m^3/s。

（3）对于低瓦斯矿井，采煤工作面可根据气象条件，采用以下公式进行需风量的计算：

$$Q_h = Q_f \cdot K_h \cdot K_l \cdot K_t \tag{10-5}$$

式中 Q_f——不同采煤方法工作面所需的基本风量，m^3/s；

$Q_f = L_{(工作面控顶距)} \times M_{(工作面实际采高)} \times 70\% \times v_{(适宜风速)}$；

K_h——回采工作面采高调整系数；

K_l——回采工作面长度调整系数；

K_t——回采工作面温度与对应风速调整系数。

回采工作面风量计算调整系数详见表 10-1 ~ 表 10-3。

表 10-1 回采工作面采高调整系数 K_h

采高/m	<2.0	2.0 ~ 2.5	2.5 ~ 5.0 及放顶煤工作面
系数 K_h	1.0	1.1	1.5

表 10-2 回采工作面长度调整系数 K_l

工作面长度/m	80 ~ 150	150 ~ 200	>200
系数 K_l	1.0	1.0 ~ 1.3	1.3 ~ 1.5

表 10-3 回采工作面温度与对应风速调整系数 K_t

工作面空气温度/℃	回采工作面风速/$m \cdot s^{-1}$	配风调整系数 K_t
<20	1.0	1.00
20 ~ 23	1.0 ~ 1.5	1.00 ~ 1.10
23 ~ 26	1.5 ~ 1.8	1.10 ~ 1.25
26 ~ 28	1.8 ~ 2.5	1.25 ~ 1.40
28 ~ 30	2.5 ~ 3.0	1.40 ~ 1.60

B 按工作面气温与风速的关系计算

回采工作面应有良好的气候条件，其气温与风速的关系应符合表 10-3 的要求。因此，第 i 个回采工作面所需风量按下式计算：

$$Q_{hi} = 60 \cdot v_i \cdot S_i \tag{10-6}$$

式中 v_i——采煤工作面风速，m/s；

S_i——采煤工作面平均断面面积，m^2。

C 按回采工作面同时作业最多人数计算需风量

以人数为单位，按每人每分钟供给不小于 $4m^3$ 的规定风量供风。按下式计算：

$$Q_{hi} = 4 \cdot N_i \tag{10-7}$$

式中 N_i——回采工作面同时作业最多人数，人。

D 按炸药爆破量计算

以一次炸药爆破量为计算单位的供风标准计算工作面需要供给的风量，按下式计算：

$$Q_{hi} = 25 \cdot A_i \tag{10-8}$$

式中 A_i——第 i 个回采工作面一次爆破炸药量，kg。

E 按风速进行验算

根据《煤矿安全规程》规定，回采工作面最低风速为 0.25m/s，最高风速为 4m/s 的要求进行验算。即每个回采工作面的风量 Q_{hi} 为：

$$Q_{hi} \geqslant 0.25 \times 60 \times S_i \tag{10-9}$$

$$Q_{hi} \leqslant 4 \times 60 \times S_i \tag{10-10}$$

式中 S_i——采煤工作面平均断面面积，m^2。

10.3.1.2 备用回采工作面风量

备用回采工作面应满足瓦斯、二氧化碳、气温等规定的风量，且最少不低于采煤工作面的实际需风量的50%。

$$Q_{bi} \geqslant \frac{1}{2} Q_{hi} \tag{10-11}$$

用以上方法对采区内每个独立通风的回采工作面进行需风量计算，选择最大值作为每个回采工作面所需风量，把这些风量和采区内独立通风的备用工作面所需风量累加起来，就是采区内回采工作面和备用工作面所需的总风量。

10.3.1.3 掘进工作面需风量的计算

A 按瓦斯或二氧化碳涌出量计算

根据《煤矿安全规程》规定，掘进工作面回风流中瓦斯浓度不

超过 1% 的要求计算。即

$$Q_{ji} = 100 \cdot q_{ji} \cdot K_i \tag{10-12}$$

式中 Q_{ji}——第 i 个掘进工作面实际需要风量，m^3/s；

q_{ji}——掘进工作面回风巷风流中瓦斯或二氧化碳的绝对涌出量，m^3/s；

K_i——掘进工作面的瓦斯涌出不均衡系数，该值应从实测和统计中得出，一般可取 1.5 ~ 2.0。

B 按掘进工作面同时作业最多人数计算需风量

以人数为单位，按每人每分钟供给不小于 $4m^3$ 的规定风量供风。按下式计算：

$$Q_{ji} = 4 \cdot N_i \tag{10-13}$$

式中 N_i——掘进工作面同时作业人数。

C 按炸药爆破量计算

以一次炸药爆破量为计算单位的供风标准计算掘进工作面需要供给的风量，按下式计算：

$$Q_{ji} = 25 \cdot A_i \tag{10-14}$$

式中 A_i——第 i 个掘进工作面一次爆破炸药量，kg。

D 按局扇的吸风量计算

$$Q_{ji} = Q_{fi} \cdot I_i \tag{10-15}$$

式中 Q_{fi}——第 i 个掘进工作面局扇的吸风量，m^3/s；

I_i——掘进工作面同时运转的局扇台数，台。

E 按风速进行验算

根据《煤矿安全规程》规定，岩巷掘进工作面风速不得低于 0.15m/s 的规定，掘进工作面风量应满足以下条件：

$$Q_{ji} \geqslant 0.15 \times 60 \times S_i \tag{10-16}$$

煤巷、半煤岩掘进工作面风速不得低于 0.25m/s 的要求，其风量应满足以下要求：

$$Q_{ji} \geqslant 0.25 \times 60 \times S_i \tag{10-17}$$

式中 S_i——掘进工作面平均断面面积，m^2。

用以上方法对掘进工作面需风量计算后，从中取满足通风要求的最大值作为掘进工作面需风量。

10.3.1.4 硐室需风量的计算

硐室需风量应按矿井各个独立通风硐室实际需风量的总和计算：

$$\Sigma Q_d = Q_{d1} + Q_{d2} + Q_{d3} + \cdots + Q_{dn} \tag{10-18}$$

式中 ΣQ_d——所有独立通风硐室需风量总和，m^3/s；

$Q_{d1}, Q_{d2}, \cdots, Q_{dn}$——不同独立通风硐室需风量，$m^3/s$。

A 发热量大的机电硐室需风量

发热量大的机电硐室如水泵房、中央变电所、压气机房等，其风量的供给以能实现硐室降温为目的。硐室内机电设备运行产生的热使硐室进、回风产生温差，这项温差所反映的室内风流所吸收的热量应和机电设备运行的发热量相等。即

$$3600Q_{dj} \cdot \rho \cdot C_p \cdot \Delta t = A \cdot N_t \cdot \theta$$

或

$$Q_{dj} = \frac{A \cdot N_t \cdot \theta}{3600\rho \cdot C_p \cdot \Delta t} \tag{10-19}$$

式中 Q_{dj}——独立通风硐室需风量，m^3/s；

A——一个 kW · h 的电量变为热量的当量，$A = 3600 kJ/kW \cdot h$；

N_t——硐室中机电设备运转的总功率，kW；

θ——硐室中机电设备运转的发热系数，一般从实测中得出，水泵房取 0.02 ~ 0.04，压气机房取 0.20 ~ 0.23；

C_p——空气的定压比热，一般取 1.0006kJ/kg · K；

Δt——硐室进、回风温差，K。

B 爆炸材料库需风量

按《煤矿安全规程》关于爆炸材料库需风量的规定，井下爆炸材料库配风必须保证每小时能有其总容积 4 倍的供风量。即

$$Q_k = 4V/60 \tag{10-20}$$

式中 Q_k——爆炸材料库需风量，m^3/min；

V——爆炸材料库体积，m^3。

一般情况下，大型爆炸材料库 $Q_k = 100 \sim 150 m^3/min$；中小型爆炸材料库 $Q_k = 60 \sim 100 m^3/min$。

C 其他硐室需风量

采区绞车房一般为 $60 \sim 80 m^3/min$；

采区变电所一般为 $60 \sim 80 m^3/min$；

充电硐室应按其回风流中氢气浓度小于 0.5% 计算，一般为 $100 \sim 200 m^3/min$；

将计算出的各个独立通风硐室需风量加起来，即为硐室总需风量。

10.3.1.5 其他巷道需风量

井下其他巷道的需风量应根据巷道的瓦斯涌出量和风速分别进行计算，并取其最大值作为巷道需风量，并按矿井各个其他巷道需风量的综合计算作为矿井其他巷道总需风量：

$$\Sigma Q_q = Q_{q1} + Q_{q2} + Q_{q3} + \cdots + Q_{qn} \tag{10-21}$$

式中 ΣQ_q——所有其他巷道通风需风量总和，m^3/s；

$Q_{q1}, Q_{q2}, \cdots, Q_{qn}$——各其他巷道通风需风量，$m^3/s$。

A 按瓦斯涌出量计算

$$Q_{qi} = 100 \cdot q_{qi} \cdot K_i \tag{10-22}$$

式中 Q_{qi}——第 i 个其他井巷需风量，m^3/s；

q_{qi}——第 i 个其他井巷中瓦斯或二氧化碳的最大绝对涌出量，m^3/s；

K_i——瓦斯涌出不均衡系数，一般取 1.2 ~ 1.3。

B 按其风速验算

其他巷道中风速不低于 0.15m/s 的要求进行风量验算：

$$Q_{qi} > 60 \times 0.15 S_{qi} \tag{10-23}$$

架线电机车巷道中的风速不低于 1.0m/s 的要求进行风量验算：

$$Q_{qi} > 60 \times 1.0 S_{qi} \tag{10-24}$$

式中 S_{qi}——第 i 个其他井巷断面面积，m^2。

将以上计算所得的回采、掘进工作面、硐室及其他井巷需风量的值累加起来，就得到矿井总需风量。

10.3.2 金属矿山总需风量计算

根据矿井总需风量的计算公式（10-1），分别计算各用风地点需风量，然后求其总和，即为矿井的总需风量。

10.3.2.1 回采工作面需风量的计算

不同的采矿方法，其采场结构不同；不同的爆破形式，爆破后通风要求不同。所以，回采工作面的需风量要求不尽相同，为确保回采工作面的通风安全，需要根据爆破后排烟和凿岩、出矿时排尘分别计算，然后取其最大值作为该回采工作面的需风量。

在回采过程中，爆破工作根据一次爆破炸药量的多少可分为浅孔爆破和大爆破两种工艺，实际工作中需要根据工作面采矿方法及工艺特点，针对浅孔爆破和大爆破两种情况区别计算采场工作面需风量。

A 浅孔爆破回采工作面所需风量的计算

采场形式不同，采场中风流结构和排烟过程也不同。根据风流结构的不同，将回采工作面划分为巷道型与硐室型两类。

a 巷道型回采工作面的风量计算

巷道型回采工作面指的是采场工作面横断面与采场进风巷道横断面相差不大，并利用贯穿风流通风的采场。属于这类采场的有开采薄矿脉的充填法、空场法、留矿法、长壁法以及有贯穿风流通风的分层崩落法等采场。

如图 10-1 所示，巷道型回采工作面采场的通风过程可利用“紊流变形”作用加以分析。风流进入采场后，由于风速分布的不均匀，使工作面的炮烟出现逐渐伸长的炮烟波，并使回采工作面任一断面上的炮烟平均浓度，随着通风时间的延长而逐渐降低，当采场出口断面上的炮烟平均浓度降到安全规程规定的允许浓度以下时，就认为整个工作面通风完好。

根据“紊流变形”理论和实验研究结果，得出空气交换系数 I 与爆破炸药量 A、炮烟污染的巷道体积 V 之间的关系如下：

$$I = N\sqrt{\frac{A}{V}} \tag{10-25}$$

空气交换系数 I：

$$I = \frac{Q_h \cdot t}{V} \tag{10-26}$$

式中　Q_h——回采工作面风量，m^3/s；

t——回采工作面通风时间，一般为 20 ~ 40min；

A——一次爆破的炸药量，kg；

N——实验系数，22.5；

V——炮烟污染的巷道体积，$V = L_0 \times S$，m^3；

L_0——采场长度的一半，m；

S——回采工作面横断面面积，m^2。

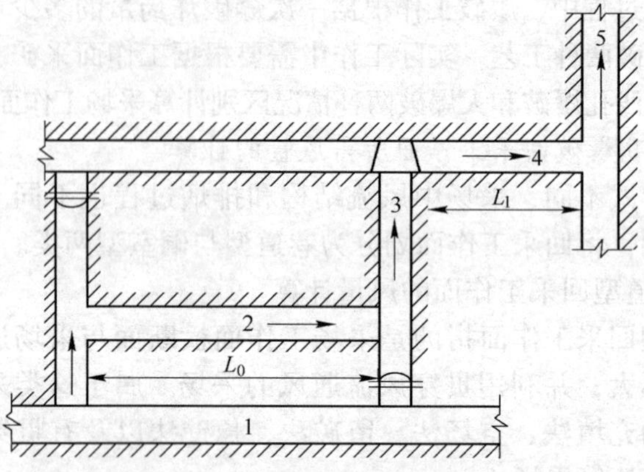

图 10-1　巷道型回采工作面

1—运输平巷；2—采场；3—回风天井；4—回风平巷；5—回风井

整理式（10-25）、式（10-26）两式可得：

$$Q_h = \frac{25.5}{t}\sqrt{AL_0S} \tag{10-27}$$

式（10-27）即为巷道型回采工作面的风量计算公式。

b　硐室型回采工作面的风量计算

硐室型回采工作面是指采场进风巷道横断面与回采工作面横断面相差较大，并利用贯穿风流通风的采场。属于这种类型的采场有开采中厚以上矿体的空场法、全面法、房柱法、充填法等的采场。

如图 10-2 所示，这类采场回采工作面的通风过程可用“紊流扩散”作用加以说明。新鲜风流进入硐室型回采工作面后，由于紊流射流的扩散作用，它与炮烟介质发生强烈的质量交换，使硐室中的炮烟与新鲜风流相混合而被排出。设爆破后炮烟充斥回采工作面的空间容积为 V，硐室型工作面空间内炮烟的平均浓度为 C，进入工作面的风量为 Q_h，硐室出口炮烟的平均浓度为 C'，在 dt 时间内由硐室中排出的炮烟体积为 dV_1，即

$$dV_1 = Q_h \cdot dt \cdot C' \tag{10-28}$$

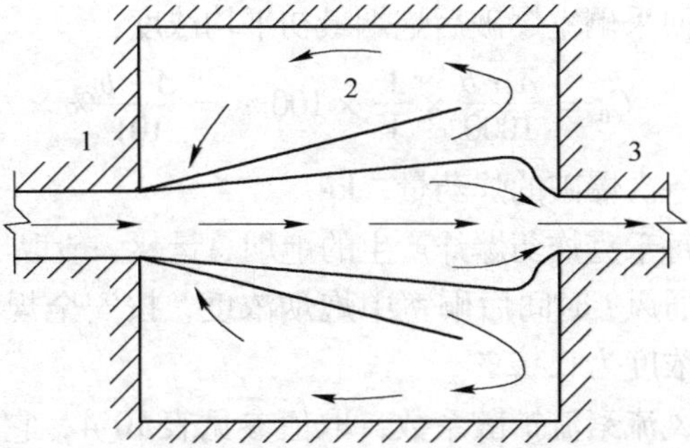

图 10-2 硐室型回采工作面
1—进风巷；2—硐室采场；3—回风巷

设硐室出口断面上炮烟平均浓度与硐室内炮烟平均浓度之比值为紊流扩散系数 K_t，即

$$K_t = C'/C \tag{10-29}$$

将式（10-29）代入式（10-28），可得

$$dV_1 = Q_h \cdot dt \cdot K_t \cdot C \tag{10-30}$$

在同一时间内，由于从硐室中排出了体积为 dV_1 的炮烟量，硐室中的炮烟量必然减少，减少的炮烟体积设为 dV_2，硐室中炮烟浓度降低 dC，则

$$dV_2 = VdC \tag{10-31}$$

根据质量守恒定律,被排出的炮烟量应等于硐室中炮烟减少量,即

$$dV_1 = -dV_2$$

则有
$$Q_h \cdot dt \cdot K_t \cdot C = -VdC$$

可得
$$\frac{Q_{\mathrm{h}} \cdot \mathrm{d}t \cdot K_{\mathrm{t}}}{V} = -\frac{\mathrm{d}C}{C} \tag{10-32}$$

对上式积分，可得

$$\int_0^t \frac{Q_{\mathrm{h}} \cdot K_{\mathrm{t}}}{V}\mathrm{d}t = \int_{C_0}^{C} -\frac{\mathrm{d}C}{C} \Rightarrow \frac{Q_{\mathrm{h}} \cdot K_{\mathrm{t}}}{V} \cdot t = \ln\frac{C_0}{C}$$

则得
$$Q_{\mathrm{h}} = \frac{V}{K_{\mathrm{t}} \cdot t} - \ln\frac{C_0}{C} \tag{10-33}$$

或
$$Q_{\mathrm{h}} = 2.3\frac{V}{K_t \cdot t}\lg\frac{C_0}{C} \tag{10-34}$$

式中　C_0——回采硐室爆破后炮烟最初平均浓度：

$$C_0 = \frac{A \cdot b}{1000} \times \frac{1}{V} \times 100\% = \frac{A \cdot b}{10V}\%$$

A——一次爆破的炸药量，kg；

b——每千克炸药爆炸产生的炮烟总量，一般取100L/kg；

C——通风t时间后硐室中炮烟浓度，按安全规程规定其允许浓度为0.02%；

K_{t}——风流紊流扩散系数，取值参见表10-4，它决定于硐室与其进风巷道的形状及位置关系。当硐室有多个进、排风口时，其值取0.8～1.0；

t——通风时间，一般为20～40min。

表10-4　紊流扩散系数

圆形射流		扁平形射流	
$\frac{aL}{\sqrt{S}}$	K_{t}	$\frac{aL}{b}$	K_{t}
0.420	0.335	0.600	0.192
0.554	0.395	0.700	0.334
0.605	0.460	0.760	0.250
0.750	0.529	1.040	0.318
0.945	0.600	1.480	0.400
1.240	0.672	2.280	0.496
1.680	0.744	4.000	0.604
2.420	0.810	8.900	0.720

$$Q_h = \frac{40.3}{t}\sqrt{\chi AV} \tag{10-37}$$

式中 Q_h——回采工作面风量，m^3/s；

t——回采工作面通风时间，s，一般取 7200～14400s；

χ——炮烟涌出系数，参见表 10-6；

A——一次爆破的炸药量，kg；

V——炮烟污染的巷道体积，$V = V_1 + \chi Ab$，m^3；

V_1——排风侧巷道容积，m^3；

b——每千克炸药爆炸产生的炮烟总量，一般取 90L/kg。

表 10-6 炮烟涌出系数 χ

采矿方法	采落矿石与崩落区接触面的数目	炮烟涌出系数 χ
“封闭扇形”中段崩落法	顶部和 1 个侧面	0.193
	顶部和 2～3 个侧面	0.155
阶段强制崩落法	顶部	0.157
	顶部和 1 个侧面	0.125
	顶部和 2～3 个侧面	0.115
空场处理：		
表土下或表土下 1～2 个阶段		0.095
若干个阶段以下		0.124
房柱法深孔落矿		
$V/A<3$		0.175
$V/A=3\sim10$		0.250
$V/A>3$		0.300

b 大爆破后放矿时期风量计算

（1）按排烟计算。在大爆破后放矿时期排出的炮烟有两个来源：一是从矿石堆析出的炮烟，另一是二次爆破生成的炮烟，而后者往往是主要的。故计算排除这些炮烟时，可按二次爆破炸药量，并稍许加大即可。风量计算可用下式计算：

$$Q_h = \frac{25.5}{t}\sqrt{AL_B S_B} \tag{10-38}$$

式中 Q_h——工作面风量，m^3/s；

t——二次爆破后的通风时间，一般取300s；

A——二次爆破的炸药量，kg；

L_B——耙矿巷道长度的一半，m；

S_B——耙矿巷道横断面面积，m^2。

（2）按排尘计算。按排尘计算风量的方法同前，可按式(10-35)计算。

大爆破作业多安排在周末或节假日进行，通常采用适当延长通风时间和临时调节风流，加大爆破区通风量的方法。为了加速大爆破后的通风过程，在爆破前对爆破区的通风路线要作适当调整，尽量缩小炮烟污染范围。

在矿井通风设计中，对矿井总风量的计算可不包括大爆破时所需要的风量，只按正常作业所需要的风量计算即可。

10.3.2.2 掘进工作面需风量的计算

掘进工作面包括开拓、采准和切割工作面。各工作面的风量可按局部通风的风量方法计算，再考虑局部通风装置的漏风，求其总和 ΣQ_j。

矿井设计中，掘进工作面的分布及数量只能根据采掘比大致确定，所以其风量可根据巷道断面按表10-7选取，而对于某一具体掘进工程进行通风设计时，须采用局部通风风量计算方法进行计算。

表10-7 掘进工作面风量参考值

掘进巷道断面面积/m^2	掘进工作面风量/$m^3 \cdot s^{-1}$
<5.0	1.0~1.5
5.0~9.0	1.2~2.5
>9.0	2.5~3.5

10.3.2.3 硐室需风量计算

井下要求独立风流通风的硐室如炸药库、压气机硐室、蓄电机车充电硐室、中央变电室、破碎硐室、主溜井卸矿硐室等，必须进行风量计算，并计入矿井总风量中。

（1）井下炸药库。安全规程规定，井下炸药库要求独立通风，按火药库内空气每小时须换气4次计算，即

$$Q = 4V/3600 \tag{10-39}$$

式中 Q——炸药库需风量，m^3/s；

V——包括联络巷在内的炸药库空间总体积，m^3。

一般进行矿井设计时，按经验数值选取：大型炸药库的风量 1.5～$2m^3/s$；中小型炸药库的需风量一般取 1～$1.5m^3/s$。

（2）充电硐室。充电硐室要求独立通风，其目的是将充电过程产生的氢气量冲淡到允许浓度 0.5% 以下。

充电硐室氢气产生量按下式计算：

$$q = 0.000627\frac{101.3}{p_1}\times\frac{273+t}{273}(I_1a_1 + I_2a_2 + I_3a_3 + \cdots + I_nA_n) \tag{10-40}$$

式中 q——氢气产生量，m^3/h；

0.000627——1A 电流通过一个电池每小时产生的氢气量，m^3；

p_1——充电硐室的气压，kPa；

t——硐室内空气温度，℃；

$I_1, I_2, \cdots, I_n$——对应各电池的充电电流，A；

$a_1, a_2, \cdots, a_n$——蓄电瓶内电池数。

充电硐室需风量按下式计算：

$$Q = \frac{q}{0.005\times 3600} \tag{10-41}$$

式中 Q——充电硐室需风量，m^3/s。

（3）压气机硐室需风量。压气硐室内空气压缩机的运转，致使润滑油温升高，润滑油因高温分解，形成油蒸汽及一氧化碳、沼气等有害气体，同时，由于空气压缩的机械运动，导致硐室环境温度升高，为此需对硐室进行独立通风。压气机硐室的风量按下式计算：

$$Q = 0.04\Sigma N \tag{10-42}$$

式中 Q——压气硐室需风量，m^3/s；

ΣN——硐室内所有电动机的功率总和，kW。

（4）中央变电室、绞车房、中央水泵房需风量。中央变电室、绞车房、中央水泵房等硐室的风量按下式计算：

$$Q = 0.08\Sigma N \tag{10-43}$$

式中　Q——中央变电室、绞车房、中央水泵房等硐室需风量，m^3/s；

ΣN——硐室内所有电动机的功率总和，kW。

（5）井下破碎硐室需风量。井下破碎硐室所需风量可按换气量计算。根据硐室的温度、湿度和粉尘含量等因素综合考虑，硐室内每小时换气4~6次，通风效果良好。如果无除尘设施或除尘设备不完善，则每小时换气次数可适当增多。若硐室内气候条件较好、除尘设施完善，则每小时换气次数可适当减少。另外，还应考虑所选用的除尘设备计算风量。

（6）装卸矿硐室需风量。装卸矿硐室的需风量一般取1.5~$2m^3/s$。

10.3.2.4　*其他巷道需风量*

如果矿井内还有其他需要独立通风的巷道，根据通风的作用及目的计算出所需风量ΣQ_q。

将以上各项风量计算值累加就是矿井硐室总需风量ΣQ_d。

将以上计算所得的回采ΣQ_h、掘进工作面ΣQ_j、硐室ΣQ_d及其他井巷需风量ΣQ_q以及为确保矿井生产的均衡稳定而设置准备的备用工作面需风量ΣQ_b的值加起来，就得到矿井总需风量。

10.3.3　矿井总风量分配

全矿井总需风量确定后，应按各工作地点实际所需要的风量并考虑漏风系数，进行风量分配，并以此为依据进行通风系统的阻力计算。

10.3.3.1　*矿井风量分配的原则*

（1）回采工作面、掘进工作面的风量应按照计算风量中取最大值进行分配。同时，为保证风流质量应尽量避免各采掘工作面串联通风。

（2）备用工作面风量按回采工作面风量的一半进行分配。

（3）井下炸药库、压气机硐室、蓄电机车充电硐室、中央变电室、破碎硐室、主溜井卸矿硐室等应独立通风，回风流应直接导入总回风道或直通地表，否则必须采取净化措施。

（4）矿井通风系统为多井口进风时，各进风风路的风量，应按风量自然分配的规律进行解算，求出各进风风路自然分配的风量。

（5）一切需风点和有风流通过的井巷中，风流风速需经过验算，其风速必须符合安全规程规定，否则，重新进行风量分配。

10.3.3.2 风量分配方法

通过矿井各井巷的风量，可根据矿井各需风点的风量及其在通风系统中所处的位置以及漏风地点和漏风量来确定。为此必须详细分析矿井的漏风状况，力求使所确定的各巷道风量值接近实际。但因新设计矿井的漏风地点和漏风量难以确切计算，所以，只能概略估计，因此风量分配应根据矿井建设类型区别对待。

（1）新建矿井的风量分配。在新建矿井通风设计中，矿井的漏风地点和漏风量难以确切估计，只能根据经验作概略的估算。即根据矿井主要漏风地点的位置对矿井通风系统的进风段、需风段和回风段的影响，而考虑在需风量的基础上分别乘以风量备用系数的全部、部分或不乘。一般来说压入式通风系统中，主要漏风地点在进风段，抽出式通风系统中，主要漏风地点在回风段。考虑到这种情况，在风量分配时，对于压入式通风系统的进风段，在设计计算的需风量基础上乘以风量备用系数，作为进风段各井巷的分配风量，而在需风段和回风段则可不考虑备用风量，只按设计计算的需风量进行分配即可。抽出式通风系统的回风段，应在设计计算的需风量基础上乘以风量备用系数，作为回风段各巷道分配的风量，而进风段和需风段则可以不考虑备用风量，只按设计计算的需风量进行分配。

进行风量分配时，应将各井巷的风量值一一标注在通风系统图和通风网路示意图上。

（2）改扩建矿井的风量分配。改扩建矿井需要实测矿井漏风地点的漏风量，再按照实测资料和经验确定各地点的漏风量。根据各作业点的需风量和各漏风点的漏风量，依据风量平衡原理，沿通风网路图确定各井巷的分配风量。对于新开拓的水平或阶段，可参照上一水平或阶段的情况，只考虑主要漏风地点进行风量分配。

10.4 矿井通风阻力计算

矿井通风动力提供风流能量用以克服通风阻力实现矿井通风。

恰当的通风动力的选择主要参照矿井通风总阻力。所以，选择矿井主扇风机必须首先计算矿井的通风总阻力。

10.4.1　矿井通风阻力计算的原则

（1）如果矿井的服务年限不长（10～20年），选择达到设计产量后通风容易和通风困难两个时期通风阻力最大的风路，沿着这两条风路，分别计算各段井巷的通风阻力，然后累加起来，便得出这两个时期的矿井通风总阻力 h_{min} 和 h_{max}。据此，所选用的主扇既能满足通风困难时的通风要求，又能做到在通风容易时期经济合理。如矿井服务年限较长（30～50年），则只计算前15～25年左右通风容易和通风困难两个时期的总阻力即可。为此需先绘出这两个时期的通风网路图。

（2）因有外部漏风（指在防爆门和主扇周围的漏风），通过主扇的风量 Q_f 必大于通过总回风井的总风量 Q。依据 Q_f 值计算风硐的通风阻力。

主扇风量 Q_f 因主扇风机的工作方式不同，其与矿井总回风量关系不同。

1）对于主扇抽出式通风，用下式计算：

$$Q_f = (1.05 \sim 1.10)Q \tag{10-44}$$

式中　1.05、1.10——抽出式通风矿井的外部漏风系数，抽出式回风井无提升运输任务时取1.05，有提升运输任务时取1.10。

2）对于主扇压入式通风，用下式计算：

$$Q_f = (1.10 \sim 1.15)Q \tag{10-45}$$

式中　1.10、1.15——压入式通风矿井的外部漏风系数。压入式进风井巷无提升运输任务时取1.10，有提升运输任务时取1.15。

（3）为了减少矿井外部漏风和主扇风机运转费用，避免主扇风机选型太大，使购置、运输、安装、维修等费用加大，需控制矿井通风总阻力 h_{max} 不能太大，一般不超过3500Pa，否则，需对某些局部巷道采取降低风阻的措施。

（4）要先分析整个通风网络中自然分配风量和按需分配风量的区段，分别按这两种分配风量的方法计算各区段的通风阻力。

10.4.2　矿井通风阻力计算方法

如图 10-3 所示，在进行阻力计算之前，首先在通风系统图上将选定的通风困难时期和通风容易时期的路线从进风口到回风口依次逐段编号并绘出通风系统图，图中 1-2、2-3、3-4′、4′-5′…12-13 为矿井通风容易时期通风路线，1-2、2-3、3-4、4-5…12-13 为矿井通风困难时期通风路线，然后沿选定的路线按摩擦阻力计算公式分段计算摩擦阻力，其总和即为总摩擦阻力。

通常，在矿井设计中，为便于参数调整，将计算出的各相关数值填在表 10-8 中。

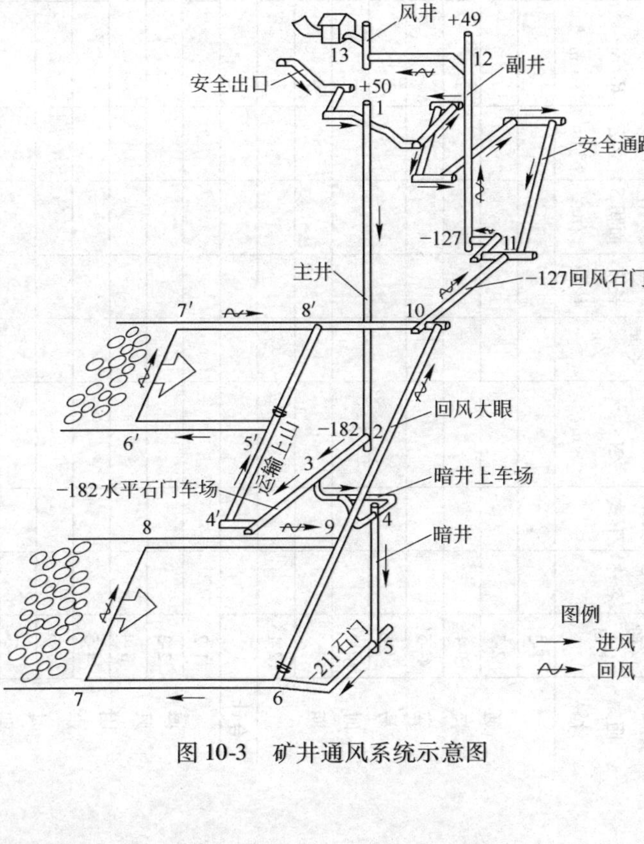

图 10-3　矿井通风系统示意图

表 10-8 井巷通风阻力计算表

通风不同时期阻力计算	井巷区段序号	井巷名称	支架形式	摩擦阻力系数 a /N·s^2·m^{-4}	巷道长度 L/m	巷道周界长度 U/m	巷道断面面积 S /m^2	断面面积立方 S^3/m^6	摩擦风阻 R_f/N·s^2·m^{-8}	巷道风量 Q/m^3·s^{-1}	巷道风量平方 Q^2 /m^6·s^{-2}	摩擦阻力 h_f /Pa	巷道风流风速 v /m·s^{-1}	规程规定允许风速 /m·s^{-1}	巷道风速验证结果
通风容易时期	1-2														
	2-3														
	3-4′														
	4′-5′														
	5′-6′														
	6′-7′														
	⋮														
	12-13														
合计															
通风困难时期	1-2														
	2-3														
	3-4														
	4-5														
	5-6														
	⋮														
	12-13														
合计															

矿井的局部阻力可根据总摩擦阻力进行估算，局部阻力大致等于总摩擦阻力的10%~20%。进行矿井通风总阻力计算时，矿井通风容易时期局部阻力取摩擦阻力的10%，通风困难时期局部阻力取摩擦阻力的20%。

10.5 矿井通风设备选择

矿井通风设备的选择包括主扇风机和电动机的选择。

10.5.1 主扇风机的选择

工程实践中，通常用扇风机的个体特性曲线来选择风机，为此，应首先确定矿井通风容易和通风困难两个时期主扇运转时的工况点，也就是应首先确定矿井通风系统不同时期要求主扇风机提供的风量和风压。

（1）扇风机的风量 Q_f。根据所确定矿井的通风方式、通风方法，依据式（10-44）、式（10-45）计算出矿井通风系统要求风机所提供的风量 Q_f。

（2）扇风机的风压 H_f。扇风机产生的风压不仅用于克服矿井总阻力 h_t，同时还要克服反向的矿井自然风压 h_n、扇风机装置的通风阻力 h_δ 以及风流流到大气的出口动压损失 h_v。所以，扇风机风压按下式计算：

$$H_f = h_t + h_n + h_\delta + h_v \tag{10-46}$$

式中 h_t——矿井总阻力，分别进行通风容易和困难两个时期的阻力值计算，Pa；

h_n——与扇风机通风方向相反的自然风压，Pa；

h_δ——扇风机装置阻力，包括风机风硐、扩散器和消音器的阻力之和，一般取150~200Pa；

h_v——出口动压损失，Pa。

根据矿井通风容易时期和困难时期所计算出的两组风量 Q_f 与风压 H_f 数据，在扇风机个体特性曲线上找出相应的工况点，并要求这两个工况点均能落在某一扇风机特性曲线的合理工作范围内，即效率在 60% 以上，风压在曲线驼峰最高风压的 90% 以下。

根据风机工况点的 H_f 和 Q_f 以及在扇风机特性曲线上查出的相应的效率 η_f，计算扇风机的功率 N_f：

$$N_f = \frac{H_f Q_f}{1000\eta_f} \tag{10-47}$$

10.5.2　电动机的选择

根据矿井通风困难时期主扇风机的工况点参数，计算出电动机的功率 N_e：

$$N_e = k\frac{H_f Q_f}{1000\eta_f \eta_e} \tag{10-48}$$

式中　N_e——电动机的功率，kW；

k——电动机备用系数，轴流式取 1.1 ~ 1.2，离心式取 1.2 ~ 1.3；

η_e——电动机效率，一般取 0.9 ~ 0.95。

H_f，Q_f，η_f——分别为通风困难时期的工况点的风压、风量和效率。

当电动机与扇风机之间不是直接传动而用皮带传动时，式(10-48) 还要除以传动系数 0.95。

根据计算的电动机功率，可在产品目录上选取合适的电动机。

通常在矿井通风设计中，当扇风机功率不大，可选用异步电动机，若功率较大，为了调整电网功率因数，宜选用同步电动机。

10.5.3　矿井通风对主要通风设备的要求

根据矿山安全规程的要求，主要通风设备应符合以下要求：

(1) 矿井主扇风机必须装置两部同等能力的扇风机，其中一套运转，另一台做备用，备用的一台要求在 10min 内能够启动运转。

(2) 矿井的主扇风机作为矿井供电的一级负荷，应有两回路直接由变电所馈出的供电路线，线路上不应分接任何负荷。

(3) 主扇风机要有灵活可靠的反风装置、防爆门等附属装置。

(4) 主扇风机和电动机的机座必须坚固耐用，要设置在不受采动影响的稳定地层上。

10.6　矿井通风费用概算

对矿井通风设计除要求通风系统的安全可靠外，还应考虑它的经济性，其经济性包括通风成本、能量消耗、风量的有效利用等。

在矿井通风费用概算中要求计算出单位产量的通风总费用。其计算方法如下。

10.6.1　矿井通风动力费

（1）主扇风机运转的耗电量

$$I_z = \frac{365 \times 24N}{\eta_e \eta_t \eta_v \eta_f} \tag{10-49}$$

式中　I_z——主扇风机运转的耗电量，kW·h/a；

N——主扇输入功率，kW；

η_e——主扇电动机的效率，可在电动机的技术特征表上查得，一般取0.9～0.95；

η_t——变压器的效率，一般取0.8；

η_v——电线的输电效率，一般取0.95；

η_f——传动功率，直接传动时，取1.0；间接传动时取0.95。

（2）局扇、辅扇风机运转的耗电量

$$I_e = I_j + I_f \tag{10-50}$$

式中　I_e——局扇、辅扇风机运转的耗电量，kW·h/a；

I_j——运转局扇风机的总耗电量，kW·h/a；

I_f——运转辅扇风机的总耗电量，kW·h/a。

（3）单位产量通风动力费

$$W = \frac{T}{(I_z + I_e)P} \tag{10-51}$$

式中　W——单位产量通风动力费，元/t；

T——矿井年产量，t；

P——电价，元/kW·h。

10.6.2　矿井通风其他费用

矿井通风费用除通风动力费外，还包括设施设备折旧费、材料费、工资成本等其他费用，将这些其他费用累加并计算单位产量的费用。矿井通风其他费用主要包括如下项目：

（1）通风设备的折旧费和维修费。折旧费一般是通风设备的服务年限去除购置费、运输费、安装费的总和。

（2）专为通风服务的井巷工程折旧费和维修费。这项费用是用井巷服务年限去除井巷施工费。

（3）通风器材的购置费和维修费。包括掘进通风和通风构筑物用的器材。

（4）通风仪表的购置费和维修费。

（5）通风区队全体人员的工资费。

矿井单位产量的通风动力费与单位产量其他费用之和即为矿井单位产量的通风总费用。

11 矿井通风优化及可靠性评价

矿井通风是一个运用多种技术手段输送、调度空气在井下流动，维护矿井正常生产和劳动安全的动态过程。在生产期间其任务是利用通风动力，以最经济的方式，向井下各用风地点供给质优量足的新鲜空气，保证工作人员的呼吸，稀释并排除瓦斯、粉尘等各种有毒有害物质，降低热害，给井下创造良好的劳动环境。在发生灾变时，能有效、及时地控制风向及风量，并与其他措施结合，防止灾害的扩大，最大限度地减少事故损失。人们将矿井通风系统实现上述任务的综合能力称为矿井通风系统的安全可靠性。

剖析历次矿井重大灾害事故发生及扩大的原因，无不与矿井通风系统有着密切的关系。因此，建立一个既能满足日常生产通风，保证风向稳定、风质合格，又能在灾害时期保持通风设备运行可靠、稳定、能快速实现风流控制的通风系统对于实现资源的安全开采是至关重要的。

11.1 矿井通风系统优化

矿井通风的优化主要是通风系统的优化。选择好矿井通风系统是关系到整个矿井的安全和正常生产的重要问题。它的主要内容就是如何合理选择通风系统及评判通风系统的优劣。

矿井通风系统优化总的原则是系统简单、安全可靠和经济合理。具体应符合如下的一些基本要求：

（1）每个矿井必须有完整的独立通风系统。

（2）矿井进风井口必须布置在不受粉尘、灰土、有害和高温气体浸入的地方。

（3）进、回风井之间和主要进、回风巷道之间的每个联络巷中，必须砌筑永久性挡风墙。

（4）每个生产水平和每个采区都必须布置单独的回风道，实行分区通风，将其回风流直接引入到总回风道或主要回风道中。

（5）矿井主要通风机的工作方式一般应采用抽出式通风。

（6）根据矿井开拓系统选择确定合理的通风系统。

11.2　矿井通风系统可靠性评价

对于确定的矿井通风系统，需对该通风系统的优劣进行适当的评判，根据评判结果对通风系统进行优化改造。评价内容包括确定评价指标、求出各评价指标权值和选择评价方法。

11.2.1　矿井通风系统的评判指标

如图11-1所示，对通风系统优化评定，其指标归纳为三个方面，再细分若干子指标，其中子指标可根据对通风系统分析的要求不同进行增减。

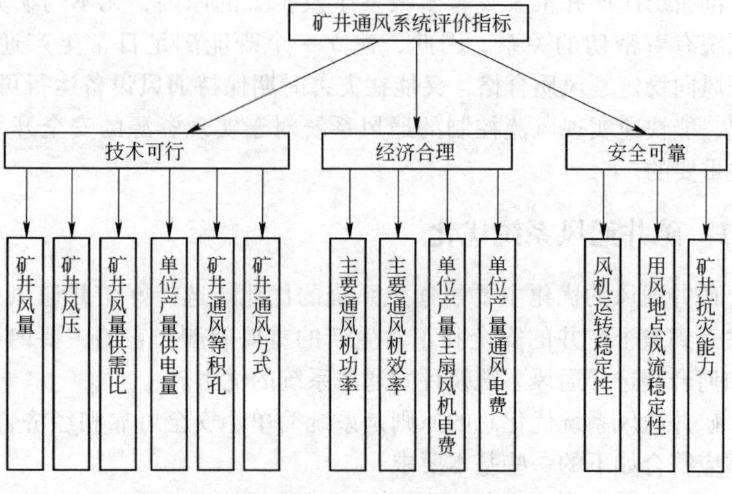

图11-1　矿井通风系统评判指标层次图

11.2.2　矿井通风系统评判指标的权值及其确定

所有评判指标包括定量和定性指标，各自对通风系统影响的重要程度也不相同。为了能确切反映出各评判指标对矿井通风系统影响的重要程度，可对评判指标赋予一定的数量值，表示其对通风系统的重要性程度，这个数量值即“重要性系数”或“权值”。

11.2.2.1 确定指标“权值”的方法

（1）均值法。即由一批有经验的专家，对每个指标的权值评分，再计算出各位专家对每个指标评分的平均值，以此作为每个指标的权值。根据此法变化而来的还有统计值法、改进型专家调查法。这些方法的优点是权值确定直接、简单。其缺点是当评价指标较多时，专家难以把握各指标间的细微差别，因而较难准确地给出指标正确的权值。

（2）按相对重要性排序的矩阵法。即通过对评价对象的所有指标比较分析，对评价指标进行排序，然后作定量转化，最后求出评价指标权值。

目前通风系统众多的评价方法中，为了能从整体上反映通风系统的本质，引入了众多的指标，这些指标的“权值”是不变的。而对于某一具体的通风系统，当其中某一或两个指标的“权值”因特殊情况变得非常重要时，对评价对象的评价结果而言可能出现偏差，其原因是因为评价指标太多，使处于特殊情况下的少数指标的重要度被中和，失去了评价的公正性，所以“权值”应根据时空的改变而变化，在不同条件下取不同的“权值”。变权反映了指标的本质属性，解决了因指标过多而引起的不合理现象。

11.2.2.2 优化通风系统的评判方法

对于用评判指标及其权值评判通风优化方案，常用的有三种评判方法。即多目标决策法、模糊综合评判法和层次分析评判法。

（1）多目标决策法。即利用专家的集体智慧和综合分析能力，以“权值”和“评价值”的形式，对各个通风系统方案的各类指标进行直观判断与分析，计算出每个方案中各个指标的评价值（E_i）和其权值（W_i），再计算出各个指标的积分值（$E_i \times W_i$），最后求和计算出每个方案的总积分值 M_i，选取 M_i 值最高者为最优通风方案。

（2）模糊综合评判法。由于不同的专家对某些指标权值的认定存在一定的模糊性、随机性，而且还涉及心理因素，精确表述较为困难，因此，不同专家给出的权值可能存在较大差异，一般仅给出一个大致的范围和评价模糊语。这样，就可应用模糊数学理论进行综合评定。首先确定各个评判指标的权值，然后计算出每个评判指标在各个方案中的隶属度即 R_{ij}，并建立每个指标的评判矩阵，最后按隶属度大小确定最优方案。

（3）层次分析评判法。即把各个通风方案分解为有序的递阶层次结构，通过对每一层次的比率标度，构成判断矩阵，并计算出其矩阵的最大特征根和相应的特征向量，再计算出每一层次指标对上一层次指标的相对重要性权值和排序，最后根据计算出的层次总排序确定最优方案。

通风系统优化，最重要的是选择能确切反映方案优劣的评判指标，合理确定每个指标在优化方案中的重要程度。

11.2.3　矿井通风系统安全可靠性评价指标体系

矿井通风系统的发展过程一般要经历规划设计、施工、投产运行、改造、衰退老化直至报废终止。因此，它的可靠性首先取决于原始设计数据与计算方法的可靠性。当系统投入运行后，实际井下风量与风质参数的变化可以反映出系统设计阶段预测结果的可靠性以及实际系统运行的稳定性。影响矿井通风系统稳定性的主要因素包括通风网络、通风设施和通风动力装置三大部分。通风网络结构及其通风阻力分布合理性、通风设施质量和布置合理性、通风动力装置（包括主、辅通风机和局部通风机）运行可靠性，是通风系统运行稳定性的基础。

矿井通风防灾救灾系统指为防止矿井重大事故发生及事故范围扩大，减少事故损失和降低人员伤亡程度所建立的安全保障体系。它是保证矿井通风系统安全可靠性的重要措施。

矿井通风安全监测是检查矿井通风效果的必不可少的手段。通过监测可以掌握矿井通风的状况，及时发现存在的问题，以便采取措施，防止灾害发生。

矿井通风监测的内容包括两个方面，一是通风设备和设施的状态参量监测；另一是主要通风参数和气体浓度等数据参量监测。状态参量包括主要通风机、辅助通风机和局部通风机的开停，风门开关状态等判断。数据参量包括 O_2、CO_2、CO、CH_4 和粉尘等浓度、风速、温度、湿度和压力等的测量。

根据矿井通风系统的内涵与所涉及的范围，可以从许多不同的侧面提出反映该系统可靠性的指标。本着“能够确切地反映系统可靠性特征；具有独立明确的物理意义；避免用多种指标反映一个特征；符合科学、可测、可比、简明和可操作”的原则，将通风系统安全可靠性评价指标体系分为三大类。第一类是日常矿井通风系统可靠性 B_1，在计算各项指标权重时，把 O_2、CO_2、CO、CH_4 的最高污染度作为一项指标。第二类是矿井通风防灾救灾系统可靠性 B_2。第三类是矿井安全监测系统可靠性 B_3。为了衡量各指标优劣，将评价等级分为“合格 A、基本合格 B 和待整改 C”三个级别，通过大量调研、统计分析、理论研究，并参考有关技术规范、法规和经验，确定出各指标评价分级的界定范围值。如表 11-1 所示。

表 11-1　矿井通风系统安全可靠性指标评价分级界定值

指标名称	编码	单位	U_A	U_B	U_C	涉及范围
矿井风网阻力测定误差	d_1	%	5	7	10	各风井系统
主要通风机性能测定误差	d_2	%	5	7	10	各主要通风机
矿井瓦斯涌出量预测误差	d_3	%	10	15	20	全矿井
矿井气温预测误差	d_4	℃	±1.5	±2.0	±3.0	采掘面
矿井风网解算误差	d_5	%	5	7	10	全矿井

表 11-1 中的矿井通风系统等积孔与矿井风量和阻力相关，是衡量矿井通风难易程度的指标。由于矿井风量与矿井产量、有毒有害气体涌出量和气候条件等因素有关，当矿井通风网络拓扑结构和巷道风阻特性确定后，矿井通风阻力就取决于矿井风量的分配。

矿井通风系统安全可靠性评价的指标体系，按属性可分为定性指标与定量指标两大类。其中定性指标如均压系统合格度等。定量指标包含了连续型和离散型两种。连续型指标如测量数据误差、用风地点风量供需比、回风段阻力百分比、通风等积孔、有效风量率、风机效率、电机负荷率、外部漏风率等。离散型指标如风机喘振发生率、局部通风机无计划停电停风故障发生率、瓦斯超限频率、角联分支数、独立回路数等。按指标值趋向的优劣，可分为越大越好、越小越好和越趋于某一范围值越好的三类指标，取值越大越好的指标有合格率指标、通风等积孔、有效风量率、风机效率、电机负荷率、装备达标率等。取值越小越好的指标有测定误差、有毒有害气体与粉尘污染度、最高气温、串联通风发生率、角联分支数、独立回路数、回风段阻力比、公共段阻力与最小系统阻力百分比、外部漏风率、主要通风机喘振发生率等。取值越趋于某一范围值越好的指标有用风地点风量供需比和主要通风机能力备用系数。

12 矿井灾变时期的通风

12.1 矿井灾变通风的特征分析

12.1.1 矿井灾变通风的目的及灾变特征

矿井灾变通风的目的是在矿井发生重大灾害事故时期，尽可能在一定范围内控制风流，减少灾害对矿井正常通风系统的破坏程度，减少高温、有毒有害气体的影响，保障人员撤退和救灾人员的安全，为抢险救灾创造安全环境。

矿井灾变时期，产生的高温、高压气流必然对矿井正常的通风系统造成不同程度的破坏。如煤矿瓦斯爆炸或突出产生的高压冲击波将破坏通风设施，并在一定范围内造成风流方向的瞬时逆转，导致有毒有害气体扩散和通风系统的破坏。瓦斯爆炸产生的高温高压冲击波在破坏通风系统的同时，还可能诱发火灾、冒顶等二次灾害，增加灾害的损失和救灾的难度。矿井火灾产生的高温有毒有害气体，不仅流向下风侧，而且在火风压的作用下，可能导致一定区域的风流逆转，而流向进风侧，从而扩大了受灾区域，造成更大的事故损失并增加人员撤退和救灾工作的困难。因此，分析研究矿井灾变时期根据撤人救灾的要求，有目的地控制风流对于确保生命财产安全尤为重要。

12.1.2 矿井各类灾变对通风系统影响的差异性分析

由于各类灾变特性不同，对通风系统的影响也不同。如煤矿瓦斯爆炸而未引起火灾的事故，爆炸产生的高温、高压或突出灾害的高压冲击波作用是瞬时且又非常复杂的，对通风设施和通风系统的破坏及其影响是稳定的，即不随时间而变化。其复杂性和瞬时性决定了不可能在灾变发生的极短时间内作出控风决策并付诸实施。对于这类灾变事故，必须作好预案，预先分析不同程度的灾害对通风设施和通风系统的可能影响。在灾变发生后，根据通风系统的破坏情况，依据灾害处置预案由专业救护队恢复灾区通风。

矿井火灾事故一般持续时间较长，对矿井通风系统的影响时间较长。由于火源燃烧范围的变化，高温烟流与巷壁热交换强度的变化，风流紊乱现象发生的区域和烟流蔓延的变化，致使与风流状态相关的参数如风量、风压、有害气体组分和浓度等不断变化。所以，矿井火灾时期延续的长期性和动态特征造成灾变通风具有独有的特性。其长期性，可能给风流控制、救灾决策和实施提供了较多的时间，但这时间非常有限，如果没有能应付各类事故的应急救援预案，仅靠发生灾变时，仓促决策和处理事故，往往不能成功救灾。火灾长期性和动态变化特性的结合，还对人员撤退和救灾工作连续造成威胁，增加了救灾决策和现场抢险的难度和危险。现场救灾实践证实，矿井火灾救灾是当前技术条件下各灾变救灾中难度最大、最危险、技术性要求最高的工作。所以，矿井火灾时期风流控制技术及其应用，对于实现救灾安全尤为重要。

12.2　矿井火灾时期风流状态定性控制技术

矿井火灾时期，风温变化引起的火风压破坏了正常状态下原有机械风压和自然风压的分布与风流状态的平衡，可能导致矿井有关巷道风量剧烈变化甚至部分巷道风流方向的逆转。逆转风流携带大量火灾生成的高温、有毒有害气体，污染进风区的新鲜风流，致使火灾影响范围扩大，井下人员遇难危险增加以及抢险救灾难度增大。

12.2.1　矿井火灾时期风压对通风系统的影响

矿井火灾时期火源生成的高温烟流在风网中形成火风压。为便于定性分析火风压在风网中的影响，可将火风压简化为设置于适当位置的虚拟通风机。需要指出的是，把矿井火灾对风网的影响仅视为在火源位置的一台风压相当的虚拟通风机是不够的。由于高温烟流在火源下风侧，甚至因逆转在进风区蔓延，扩大了热风压的影响范围和复杂程度。因此，矿井火灾对全矿井风网的影响，应看作数量等于受高温烟流影响的独立回路数，风压值分别等于相应回路热风压值的若干虚拟通风机设置在相应回路基准分支（图论中与树枝相连的余枝）对风网的影响。

12.2.2 矿井火灾时期风流状态定性控制技术

矿井火灾时期风流状态定性控制就是利用风门等调节设施对风流实现有效控制，使火风压导致的不利于撤人救灾的危险风流状态转变为一定区域的安全风流状态。实现这一目的的前提是预知火风压所引起的风流紊乱状态，所以，应用风流动态模拟技术分析火灾时期风流状态对于实现有效控制风流尤为重要。

矿井火灾时期风流状态模拟，就是应用计算机数值分析方法，解算矿井通风网络各分支风量、风温、风压、有害气体浓度、节点压力和通风机工况等参数在火灾影响下的动态变化及风流逆转的位置、时间及影响的一种技术。

对矿井火灾时期风流稳定性控制定性分析的研究已进行了半个世纪，产生了多种方法。其中，最为著名的是波兰矿井防灭火专家W. 布德雷克提出的封闭回路法，也称为布德雷克法。该法在世界各国，特别是在波兰、前苏联、西欧各国得到了较为广泛的应用，至今它仍然是矿井救灾控风实践中主要的定性分析手段。半个世纪以来，以布德雷克法为基础的定性分析方法，在计算风流体积膨胀、巷道阻力随温度增加和处理复杂风网结构等方面取得了较大的进展，使布德雷克法越来越复杂。我国已有不少论著对布德雷克法进行介绍。

12.2.3 矿井火灾风流定性分析方法的应用和局限性

定性分析法主要靠人进行，由于受人的思维能力的局限，其应用前提是通过对矿井环境影响因素、风流动态流动特征和通风网络结构等设置假设条件，大幅度简化实际矿井通风系统，使其可以应用初等数学方法来分析。该方法简单、易行，容易为实际经验证实及为现场技术人员所掌握，所以是当前一种较为有效的控风手段。即使在将来，定性分析和经验判断仍将继续发挥其特有的作用，作为定量分析技术的检验手段和补充。

但是，定性分析方法对矿井火灾影响下的通风系统的时变性、多维性、非线性等诸多参数的简化和省略，是为适应人的有限能力被迫作出的选择，并非完全符合客观规律，必然造成分析结果与实际风流控制效果的差异，这种差异有时是相当大的。几十年来，以布德雷克法为代表的定性控风分析方法的适用性，得到进一步发展。然而，不能不看到，定性分析方法在其适用性提高的同时，其复杂性也呈几何级数增加。要考虑不同火情在不同环境中对不同风网风流的影响，风流稳定性判别式的数量和复杂程度剧增。面对众多适用于不同情况的判别式，在救灾时，现场决策人员很难掌握众多方案并及时从中选择出正确的控风方案。所以，其在实践中的应用有一定的局限性。

12.2.4　定性、定量分析方法的比较

尽管定性分析方法有所发展，但世界各国实际矿井火灾救灾决策仍沿用经验加简单定性分析的方法，较为复杂的定性分析技术并未得到推广，这是因为较为复杂的定性分析方法的应用，必须以现场技术人员对该技术的全面掌握为前提，技术愈复杂，现场技术人员需付出的努力愈大，他们需如同专职科研人员一样掌握有关技术的细节。而定量分析技术的应用却不同。例如，对于矿井火灾风流动态模拟和控制技术，建立非稳态风流流动的数学模型，计入影响风流流动状态的各种环境因素；应用适当的理论解决通风系统时变性、多维性、非线性等困难。选择适当的数值计算方法；计算机程序编制、调试和修改等有关内容致使定量分析技术远比定性分析复杂。但是，一方面它充分发挥人—机—环境系统中“机”的功能来代替人的能力不足；另一方面定量分析的复杂性主要由少数专职科研人员承担，现场技术人员重在应用，无需深入了解其中的理论、程序编制原理和内容。所以，现场技术人员应用复杂的定性分析方法反而比应用更为复杂的定量分析方法困难。同时，使用计算机也更能适应救灾决策的紧迫性。因而，发展定量分析方法比发展定性分析方法具有更大的推广前景。

应用计算机技术编制含各类条件判别式的定性分析软件，然后根据实际火灾状况来选择适当的控风手段，需要指出的是，它仅仅可能帮助现场技术人员在掌握具体条件的前提下，从大量判别式中选择适当的公式，获得相应的控风措施。但仍然无法解决矿井火灾影响下的通风系统所存在的非线性、时变性和多维性问题，也不能计算未知的多个环境参数和风流状态参数，不能使现场技术人员掌握选择判别式的条件。因此，不能从实质上提高所选择的控风手段的可靠性。

综上所述，完善定量分析技术是控风技术的发展方向，应用经验和简单的定性分析方法处理较简单的控风问题，并与定量分析方法相结合是提高矿井火灾风流控制技术的可靠性和广泛适用性的正确途径。

12.3　计算机在矿井火灾救灾决策中的应用

矿井火灾具有突发性和灾难性的特点，救灾指挥人员在重大事故的冲击下容易造成指挥失常，加之矿井井下通风网络结构及生产环境十分复杂，即使具有丰富实践经验和良好心理素质的领导者，也很难迅速作出全面的正确指挥决策，以致贻误时机造成灾害的扩大。因此充分运用现代科学技术，研制、开发和使用矿井火灾救灾辅助决策系统是矿井现代化建设的需要，也是救灾工作走向科学化的必由之路。

根据辅助救灾决策的需要，中国矿业大学在过去开发的火灾救灾决策软件的基础上，新开发了矿井火灾辅助救灾决策软件系统。该系统包括矿井火灾计算机模拟、选择最佳救灾与避灾路线、控风专家系统、基于监测系统的火源点早期判定、矿井火灾救灾决策培训学习系统等内容。

12.3.1　矿井火灾计算机模拟

12.3.1.1　国内外研究简况

矿井火灾是在一个受限的空间内，并在一个十分复杂的风流网络中的非控制燃烧现象。它的产生、发展及救灾与一般地面火灾不同，其特点为可燃物的分布呈固定点或连续线性分布；烟气的热力作用会产生热动力——火风压；过量的高温烟流在狭窄井巷中的流动会产生热阻塞——节流作用。这些火灾过程的伴生现象会改变井巷通风网络中的风量和风压的分布，使通风系统紊乱，火灾产生的高温有毒有害气体可侵袭井下的众多工作区域，从而对矿工生命形成重大威胁和伤害。因此应事先对火灾事故对策加强研究，编制事故应急救援预案，以便能对灾变中出现的各种可能情况有充分估计，制定相应对策，处理灾变时就能做到临场不乱和做出正确决策，从而能最大限度地减少灾变带来的损失。

计算机火灾模拟是进行火灾灾情分析的有效手段，因此国内外广泛开展了矿井火灾计算机模拟技术的研究。

20 世纪 70 年代，美国密歇根理工大学首先编制出了在矿井火灾时期风流状态计算机模拟及风流控制的计算机软件（MFIRE 软件，1973、1982、1989、1995）。在 80 年代中期，波兰国家科学院地层力学研究所也研制出了模拟火灾灾变发展过程及为救护队员选择最佳救护通道的计算机软件（POZAR 软件，1985、1992）。之后，包括中国、日本、法国、俄罗斯在内的许多国家也都开展了矿井火灾计算机模拟的研究。矿井火灾计算机模拟技术的研究现已经成为国际上矿井通风研究的热点，但国内外已开发出的各种火灾模拟及救灾软件，在实际使用方面仍存在较大的问题。如美国的 MFIRE 软件在矿井火灾计算机模拟方面提出了一套较为简便实用的方法，但该程序没有图形显示功能。波兰开发的 POZAR 软件没有提供基础数据及图形的交互式编辑功能，软件的功能也比较单一。国内同类的一些软件在数据管理、图形显示及救灾决策功能上都存在明显的不足。针对这些不足，中国矿业大学火灾课题组开展了矿井火灾计算机模拟理论与技术的研究。

12.3.1.2　矿井通风网络火灾特性

A　火源特性

矿井火灾的主要可燃物有坑木、煤炭等可燃矿物、胶带、电缆、油料等。根据矿井可燃物分布状况及火灾燃烧的规模，燃烧的火源基本可分为点火源和线火源两种类型。点火源指可燃物燃烧的面积较小、燃烧地点较固定的火源。例如，井下机电硐室或木垛等可燃物堆积较集中地点产生的火源。线火源是指沿巷道方向连续分布的可燃物如木支架、输送机胶带、电缆等发生燃烧的火源。由于矿井巷道的宽度较巷道的长度比较起来较小，可视可燃物的分布为线性分布，故称线火源。线火源具有可移动、易蔓延和扩大等特性，因此也就具有更大的危害性。

对于点火源，因燃料较集中，火灾燃烧面积较小，故一般是富氧燃烧；而对于线火源则通常是富燃料燃烧。因受供氧量的限制，燃烧带的长度有一定的限制，在燃烧过程中，这个燃烧带向前蔓延。

B　火灾过程的通风动力特性

根据井巷网络火灾的位置及影响区域，可将火灾分为正常风流区（进风侧）、燃烧区和放热区（回风侧）三个区域。在燃烧区内，可燃物燃烧释放的热量将空气加热而使气体膨胀，同时在该区域内因燃烧产物的质量大于空气气流的质量，加热及过量烟气的作用使该区域内烟气的流动产生节流效应，造成节流效应的原因是热阻力。在烟流放热区域，高温烟流向围岩放热，烟流沿途受到冷却，温度降低，密度发生变化，产生局部火风压。热阻力和局部火风压是矿井火灾时期表现出的主要通风动力特性，正是这两种新增加的通风动力改变了矿井风网原有的压力平衡关系，从而造成了网络风流的紊乱。

C　矿井火灾计算机模拟方法与技术

现有的矿井火灾模拟方法主要可分为稳态模拟和非稳态模拟两种类型。稳态模拟方法的实质是将矿井通风网络中的风流状态在给定的模拟时间内看作是稳定状态，不随时间变化。非稳态模拟是用来跟踪和描述火灾条件下风流状态参数随时间变化全过程的技术和方法。由于灾情是动态发展的，矿井火灾时期井下风流流动的状态是非稳定的，故只有采用非稳态模拟方法才能模拟出矿井火灾时期的风流流动状态。因此，非稳态模拟方法是矿井火灾计算机模拟的主要研究对象。

非稳态模拟方法主要有两种类型：一种采用通用的模拟方法——时间步长法，以稳态方法模拟非稳定过程；另一种则为有限差分方法，直接求解描述非稳态火灾灾变烟流及风流流动过程的偏微分方程。

由于求解偏微分方程比较困难，所以时间步长法是矿井火灾模拟采用的主要方法。该方法是将模拟时间分成若干等份，模拟从初始状态开始，然后每段模拟时间等份步进一次，系统对网络的风流状态、温度分布、产生的火风压、风流逆转状况进行一次全面的扫描考察，将每一时间等份内风流的流动状态当成稳态流动来计算各种风流参数，根据考察结果进行相应的处理。使矿井火灾灾变状态在计算机内由前一个时刻的映像变换为当前时刻的映像。

D　火灾模拟程序结构框图及模拟结果显示

依据上述介绍的方法，编制了矿井火灾计算机模拟程序 Fire Sim。Fire Sim 由选择网孔、风量迭代计算、计算火风压及网孔自然风压、分支与节点的温度、有毒有害气体及烟流浓度、模拟结果的图形显示等功能模型构成。这是一维非稳态矿井火灾计算机模拟程序，采用的是时间步长模拟方法。程序基本结构及框图如图 12-1 所

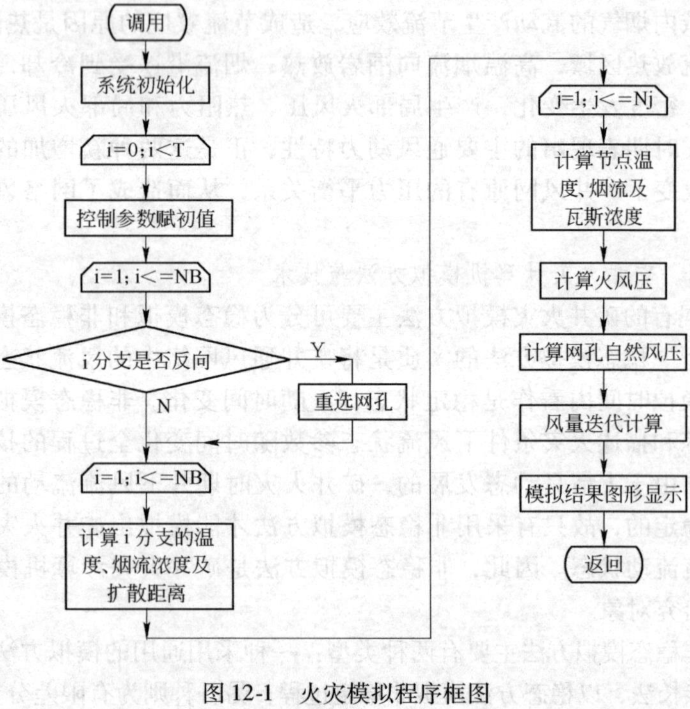

图 12-1　火灾模拟程序框图

示。程序运行的主要过程为:

(1) 系统初始化。系统初始化指建立系统的初始映像（即初始状态）。对于矿井通风系统一般都以正常通风时的稳定状态作为矿井火灾模拟的初始状态，因此正常时期风网的解算的结果即为系统的初始映像。

(2) 考察模拟时钟步进一次的系统状态。模拟时钟步长值是影响模拟精度和计算机运行时间的主要参数。步长值取值太小，计算机运行时间就长；步长值取值过大，就不能模拟出矿井火灾动态变化的特征，不能保证一定的精度，失去矿井火灾动态模拟的特性。

Fire Sim 默认的模拟时间步长为 30s，用户也可根据具体情况改变步长值。

在每一步长时间内，在模拟计算前，系统首先考察各巷道的分支在上一时间间隔内，是否有反向分支，若有反向分支，对该分支的始末节点号重新记录，最后对构成的新网络重新选择网孔并进行风量迭代计算。火灾模拟依此状态为基础进行下一过程的计算。模拟计算过程中，计算机将在风网中按分支和节点分别对烟流流动状态进行扫描计算。每次得到的模拟计算结果及时在通风系统平面图上显示，使之能动态地显示出灾情发展的过程。

该程序经过许多矿井的实际运行表明，能对矿井任意地点的火灾进行模拟，模拟结果可信，使用方便。

12.3.2 计算机选择最佳避灾路线

矿井一旦发生火灾，由于灾变时期火风压的作用，井下会发生风流紊乱，火灾生成的高温烟气将会侵袭许多意想不到的巷道，对井下矿工的生命构成极大的威胁。因此，抢险救灾的首要任务是撤出灾区人员。然而，选择最佳的救灾与避灾路线往往是一件比较棘手的工作。国内外火灾抢险中，常有由于救灾与避灾路线的选择失误而产生重大人员伤亡的事故案例。为了帮助决策者减少决策失误，中国矿业大学火灾课题组在设定火灾灾变的前提下，就火灾时期井巷的可通行性、通行的难易度、k 最短路算法、救灾与避灾路线的图形显示等，在已开发的软件的基础上，采用面向对象的编程方法，在以 Windows 为平台的环境中对软件进行了重新开发。

12.3.2.1　避灾路线类型的确定

避灾路线指井下工作人员从灾区及可能受灾变影响的区域撤退到安全地点的路线。由于灾变时期灾情发展的动态性和避难人员在灾变时期紧张的心理状态，选择的避灾路线要有充分的安全性，其可通行与否是以最大安全可靠为原则的。井巷可通行性及矿井避灾路线的选择与灾情发展、井巷的条件有关。根据火灾灾情的发展程度及对井下巷道的影响范围，可将避灾路线分为理想的避灾路线、可行的避灾路线和求生的避灾路线三种类型。

（1）理想的避灾路线。没有受到烟流影响的避灾路线为理想的避灾路线。为了使选择的避灾路线具有充分的安全性，计算机首先从没有受到烟流侵袭的巷道中选择避灾路线，在此条件下，井巷的可通行性是依据巷道中是否有高温烟流进行判别。

（2）可行的避灾路线。当不存在理想的安全避灾路线时，考虑避难人员佩戴上自救器，可以在有一定温度和 CO 浓度的烟流中通行。此时影响可通行的条件主要是温度。从安全可靠的条件出发，以安全规程关于救护队员进入高温灾区的最长时间值的规定，即 40℃时允许停留 25min，60℃时允许停留 5min。满足该条件的避灾路线被称作可行的避灾路线。为了便于计算机对不同高温条件下的情况进行自动判别，依据上述规定，拟合出穿越高温巷道允许通行的时间与井巷中气温的曲线方程。

$$T = 601.85\xi\exp(-0.08t) \qquad (12\text{-}1)$$

式中　T——穿越高温巷道允许的通行时间，min；

t——井巷中的空气温度，℃；

ξ——巷道坡度影响通行系数（水平及缓倾斜巷道 $\xi=1$；倾斜、急倾斜上行巷道 $\xi=0.2$；急倾斜下行巷道 $\xi=0.36$）。

当通过某巷道所需的时间超过按式（12-1）计算得出的允许可通行时间时，该巷道就视为难以通行。

（3）求生的避灾路线。在特殊条件下，当不存在上述两种类型的避灾路线时，计算机将以人类对高温环境的最大耐受时间的极限条件作为判别井巷可通行性的依据，在这种条件下选择出的避灾路线称为求生的避灾路线，仅供决策者参考。依据国内外进行的人类对高温环境耐受能力的大量试验，用最小二乘法拟合出人在高温环境中最大耐受时间的指数曲线方程为：

$$T_{max} = 1812\xi \exp(-0.046t) \tag{12-2}$$

式中 T_{max}——人在高温环境中最大耐受时间，min。

由于人耐高温环境的能力差异很大，且考虑到井下的环境条件，研究者在应用该公式时仍考虑了一定的安全系数。

12.3.2.2 井巷通行难易度的确定

求解最佳的救灾与避灾路线从实质上就是求解最短安全撤退时间，最短的撤退路线不等于花费的撤退时间最短，这是因为巷道的通行难易度不一样。例如，对同样长的路线，平巷和斜巷的行走速度就显然不同。对于井下巷道而言，影响人员行走速度的因素有巷道断面几何尺寸、坡度、风速及局部通行障碍物等，对这些因素用通行难易度系数表示，使之与巷道的实际长度相乘后，得到的长度称为“当量长度”，即在该路线中，各支路通行的难易度是一致的。最短路线是指“当量长度”最短的路线。

巷道类型对人员的行走速度有较大的影响，一般采区回风和总回风巷道，由于风速大，有积水，巷道维护状态差，较进风段行走困难。联络巷分为连接总进风与总回风巷、采区进风与采区回风巷、工作面进风与回风巷的联络巷道。对于连接总进风与总回风巷的联络巷，由于压差大，开启风门具有一定的难度，需要考虑增加通行的时间即增加一个局部“当量长度”。对需跨越带式输送机、爬行梯子间等也需增加局部“当量长度”。

对于倾斜巷道，计算机通过计算巷道两节点的落差而求出巷道坡度值，巷道通行的难易度系数是与巷道的坡度成正比的。人员逆风流行走时，通行的难易度系数也与巷道中的风速成正比。综上所述，第 i 条巷道的当量长度值为：

$$L_i = k_t \cdot k_v \cdot k_x \cdot l_{ri} + \sum_{i}^{n} l_{ji} \tag{12-3}$$

式中 L_i——第 i 条巷道的当量长度值，m；

k_t——取决于巷道类型的通行难易度系数；

k_v——取决于巷道中风速的通行难易度系数；

k_x——取决于巷道坡度的通行难易度系数；

l_{ri}——第 i 条巷道的实际长度，m；

n——第 i 条巷道中的局部障碍个数；

l_{ji}——第 j 个局部障碍当量长度值，m。

在计算机程序中，首先对通行性进行判别。如果某条巷道已记录有烟流或气温超过允许通行的温度或当救灾人员通过该高温巷道所需要的时间大于耐受时间，则分别在救灾路线和救灾路线的选择中视该条路线的当量长度为无穷大，即不可通行。对其他可通行巷道，按上述方式计算出当量长度，从而形成巷道当量长度的新数组 $LL[n]$，式中 n 为风网分支数。按照最短路线算法，即可求出最佳的救灾与避灾路线。

12.3.2.3　k 条最佳救灾与避灾路线的求解

根据上述的讨论，编制求解 k 条救灾与避灾路线的计算机程序。该程序由下述几个部分组成：

（1）读入反映风网结构、巷道类型、记录火灾模拟结果的巷道和节点的温度及烟流浓度的数据文件，并提示用户输入避灾路线的始末节点号。

（2）可通行性判别及通行当量长度值的计算。

（3）k 条救灾与避灾路线的计算。

（4）救灾与避灾路线的图形显示。

在程序的编制中，充分利用了作为 C 语言精华的指针变量的特性，编制出高效的求解 k 条救灾与避灾路线的计算机程序。程序中通过使用指针数组来记录各条路线的长度及路径节点号，在对各条路线进行排序、计算和存储处理时就显得很方便。

12.3.3　专家系统

对空间受限的井下巷道中发生的矿井火灾，风流控制是控制火势、防止风流紊乱、减少灾变损失的一项最重要的手段。

12.3.3.1 控风原则

根据火灾时期风流流动方向的基本判别关系，基本的控风原则主要包括以下几方面：

（1）控制火势发展，降低局部火风压。其方法是在火源的上风头构筑临时密闭或挂风帘，这样控制了向火源供风，抑制燃烧，既因供风量的减少而降低了火区内部的通风阻力，又增大了火区内部通风风阻，无论对上行风流火灾或水平巷道火灾，都能起到稳定风流方向的作用，防止风流紊乱和烟侵范围的扩大。

（2）疏通排烟通道，防止烟流逆退。开启排烟通道的调节风门，防止局部冒顶事故的发生，以免造成临时堵塞排烟通道。在日常通风管理中，更要十分重视回风系统各巷道的维护工作，不允许局部堵塞。

12.3.3.2 控风专家系统原理

A 专家系统的基本概念

专家系统就是一种基于知识或规则的智能程序，它利用专家知识，通过推理求解专门问题，专家系统具有知识存贮、知识获取、知识推理和知识利用的功能。专家系统的基本结构主要包括两大部分：一是专门领域的知识库和数据库，另一是运用和处理知识的推理机。

（1）知识库。它是专家知识、经验、学科基础知识及数据的存储器。其中规则库存放着“条件-结论”形式的规则，而数据库存放有关的叙述性知识、原始数据和推理过程中得到的中间信息。因为专家系统的问题求解是运用专家提供的专门知识来模拟专家的思维方式进行的，所以知识库是决定一个专家系统性能是否优越的关键因素。一个专家系统的能力就取决于其知识库中所含知识的数量和质量。

（2）推理机。它控制、协调整个系统，并根据当前输入数据，利用知识库中的知识，按一定的推理策略求解问题。其中控制策略负责匹配、排序和冲突裁决，推理策略是如何利用知识库的控制器。推理机的控制策略常用的有数据驱动的正向推理方式、目标驱动的逆向推理方式和正向与逆向混合的推理方式三种。专家系统求解问题的搜索策略有宽度优先和深度优先两种基本方法。

B　专家知识库中的风流控制方法

在已知火源位置的情况下，专家知识库主要提供的控风方法有：

(1) 短路法。当火源发生在进风侧时，在烟流流经巷道的前方寻找与矿井总回风道、采区回风巷或工作面回风巷相连接的联络巷，将其风门打开，使风流短路，将烟流直接引入回风流中。

其优点：控风方法简单，而且可以迅速排除烟流，使工作场所免受火灾烟流的威胁。

其缺点：由于风流短路，对于具有较大瓦斯涌出量的煤矿矿井，在无风区域易造成瓦斯积聚。

此方法适用于进风侧巷道发生火灾的条件，而且不管该巷道是平巷还是上向倾斜或下向倾斜巷道，但必须存在有可以将烟流直接导入回风道的联络巷。

(2) 调压法。采用增加或降低着火巷道或者有高温烟流流经的巷道及与之相关的巷道的通风阻力，从而阻止着火巷道的风流逆转以及防止其下风侧与进风巷道相连接的联络巷道风流逆转而引起烟流侵袭大面积区域，同时也可控制火势的发展。

其优点：可以控制火势，防止风流逆转和减小灾变影响的范围。

其缺点：难以实现调压。

此方法必须与短路法配合使用，而且需要进行一定的计算。

(3) 全矿反风。主要针对进风井口、井筒、井底车场范围发生的火灾而言，将进风井变为出风井，出风井变为进风井，使风流反向，尽快将烟流排出矿井，避免烟流侵入井下工作区域。

其优点：可以防止烟流侵袭矿井大部分区域，减小灾变影响程度和范围。

其缺点：可能造成井底车场及附近区域人员的伤亡及有关设备的损失。

(4) 局部反风。在采区、工作面或矿井的一翼预先设置一定数量的控风通道及风门，正常生产时期能够保证矿井的正常通风。一旦这些区域的入风系统发生火灾，则启用这些预置的控风设施，使风流在此局部区域内沿着与正常时期相反的方向流动，而且可以直接使烟流流入矿井或采区的回风巷，使火灾烟流不至侵袭工作场所。

上述这些控风措施要根据火灾发生的不同巷道条件进行选用。通过总结救灾专家的经验，得出风流控制的基本规则。

(1) 若火灾发生在主进风井口、井筒或井底车场附近，则可以优先考虑采取全矿井反风的方法，其次才考虑短路法。

(2) 若火灾发生在进风侧巷道，则可以考虑采取短路法和调压法控风。

(3) 若火灾发生在进风侧且为下行风流巷道，如果在发生火灾巷道的前方巷道中（但不能是工作场所）有能通往回风道的联络巷，则可以采取进风侧短路法，否则应采取措施控制火风压，同时采取下风侧短路法。

(4) 若火灾发生在进风且为上行风流巷道，则可以采取下风侧短路与控制火势相结合的方法控制风流。

(5) 若火灾发生在回风且为平巷或上行风流巷道，则一方面应防止其下风侧与进风巷相连的旁侧支路特别是联络巷道的风流逆转而使烟流流入风流中，另一方面采取措施控制火势。

(6) 若火灾发生在回风且为下行风流巷道，则一定要控制火风压，以保证风流的正常流动。

(7) 若火灾发生在回风巷道，应尽可能将其回风巷中的所有障碍物都清除以保证畅通的排烟路线。

(8) 控制火势可以通过增加发生火灾巷道的前方巷道的风阻来实现。

与专家知识库配合使用的还有反映风网参数的数据库文件。在该数据库中主要记录有巷道的巷道号、始末节点号、巷道高差、巷道类型等数据。

12.3.3.3 控风推理机设计

控风措施推理机设计的思路是在确定火源后，分析火源所处的巷道类型是进风巷道还是回风巷道，是平巷还是斜巷，如果是斜巷，还要考虑其是上行通风巷道还是下行通风巷道。根据巷道的类型及倾斜程度再调用相关的知识，最后根据搜索原则确定控风方法。

控风推理机采用了正向推理，宽度优先的搜索方法。

实际运行表明，控风措施推理机设计合理，能够有效地处理一般情况的火灾，故对救灾决策具有实用价值。

12.3.4　火灾风流状态定量与定性综合分析技术

12.3.4.1　定量与定性综合分析方法的概念

众所周知，目前确定风流控制方案一般仍是在定性分析的基础上进行的，但定性分析方法具有它本身难以克服的局限性。解决这一问题，将对救灾决策产生重大影响。通过上面对火灾模拟与风流控制关系的详细分析可以看出，矿井火灾计算机模拟技术能够很好地解决这一问题。首先通过计算机模拟火灾发生之后的风流状态，在此基础上进行定性分析得出数个风流控制方案，然后利用计算机模拟技术模拟风流控制方案的控风效果，对其进行校验并选择其中较好的方案。这样能够充分保证方案实施后的有效性。

计算机火灾模拟技术能够提供井下风流状态各参数数量变化过程，它也能够对某些参数进行量的控制，能反映出在不同组合的控风措施作用下，风流状态随时间变化的情况，这是基于稳态系统进行定性分析所无法实现的。以计算机定量模拟技术，在定性确定控风方案的基础上，对模拟风流控制方案的实际效果进行甄别，被称为综合分析法，它是定性分析技术与定量分析技术相结合的产物。

12.3.4.2　定性与定量综合分析方法的应用步骤

采用定性与定量综合分析方法确定火灾时期的风流控制方案的具体步骤如下：

（1）使用火灾模拟软件模拟火灾时期风流状态的变化。帮助救灾决策人员了解火灾对整个通风系统的影响，包括每一时刻烟流经过哪些巷道，何时烟流进入工作地点，风流的风量、风温、风压以及有毒有害气体浓度的变化，风流逆转的位置、时间及影响范围等。

（2）根据模拟结果，确定火灾时期的通风方案。由模拟结果了解火灾发生后一段时间内烟流的蔓延范围，如果烟流不进入任何工作地点，或者当人员可以全部通过避灾路线巷道时，则可保持各巷道风流流向不变。如果烟流最终进入工作地点，则应使某些巷道的风流反向，阻止烟流的入侵。如果烟流在某一时刻侵入避灾路线或救灾路线，假设在烟流侵入之前的这段时间工人来不及撤离，那么就需采取一定的风流控制措施，通过使某些巷道的风流反向，阻止烟流的侵入。倘若无法阻止，则可以通过延缓烟流的侵入，来保证人员有充足的时间撤离灾区。

由上述分析可见，确定火灾时期的通风方案主要是确定需要反风的分支巷道。而确定需要反风的分支巷道，一般应根据火灾发生的地点、遇险人员的位置以及通风网络的结构，结合火灾的模拟结果在定性分析的基础上判断。

（3）风流控制方案的初步确定。基于风流控制的定性分析技术、风流控制的一般原则以及安全撤人的要求，根据控风目标初步确定控制点的位置以及分支风阻控制量，对于某一特定火灾，在全矿范围内存在多种不同的控风方案，可对提出的多个方案进行比较。

（4）对提出方案的控风效果进行模拟。根据各控风方案中有关巷道风阻的增减情况修改数据文件，分别计算控风方案实施之后对风流状态分布的影响。如果某方案实施之后达到了预期的控风目标，避免了烟流侵入或在人员安全撤出后才侵入工作地点、避灾路线及救灾路线，则可确定该方案为入选方案。否则还要进行方案的修正。

（5）修正初始方案。在对方案的控风效果进行模拟之后，有时会发现并不能达到预期的控风目标，所以需要对初始方案进行修正，包括增加或减少控制点的数目，调整控制量的大小。当然这种修正是在预模拟的基础上采用定性分析方法进行的，并非盲目的修改。

（6）对修改后的方案进行再模拟再修改。对修正后的方案的控风效果再次模拟，如果仍满足不了预期的通风要求，则需再次修正方案。对每一个方案进行这种“模拟—修改—再模拟—再修改”的过程，如此反复，直到实施该方案后，能达到预期的控风目标为止。当然实际情况可能只经过一两次的修改就能满足要求，不用多次修改。这样将满足要求的方案确定为入选方案。

（7）对各个入选方案进行优选。经过反复修正之后，每个入选方案都能达到控风目标。在多种方案中，我们希望选择相对较好的一种，所以存在方案的优化问题。

（8）确定特定的救灾方案。将针对该火灾所获得的最佳控风方案及其控风效果合为一组数据，存入救灾决策数据库，作为在特定位置发生特定火灾的救灾方案。

（9）实际应用。实际火灾发生时，根据火灾的位置以及火源的燃烧特性，从数据库中选择相似情况下的控风方案，供现场救灾决策人员参考。

13 矿井通风管理与监测

矿井通风管理是矿井生产过程中重要的管理内容之一。通风状况的好坏直接影响到井下工人的生命健康安全、矿井的生产效率和经济效益。做好矿井通风工作，一方面要针对现场实际情况，解决相关的矿井通风技术难题；另一方面要从系统安全角度出发，全面提高通风管理的整体水平。近年来，我国在矿井通风技术的研究及应用等方面已作了大量的工作，通风技术趋于成熟。但是，由于通风管理不善，不能适应矿井通风系统的动态、随机等特性的要求，重特大灾害事故时有发生。所以，为实现矿井的安全生产，在提高通风技术水平的同时，必须加强矿井通风的管理工作。

13.1 矿井通风管理的组织结构

矿井通风管理体系是实现矿井安全生产和矿井通风管理科学化的组织保证，它由多层机构组成，机构之间有机联系、相互作用。为了有效地开展通风管理工作，研究解决生产过程中不断出现的妨碍安全生产的新情况、新问题，必须有一个畅通、高效的管理信息传输渠道，依据矿井安全规程的要求，每一矿井必须建立精干高效的通风管理体系，设置专业性的通风管理机构，配齐相关专业人员，在矿总工程师的直接领导下对矿井通风实施有效管理。

13.1.1 管理机构设置

13.1.1.1 组织机构

通风管理机构健全，组织结构合理，才能适应矿井通风科学管理的要求。管理机构的组成和规模要视矿井井型和灾害类型及其危害严重程度而定。矿井通风安全管理机构的设置一般采用直线职能制，如图 13-1 所示。

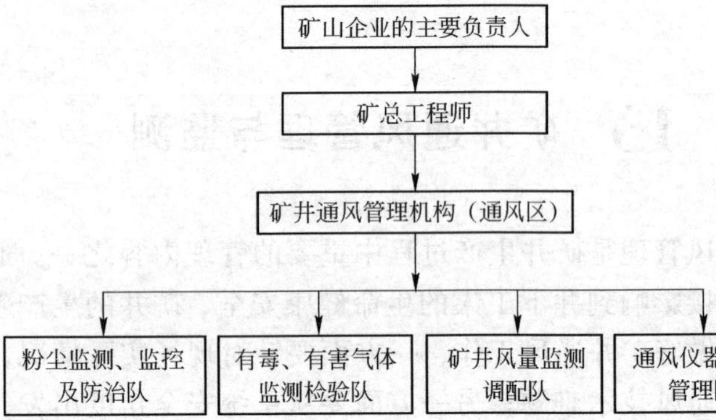

图 13-1 矿井通风管理组织机构

13.1.1.2 *矿井通风管理体系的管理原则*

（1）层次管理原则。要求各级管理机构分工具体、责任明确，层次管理是管理体系高效运转的基础。

（2）统一指挥原则。为避免多头指挥，政出多门。对于日常通风管理的规章、制度、妨碍安全生产问题的处置方案、应急措施、调度指令的发布等必须集体决策，统一调度指挥。

（3）责权统一原则。在委以责任的同时，必须同时委以完成任务所必需的相应权利。

（4）分工与协作相统一原则。为提高工作效率，要把通风管理工作中的各项任务和目标分解到各层机构和机构组成成员，同时明确相互协作的内容。协作是与分工相联系的，是体系完成目标所必需的一种工作方式，两者是相辅相成的。

（5）动态组织原则。组织的形式应能根据安全条件的变化及时相应的改变，以适应安全生产发展的需要。

13.1.1.3 *管理者的素质*

通风管理是一项技术性复杂、政策性较强的工作。个人素质包括政治思想水平、政策水平和文化水平、智能和专业知识、业务能力、决策能力和领导能力、工作作风、年龄和健康状况等。集体素质包括管理体系内各层机构中人员配备的年龄和专业知识结构、机构的凝聚力、团结合作和民主风气等。各级通风安全管理机构中要选拔和配备一些既精通通风安全理论又懂采掘技术、有一定管理经验的技术和管理人员。

按照矿山安全的法律法规规定，矿山企业的主要负责人对通风安全工作负全面责任。其主要任务是贯彻执行上级有关规定，健全通风安全专业机构，选定通风安全管理干部，并确定其职责，安排通风安全工程、组织施工力量，落实资金和设备，组织检查通风安全工作，审阅通风安全报表，在矿井灾变时负责指挥救灾。

矿山企业的总工程师对通风安全工作负技术领导责任。主要任务是贯彻矿山安全生产规程以及上级有关技术政策，制定通风安全规划，从开采设计、生产布局、技术装备等方面为通风安全创造条件，组织审批通风、作业规程和安全技术措施，负责通风安全科研和新技术推广应用，组织通风安全专业会议，审阅通风安全报表，检查通风安全工作，在灾变时协助矿长指挥救灾。

矿井通风科（区）是负责矿井通风日常管理和施工的基层单位，下设若干专业队，专业队根据矿井灾害类型而设置。例如，高瓦斯或煤与瓦斯突出的煤矿矿井应设立瓦斯抽放区和瓦斯综合治理小组，负责瓦斯抽放和防治瓦斯突出工作。装配安全监测系统并设置监测队，负责监测系统的安装、维修和日常管理工作。

13.1.2 矿井通风管理制度

矿井通风管理制度是长期经验和事故教训的总结，它具有较强的科学性、强制性、规范性和稳定性。为建立健全矿井通风管理的长效机制，贯彻落实矿山安全管理条例、矿山安全规程的有关规定，加强通风管理，应重点建立以下制度：

（1）建立严格的通风安全检查制度。矿井通风安全检查的内容主要包括：

1）矿井空气成分与气候条件的检查。

2）矿井空气中尤其是作业场所含尘量的监测监控，矿井防尘系统的设计、维修及管理。

3）矿井总进风、总回风、主要进风、主要回风井巷、所有需风地点进、回风风量和风速的检查。

4）全矿井通风阻力的测定。

5）矿井主扇工况的检查测定和辅扇、局扇工作情况的检查测定。

6）根据生产情况的发展和变化，确定各个时期内全矿所需配风量，并将风量合理分配到各需风地点。

7）通风构筑物和主要通风井巷的检查与维护。

8）自燃发火矿井的火区密闭检查及全矿消防设施设备的检查与维修。

（2）矿井发展规划与设计会审制度。在矿山的长远规划和生产计划中，要充分考虑改善矿井通风防尘条件及措施，确保矿井通风安全。

（3）通风、防尘仪表和设备管理制度。矿井通风、防尘的仪表和设备按安全规程规定配齐、配足，要经常维护，保持完好状态，通风防尘设备必须按规定的时间运转，不得随意停开。

（4）通风防尘奖惩制度。对于模范执行通风防尘制度，矿山通风防尘工作上做出显著成绩的单位和个人应给予奖励，对于严重违反通风防尘制度者严肃惩处。

（5）建立矿井通风调度制度。调度是及时掌握现场情况的高效灵敏的信息、指令的传输和反馈的系统。通风安全部门应设专人，配备必要的通讯工具，成立调度站。调度要有记录，矿山企业主要负责人、总工程师要审阅通风调度记录，对重大事故隐患的批示意见要当天反馈到现场。

调度的重点内容包括：现场重大事故、上级领导或调度布置的专项任务应按要求的时间、内容和方式进行汇报；现场重大事故隐患的处理情况；巷道贯通等事故多发点的治理工程和重点安全技术措施的进展、落实和完成情况，以促使现场问题及时解决。

（6）建立事故分析制度。矿井通风管理建立事故分析制度，以实事求是的态度，严格落实“四不放过”原则，分析总结导致事故发生的因素和规律，制定治理措施并在实际生产中贯彻落实，避免事故的重复发生。

13.2 矿井通风管理业务及其计算机管理

13.2.1 日常通风安全管理业务

13.2.1.1 计划管理

在通风安全科学管理工作中预先的计划管理处于首要位置，其内容包括计划编制、计划落实、计划检查和计划调整等部分。

（1）计划编制。编制计划的主要依据是国家安全生产方针、矿井生产发展计划、技术装备、技术水平及通风安全技术资料。计划可分为中长期计划、年度计划、月计划和班计划。

（2）计划落实。根据计划要求合理分配资金、人力、物力，认真贯彻落实，无特殊条件变化应确保计划实现。

（3）计划检查、总结和分析。每期计划执行中和结束后要进行检查、分析和总结，对事故隐患及计划存在的问题及时解决，并对下期计划进行全面安排，提出保证计划完成的措施。

（4）计划调整。如果计划在实施的过程中遇到地质条件变化、资金或设备不能到位，采取措施后仍不能解决时，可适当调整计划，但必须满足安全生产需要。

13.2.1.2 技术管理

（1）技术文件和技术资料管理

1）图纸齐全、正确，能反映实际情况。每个矿井必须有通风系统图、通风网络图和防尘管路布置图，对于有监测系统、煤矿防火灌浆和瓦斯抽放系统的矿井，还应有监测系统图、防火灌浆和瓦斯抽放管路系统图等。各类图纸均应及时修改和完善，且与实际情况相符。

2）技术数据齐全。需要收集、储存的数据有：主要井巷的通风参数，如长度、断面、风阻；煤矿中煤层瓦斯含量，瓦斯相对涌出量，瓦斯绝对涌出量，瓦斯地质资料，煤层的自燃倾向性鉴定资料，自然发火期统计资料，煤层的最短自然发火期等；主要通风机的性能曲线，局部通风机的型号及其性能参数。各种报表应数据齐全、正确可靠，上报及时。

3）技术文件齐全。施工应有安全技术措施，各工种有岗位责任制和技术操作规程。

4）建立技术档案。各种报表应存档，各类台账健全，各种检查记录齐全。

（2）制定符合本矿的风量计算办法，矿井和采掘工作面配风合理。

（3）定期进行主要通风机性能测定和矿井通风系统阻力测定，以获得主要通风机性能实测曲线和关键阻力路线的阻力分布等资料。

（4）推广新技术和先进经验，开展通风安全的科学研究工作

13.2.1.3　通风系统管理

井下一切通风设施，如风门、风窗、风桥、密闭墙、栅栏等必须有专人负责维修管理，使其保持完好状态。随工作面推进和迁移应及时进行通风系统调整和风量调节。在改变通风系统时应预先制定计划和安全技术措施，严格履行审批手续。

13.2.1.4　通风仪表管理

矿井必须配备足够的通风安全检查仪表，并定期进行校准和维修，其完好率应达 90% 以上，下井仪器、传感器的合格率必须达 100%。

13.2.2　通风安全的计算机管理

13.2.2.1　建立通风安全数据库

建立和使用好通风安全数据库、图库、模型库是矿井通风安全管理和矿山企业管理现代化的标志，是利用计算机定期进行通风系统模拟和分析及进行现代化管理的依据。

通风安全数据库主要有通风系统、通风报表、防火和防尘、煤矿的瓦斯管理等。

13.2.2.2　通风安全计算机辅助决策及设计

借助 DOS 或专家系统，可实现对矿井灾害的救灾方案预演、优化和科学决策。

在进行矿井通风设计、调整通风系统和进行风量调节分配时，借助计算机进行通风网络解算、通风机优选、模拟各方案结果，对

于优化方案，提高工作效率有很大帮助，同时，也可实现计算机绘制通风系统平面图、立体图和通风动态图等。现已开发应用矿井管理信息系统、通风安全管理信息系统和矿井救灾决策专家系统等软件，应用效果较好。

通风安全管理信息系统是用系统科学的观点，基于现代安全管理理论，以计算机和现代通讯技术为基本信息处理手段和传输工具的、能为管理决策提供信息服务的信息系统。它是由人与计算机组成的，能进行通风安全管理信息的收集、传递、储存、加工、分析和利用的系统。

13.2.3 掘进通风管理

在新建、扩建或生产矿井中，要经常开掘大量的井巷工程。掘进工作面是矿井事故多发地点，特别是煤矿，由于局部通风管理不善等造成瓦斯事故发生次数和死亡人数占整个瓦斯事故的80%左右。因此，对掘进通风及安全进行科学管理，不仅是提高掘进通风效果的重要环节，而且是防止煤矿瓦斯、煤尘爆炸事故的重要措施。

13.2.3.1 掘进通风管理的一般要求和措施

（1）巷道掘进之前必须编制有关局部通风机和风筒的选择、安装及使用等的专门通风设计，报矿总工程师批准。掘进巷道不得采用扩散通风，特别是对煤与瓦斯突出危险煤矿的煤层掘进施工时，严禁采用混合式通风。

（2）局部通风机的安装和使用，必须符合矿山安全规程和矿井通风质量标准与检查评定办法的要求，杜绝不合理的串联通风。

（3）局部通风机必须指定专人进行管理，不得随意停开。特别是高瓦斯煤矿、煤与瓦斯突出危险煤矿，所有掘进工作面的局部通风机都应装设“三专、两闭锁”装置，保证局部通风机连续可靠运转。

（4）局部通风机应装在专用台架上或吊挂起来，距巷道底板高度应大于0.3m，以防底板杂物、粉尘吸入风机，同时，应提高风机入口流场的均匀性，减少入口局部阻力。掘进工作面的风筒吊挂必须符合通风质量要求，责任到人，严格管理，采掘工作面的生产班组要管好、用好局部通风设备。

（5）局部通风机和启动装置要安设在进风巷中，距回风流不得小于10m；局部通风机的吸风量要小于矿井总风压所供给该处的风量，以免发生循环风。

（6）使用局部通风机的掘进工作面，不准无故停风。如因检修、停电等原因停风时，要撤出人员，切断电源。对于煤矿，在恢复通风工作前，必须检查瓦斯，压入式局部通风机和开关地点附近10m内，风流中瓦斯浓度不超过0.5%时，方可启动局部通风机。

13.2.3.2　特殊情况下的通风管理

（1）巷道贯通时的掘进通风管理。掘进巷道贯通时，由于管理失误等可能会造成煤矿瓦斯爆炸、爆破崩人或冒顶事故。因而应特别注意接贯通书面通知后，通风区要编制调整通风系统计划，做好通风设施与调风准备工作。贯通时通风部门指派主管通风人员统一指挥，贯通后按规定立即调整通风系统，防止通风系统紊乱。

（2）掘进巷道短时间停掘的不得停风，长时间停掘的巷道要及时封闭。

（3）巷道机械化掘进通风安全管理中，加强防尘降尘的管理，采用喷雾洒水等综合防尘措施不能适应综合机械化掘进的防尘要求时，要采用混合式除尘通风或除尘器除尘，以确保工作地点风流的净化。

13.3　矿井通风信息管理系统

随着计算机、网络、通讯等信息技术的高速发展，信息管理和处理技术迅速应用于矿井通风管理。根据矿井通风管理工作的具体特点，开发的矿井通风信息管理系统主要用于矿井通风的日常事务管理和技术管理，协助现场技术人员进行通风日常事务管理。

13.3.1　日常事务管理

矿井通风的日常事务管理主要包括人员的分工、停开工区域通风调整、通风报表、处理日常通风问题等。目前我国矿山企业中通风管理的模式基本上是总工程师、通风（安全）副总工程师、通风区（科）区长负责制。在进行具体决策时，一般由负责矿井通风和安全的通风区（科）区长根据任务安排、通风调度的记录等进行。这种传统的通风管理方法的优点在于任务安排直接、决策快捷。但总工程师、通风（安全）副总工程师、通风区（科）区长每天要做出大量决策，而对于某一具体决策，一般都是根据经验进行，由于个人经验的限制，在进行决策时有可能出现偏差。而通风日常管理信息系统，是将矿井通风所有信息存储在系统中，可以随意调用，且带有系统分析功能，能从一定程度上协助总工程师、通风区长、技术人员进行决策，有利于实现决策的科学化。

计算机通风信息日常管理系统的具体功能包括：

（1）计算机图形显示。其中包括矿井通风系统图、通风系统示意图、通风网络图、避灾路线图。在图上标明用风地点、风量分配、风流方向、通风设施位置等，主要图件根据矿井最新情况加以刷新。利用计算机显示矿井通风有关图形，更新快且容易。

（2）利用计算机建立通风设施管理数据库。包括矿井局部通风机运行情况，如风量、风压、风筒漏风、有毒有害气体浓度；各类通风设施，如风桥、风门、密闭的构筑位置及损坏程度；通风测量仪表的库存数量、使用、检测检修情况等；主要通风机的运转情况，包括工作风压、风量、耗电量、电机功率、效率等。

（3）通风管理制度及其执行记录数据库。包括有关矿井通风管理的法律法规、行业规范等文件。信息收集的范围是与技术管理有关的、矿井当前适用及今后可能遇到的技术问题。同时对信息进行分析和分类，建立可多条线索查询的数据库系统，技术人员可方便、准确、完整地检索到相关的内容。

（4）提供通风旬、月（季）报表。

（5）提供各类统计分析报告。包括通风风量测定及全矿风量综合分析、通风阻力测定及阻力分布情况分析、主要通风机性能检测鉴定报告及性能评估分析、反风演习报告、煤矿瓦斯鉴定和分析、煤层自燃倾向性鉴定和矿井火区分布定位以及各参数测定时间和数据分析等。

（6）提供通风管理机构与管理人员信息，包括各类人员的工作、职位、素质等。

计算机通风信息日常管理系统将全矿井与通风相关的基本情况通过计算机数据库统一管理，然后通过网络使其在全矿或更大范围内资源共享，决策人员可根据需要随时查询各种历史记录和当前状况，该系统能协助决策人员准确分析、科学决策。

13.3.2　日常技术管理

矿井通风技术管理信息系统根据矿井的实际情况，包括如下子系统：

（1）建立煤矿瓦斯数据库。

（2）瓦斯突出数据库。

（3）防尘数据库。

（4）通风监测技术数据库。

（5）通风测定仪表数据库。

（6）矿井火灾数据库。

矿井通风技术管理信息系统能有利于矿井通风技术管理，全面提高矿井通风科学管理水平。

13.4　矿井通风事故隐患管理

13.4.1　通风事故隐患管理

矿井灾害主要包括矿井火灾、水灾、顶板灾害以及煤矿瓦斯（煤尘）爆炸、煤与瓦斯突出等事故，矿井火灾、煤矿瓦斯（煤尘）爆炸等事故一直是矿井主要的灾害事故，通常，通风管理不善是造成事故发生的主要原因。所以搞好通风管理，是有效遏制事故发生的主要途径之一。

通风管理首先应该搞好隐患管理，其原因在于各类事故是因隐患而发展形成的。

矿井通风事故隐患信息管理系统的建立是通过应用数据库技术和信息处理技术，开发系统评估软件，全面、可靠地完成日常隐患排查，并结合矿井基本信息知识库、专家系统等，提出矿井灾害的防治措施。该系统的具体作用包括：

（1）矿井通风系统状况评估。主要从通风系统层面上对全矿井通风事故隐患进行评估，包括通风系统的设计、系统的稳定性分析、分区通风实施情况、串联通风情况、矿井有效风量分析、通风阻力状况等。

（2）矿井通风设施评估。针对矿井通风设施，分析通风设施的致灾可能性和抗灾能力。包括通风设施的可靠性分析、通风设施的质量检查、通风设施的致灾可能性、环境监测系统的应用效果分析。

（3）通风措施评估。分析通风措施致灾可能性。包括全矿反风的可行性及效果分析、局部反风和控风方案的效果分析等。

（4）通风系统特殊问题的分析评估。矿井通风中的循环风、串联通风、角联巷道、无风或微风等引发灾变的转化条件及可能性的详细分析。

（5）对矿井通风系统防灾体系总体稳定性和抗灾能力进行评估。根据矿井危险源和防治系统的情况，应用各种灾害非稳态模拟技术，分析矿井通风系统在不同灾变状况下的稳定性、可靠性和抗灾能力，从而对具体矿井进行评估。

加强矿井通风事故隐患排查的管理，有利于从根本上消除通风事故隐患，达到杜绝因通风引起的灾害事故的发生。通风事故隐患管理信息系统能协助技术人员从通风角度全面地查到各类事故的隐患，从而提高矿井通风能力和防灾抗灾能力。

13.4.2 通风事故隐患检查

矿井通风事故隐患管理最基本的任务是通风事故隐患检查，通风事故隐患检查可及时发现通风的不安全隐患，将事故消灭在萌芽状态，对矿井实现安全生产具有重要意义。

一般用于矿井通风的隐患检查方法有安全检查表、事故树、事件树等。矿井中有实际应用价值且已在矿井中得到广泛应用的是安全检查表法。

13.4.2.1 *矿井通风系统的隐患检查*

（1）检查通风系统中是否存在主要通风机供风量小于井下总的

需风量；多台通风机并联运转不匹配；分支风流不稳定、无风、微风或反向；串联通风；循环风。

1）地面检查。主要查看通风系统图，分析风流间的关系；查阅测风记录、风量分配记录和通风报表等。分析矿井供风量是否满足用风地点通风的要求。

2）通风机房检查。查看主要通风机实际工况、风量和风压特性曲线。

3）井下检查。检查风流路线、流向，测定风速和有毒有害气体浓度，分析风量供给、风流是否稳定，整体评价通风的可靠性。

(2) 检查主要通风机运转状况，包括通风机工况及其变化、电压电流的稳定情况、风机故障情况。查看风机房负压计、测量风速等。

(3) 矿井通风设施完好状况，包括反风设施、风门、风桥、测风站、密闭墙等设施，分析反风设施的可靠性、设施的设置是否合理、是否符合质量标准的要求。

(4) 检查矿井内部漏风和外部漏风。

13.4.2.2 采区通风事故隐患检查

A 检查重点

(1) 采区通风系统及其抗灾防灾能力。

(2) 工作面有毒有害气体含量。

(3) 作业场所粉尘量。

B 检查内容

(1) 采区通风系统是否完善。

(2) 采掘串联通风是否符合安全规程规定。

(3) 工作面通风形式、风速、风量是否符合规程的要求。

(4) 采空区漏风情况。

(5) 采区通风是否稳定可靠。

C 检查方法

(1) 查看通风系统图或采掘工程平面图，分析采区通风系统的可靠性。

(2) 根据安全规程要求对串联通风进行检查。

（3）查阅通风报表，分析通风的有效性和可靠性。

（4）现场测定风速、有毒有害气体浓度，计算漏风量，分析是否符合有关规定，工作面风速是否符合要求。

13.4.2.3 掘进通风事故隐患检查

掘进巷道常采用局部通风设备通风，因可靠性容易受到干扰而发生事故。据统计，煤矿中掘进工作面瓦斯、煤尘爆炸事故，金属矿山中炮烟中毒，粉尘危害等较为突出，因而必须加强对掘进通风的安全管理。

A 检查重点

（1）通风系统的可靠性。必须具备完善的通风系统，采用局部通风机通风或全风压通风，严禁扩散通风。

（2）局部通风机的运转状况。

（3）掘进通风安全装备系列化状况。

B 检查内容

（1）局部通风机是否安装在进风巷中。

（2）局部通风机是否产生循环风。

（3）风机及与风筒连接处是否存在漏风。

（4）煤矿是否装备“风电、瓦斯电”闭锁装置。

（5）煤矿机电设备防爆性能。

C 检查方法

（1）检查风筒：是否使用符合安全规程规定的风筒，吊挂是否合格，风筒间接头是否漏风，风筒有无破口。

（2）检查掘进通风管理：查阅掘进作业规程、局部通风机运转记录、停风记录和进行现场实际检测。

通过通风系统设计、设施设备使用管理等方面的隐患排查，查找通风的安全隐患，并对隐患的处理责任到人按轻重缓急排序，将事故消灭在萌芽状态，杜绝事故的发生，实现矿井的安全生产。

14 矿井粉尘的产生、性质及其危害

14.1 粉尘的产生及其性质

14.1.1 粉尘的产生

在生产过程中产生和形成的、能较长时间在空气中悬浮的固体微粒被称为生产性粉尘。悬浮于空气中的粉尘称为浮尘，已沉落的粉尘称为积尘，我们检测和防治的重点就是浮尘。从胶体化学的观点来看，含有粉尘的空气是一种气溶胶，悬浮粉尘散布弥漫在空气中与空气混合，共同组成一个分散体系，分散介质是空气，分散相是悬浮在空气中的粉尘粒子。

在许多生产过程中都能散放出大量的粉尘。如化学工业、固体原材料、半成品的加工和成品的包装等过程中产生粉尘；轻工业在搪瓷、纺织以及皮毛加工等生产过程中产生粉尘；机械工业的铸造、研磨等工序产生粉尘；煤炭以及各种矿石、岩石的开采和加工产生粉尘；冶金工业的选矿、烧结、耐火材料等工序产生粉尘；农业的耕种、收获等也能产生粉尘。总之，粉尘的产生过程概括起来有两类，一是机械过程：其中包括固体的粉碎、研磨等，粉末状或散粒状物料的混合、过筛、输送、包装等；二是物理化学过程：其中包括物质的不完全燃烧或爆炸，物质被加热时产生的蒸汽在空气中凝结或被氧化等。

生产性粉尘的分类一般有以下几种。

14.1.1.1 按粉尘性质（组成成分）分类

A 无机性粉尘

（1）矿物性粉尘，如石英、石棉、滑石等粉尘。

（2）金属性粉尘，如锡、铁、铜、铅、锰、锌、铍等金属及其化合物粉尘。

（3）人工合成无机性粉尘，如水泥、玻璃纤维、金刚砂等粉尘。

B 有机性粉尘

（1）植物性粉尘，如棉、亚麻、甘蔗、谷物、木材、茶等粉尘。

（2）动物性粉尘，如毛发、兽皮、骨质、角质等粉尘。

（3）人工合成有机性粉尘，如炸药、有机染料、塑料、人造纤维等粉尘。

C 混合性粉尘

两种以上不同性质的粉尘同时存在称为混合性粉尘。这种粉尘在生产中最为多见。如煤矿开采时煤尘中掺杂有不等量石英；金属制品加工研磨时有金属和磨料粉尘；棉纺厂准备工序有棉尘和土壤粉尘等。

14.1.1.2 按粉尘粒径大小分类

（1）尘埃：（固有粉尘）粒子直径大于10μm，在静止空气中呈重力加速度下降，停留时间短，不扩散。

（2）尘雾（云）：粒子直径在0.1～10μm之间，在静止空气中沉降较慢，遵循依斯托克斯法则等速降落。

（3）烟尘（烟）：粒子直径在0.001～0.1μm之间，因其大小接近于空气分子，受空气分子的冲击，在空气中做布朗运动，具有相当强的扩散能力，在静止空气中几乎完全不降落或非常缓缓而曲折地降落。

14.1.1.3 按粉尘粒子折光性的不同分类

（1）可见性粉尘：肉眼可见，粉尘粒子直径大于10μm。

（2）显微性粉尘：显微镜下可见，粉尘粒子直径为0.25～10μm。

（3）超显微性粉尘：只有在超显微镜下（如电子显微镜）才能看见，粒径小于0.25μm。

14.1.1.4 按粉尘粒子能否进入肺泡分类

（1）呼吸性粉尘：粉尘粒子能随呼吸进入人体肺泡，粒子直径一般小于10μm。

（2）非呼吸性粉尘：粉尘粒子被呼吸道阻留，不能随呼吸进入人体肺泡，粒子直径大小一般为10μm。

14.1.2　粉尘的性质

固体块状物料被破碎成细小的粉状微粒后，除继续保持原有的主要物理化学性质外，还会出现许多新的特性，如爆炸性、带电性等。研究掌握这些特性对于粉尘的检测及防尘措施的制定有很强的指导意义。

14.1.2.1　粉尘的化学成分

粉尘的化学成分及含量直接决定着对人体的危害程度。粉尘中所含游离二氧化硅的量越高，则引起尘肺病（也称肺尘埃沉着病，下同）变的程度越重，病情发展的速度越快，所以危害性也越大。

二氧化硅约占地壳的60% ~70%，总称为硅石，在地表分布极为广泛。其以结合型和游离型两种形态存在于自然界中。游离二氧化硅其中有无定型的，如硅藻土，致纤维化能力较弱；结晶型的，如石类，具有很强的致纤维化能力。结合型二氧化硅，如石棉、滑石，其致病力也因游离二氧化硅含量高低而不同。石棉肺症状在尘肺中最重，而滑石肺症状较轻。

经研究证明，含游离二氧化硅浓度 70% 以上的粉尘所致尘肺，肺内弥漫性纤维性病变多以结节为主，进展较快且易融合成大的纤维团块；含游离二氧化硅浓度低于 10% 的粉尘所致尘肺，肺内病变则以间质纤维化为主，发展较慢且不易融合。以上说明粉尘中游离二氧化硅含量不同，所引起的尘肺表现形式也不同。

在尘肺发生中，除粉尘中游离二氧化硅这一关键因素之外，其他因素也不容忽视，如一些稀有元素和放射性物质，也能影响尘肺的发病和病程。

14.1.2.2　粉尘的分散度

粉尘的粒径分布称为粉尘的分散度。粉尘的粒径对球形粒子来讲是指它的直径。实际尘粒的形状大多是不规则的，只能用某一代表性的数值作为粉尘的粒径。例如，用显微镜法测定粒径时有定向粒径、长轴粒径、短轴粒径等；用液体沉降法测出的粒径称为斯托克斯粒径。

生产性粉尘粒子大小通常用其直径——粒径（μm）来表示。

粉尘的分散度不同、其存在的形态及对人体健康的危害有所不同。

分散度与粉尘在空气中存留的时间有关。分散度愈高则粉尘粒子沉降愈慢，在空气中飘浮时间愈长。不同直径的粉尘，从呼吸带（1.5m 左右）降落至地面，所需时间差异很大，在静止空气中 10μm 的石英尘，数分钟就降落下来，1.0μm 的石英尘降落到地面需 5～7h，0.1μm 石英尘 24h 左右才能降落下来。

在矿井生产环境空气中的粉尘，以 10μm 以下者最多，其中 2μm 以下者占 40%～90%。这些粉尘造成对人体健康的损害成为防治的重点。

分散度与粉尘在呼吸道中的阻留有关。一般情况下 10μm 以上的尘粒，在上呼吸道沿途被阻留，5μm 以下的尘粒，可达到肺泡。硅肺尸检发现，肺组织中多数是 5μm 以下的尘粒，也有极个别的尘粒大于 5μm。粒径在 0.5μm 以下的粉尘，因质量极小，在空气中随空气分子运动，可随呼出气流排出。

分散度与粉尘的理化性质有关。粉尘分散度越高，则单位体积粉尘总表面积（单位体积中所有粒子的表面积的总和）越大，表面积大，理化活性高，易参与理化反应。同时粉尘能吸附气体分子，在尘粒表面形成一层薄膜，阻碍粉尘的凝聚，增加了粉尘在空气中存留时间。粉尘表面积大，增加了吸附空气分子能力。

14.1.2.3 粉尘的溶解度

粉尘的溶解度大小与其对人体的危害程度的关系因粉尘性质的不同而异。毒性粉尘，随着溶解度的增加，有害作用也加强；对人体主要起机械性刺激的粉尘，尘粒溶解得越迅速、越完全，危害性越小。

值得提出的是石英粉尘，虽然在体内溶解较少，但对人体的危害比较严重。

14.1.2.4 粉尘的荷电性

生产性粉尘所带电荷的来源有：在粉碎过程中形成；在运动中

粉尘间互相摩擦而产生，吸附了空气中的离子而带电；也可以由其他带电表面直接接触而得到。粉尘粒子的荷电量取决于尘粒的大小和质量，同时受温度和湿度的影响，温度升高，则荷电量增高，湿度增加时，荷电量降低。

粉尘的荷电性对粉尘在空气中的稳定程度有一定影响，同性电荷相斥，增加了尘粒在空气中的稳定性。异性电荷相吸，则粒子在撞击时凝集而沉降。

粉尘的荷电性首先影响粉尘吸入人体后的阻留量。在其他条件相同的情况下，荷电粉尘在肺内阻留量达70%～74%，而非荷电的只有10%～16%。尘粒带电程度还能影响细胞吞噬作用的速度。

14.1.2.5　粉尘的形状和硬度

粉尘粒子的形状多种多样，有块状、片状、针状、线状及其他形状。粉尘粒子的形状在某种程度上影响粉尘在空气中的稳定性。质量相同的尘粒，其形状愈接近球形，则沉降时所受阻力愈小，沉降速度越快。

带棱角坚硬的粉尘作用于呼吸道、黏膜和皮肤时能引起较大的损伤，对呼吸道有一定的机械性刺激。

14.1.2.6　粉尘的爆炸性

固体物料破碎后，总表面积大大增加，例如，边长10mm的立方体固体粉碎成边长1μm的小粒子后，总表面积由600mm^{2}增加到6m^2，由于表面积增加，粉尘的化学活泼性大为加强。某些在堆积状态下不易燃烧的可燃物如糖、面粉、煤粉、硫磺、铝、锌等，当它以粉末状态悬浮于空气时，与空气中的氧有了充分的接触机会，在一定的温度和浓度等条件下，可能发生爆炸。各种可爆炸性粉尘最小浓度：煤尘为30～40g/m^3；铝、淀粉、硫磺为7g/m^3；糖10.3g/m^3。所以设计除尘系统时，必须高度注意，避免爆炸事故的发生。

14.1.2.7　可湿性

尘粒是否易被水（或其他液体）润湿的性质称为可湿性。根据粉尘被水润湿程度的不同可将粉尘分为两类：一类是容易被水润湿的如泥土等称为亲水性粉尘；另一类是难以被水润湿的粉尘如炭黑等称为疏水性粉尘。亲水性粉尘被水润湿后会发生凝聚、增重，有利于粉尘从空气中分离。疏水性粉尘则不宜采用湿法除尘。

粒径对粉尘的可湿性也有很大影响。5μm 以下（特别是 1μm 以下）的尘粒因表面吸附了一层气膜，即使是亲水性粉尘也难以被水润湿。只有当液滴与尘粒之间具有较高相对速度时，才能冲破气膜使其润湿。有的粉尘（如水泥、石灰等）与水接触后，会发生黏结和变硬，这种粉尘称为水硬性粉尘，不宜采用湿法除尘。

14.2　粉尘的危害

粉尘的危害是多方面的，首先是对人体的危害；其次是造成大气环境的污染；再次是影响产品质量、加速机械部件的磨损。粉尘除造成经济上的损失外，还有些易燃易爆的粉尘，可能会引起爆炸事故发生，不利于安全生产。

14.2.1　粉尘对人体的危害

粉尘的种类繁多，性质各异，作用于人体之后所引起的变化也各有不同。就病理作用性质分成以下几种：

(1) 全身中毒粉尘，如铅、锰、砷等粉尘。

(2) 引起肺部纤维化的粉尘，如硅尘、硅酸盐类粉尘等。

(3) 局部刺激性粉尘，如漂白粉、生石灰、水泥等。

(4) 变态反应性粉尘，如大麻、吐根、乌苏尔等粉尘。

(5) 光感性粉尘，如沥青粉尘。

(6) 感染源性粉尘，如破烂布屑、兽毛等粉尘。

(7) 致癌性粉尘，如某些光力学物质和放射性物质等粉尘。

粉尘对人体健康的危害同粉尘的性质及粒径大小和进入人体的粉尘量有关。

14.2.1.1　粉尘的化学性质是危害人体的主要因素

因为化学性质决定它在人体内参与和干扰生化过程的程度和速

度，从而决定危害的性质和大小。有些毒性很强的金属粉尘（铬、锰、镉、铅、镍等）进入人体后，会引起中毒以致死亡。例如，铅使人贫血，损害大脑；锰、镉损害人的神经、肾脏；镍可以致癌；铬会引起鼻中隔溃疡和穿孔以及肺癌发病率增加。此外，它们都能直接对肺部产生危害。如吸入锰尘会引起中毒性肺炎；吸入镉尘会引起心肺机能不全等。粉尘中的一些重金属元素对人体的危害很大。

一般粉尘进入人体肺部后，可能引起各种尘肺病。有些非金属粉尘如硅、石棉、炭黑等，由于吸入后人体不能排除，将变成硅肺、石棉肺和尘肺。例如，含有游离二氧化硅成分的粉尘，在肺泡中沉淀会引起纤维性病变，使肺组织硬化而丧失呼吸功能，发生硅肺。

14.2.1.2　粉尘粒径的影响

粉尘粒径的大小是危害人体的另一个重要因素，它主要表现在以下两个方面。

粉尘粒径小，粒子在空气中不易沉降，亦难以捕集，造成长期空气污染；同时易于随空气吸入人的呼吸道深部。一般说来，粒径大于5μm的粒子容易被呼吸道阻留，一部分阻留在口、鼻中，一部分阻留在器官和支气管中。

如图14-1所示，不同粒径的粉尘在人的呼吸部位沉积情况。支气管具有长的纤毛的上皮细胞，这些纤毛把黏附有粉尘的黏液送到

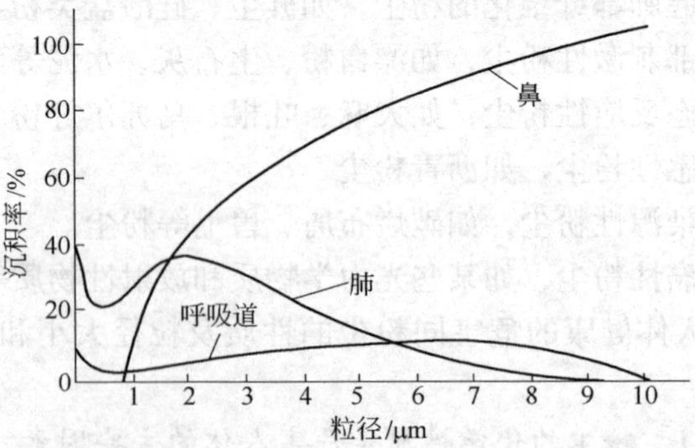

图14-1　不同粒径粉尘在人体各部位的沉积率

喉咙，然后被人咳出去或者咽到胃里；粒径小于5μm的粒子能进入人体的肺泡，如果在肺泡沉淀下来，由于肺泡壁极薄，无数肺泡的表面积很大，且其为含碳酸的液体所润湿、周围毛细血管很多，便成为吸收有害物的主要地点。粒径小的有害物又比较易溶解，经肺泡吸收也较快。因为有害物通过肺泡的吸收速度快，而且被肺泡吸收后，不经肝脏的解毒作用，直接被血液和淋巴输送到全身，所以有很大的危害性。

粉尘粒径小，不仅其化学活性增大，表面活性也增大（由于单位质量的表面积增大)，加剧了人体生理效应的发生与发展。例如锌和一些金属本身并无毒，但将其加热后形成烟状氧化物时，可与体内蛋白质作用而引起发烧，发生所谓铸造热病。

再有粉尘的表面可以吸附空气中的有害气体、液体以及细菌病毒等微生物，它是污染物质的媒介物，还会和空气中的二氧化硫联合作用，加剧对人体的危害。

粉尘还能大量吸收太阳紫外线短波部分，严重影响儿童的生长发育。

14.2.2 粉尘对大气的污染

中国的大气污染已达到相当普遍而严重的程度。由于工业布局不合理、人口密集及管理不善等原因，城市大气污染更为严重。目前我国能源构成中煤炭占70%以上，石油及天然气占25%，而能量利用率在30%以下，加上民用炉灶及采暖锅炉效率低，燃烧点分散，更加重了污染。

14.2.3 粉尘对生产的影响

粉尘对生产的影响主要是降低产品的质量和机器工作精度。如感光胶片、集成电路、化学试剂、精密仪表和微型电机等产品，若是被粉尘沾污或其转动部件被磨损、卡住，就会降低质量甚至报废。有些工厂车间经常由于对生产环境的粉尘控制不严而受到许多损失。粉尘还使光照度和能见度降低，影响室内作业的视野。有些粉尘对建筑物进行物理的及化学的侵蚀和破坏。

14.2.4　粉尘爆炸性危害

分散在空气中的某些粉尘同时具备氧气、高温，可燃粉尘就会燃烧、爆炸。爆炸在瞬间发生，伴随高温、高压、热空气膨胀形成的冲击波具有很强的摧毁力和破坏性。

在实际工作中，评价矿井生产环境空气中粉尘对人体危害程度时，既应分析其化学组成，尤其是二氧化硅含量，也应注意作业环境中的粉尘浓度，通过综合评价，为制定矿井防尘措施提供科学依据。

14.3　粉尘的传播机理

任何粉尘都要经过一定的传播过程，才能以空气为媒介侵入人的机体组织。在自然力或机械力的作用下使尘粒从静止状态变成悬浮于周围空气中的作用，称其为“尘化”作用。下面是尘化作用的几种情况。

14.3.1　剪切压缩造成的尘化作用

如图 14-2 所示，筛分物料用的振动筛往复振动时，使疏松的物料不断受到挤压，因而会把物料间隙中的空气猛烈挤压。当这些气流向外高速运动时，由于气流和粉尘的剪切压缩作用，带动粉尘一起溢出。

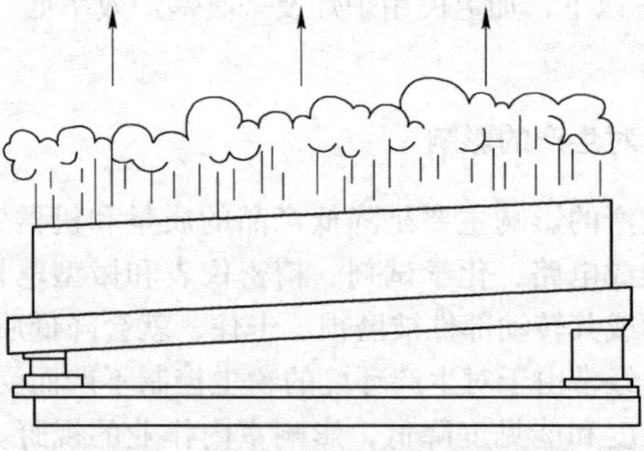

图 14-2　剪切压缩造成的尘化作用

14.3.2 诱导空气造成的尘化作用

如图 14-3、图 14-4 所示，物体或粒状物料在空中高速运动时，能带动周围空气随其流动，这部分空气称为诱导空气。由于空气和物料的相对运动使粉尘飞扬。

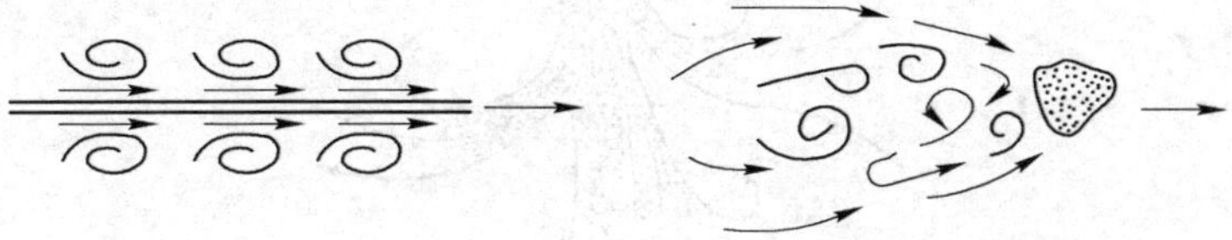

图 14-3 诱导空气造成的尘化作用（块、粒状物料运动时）

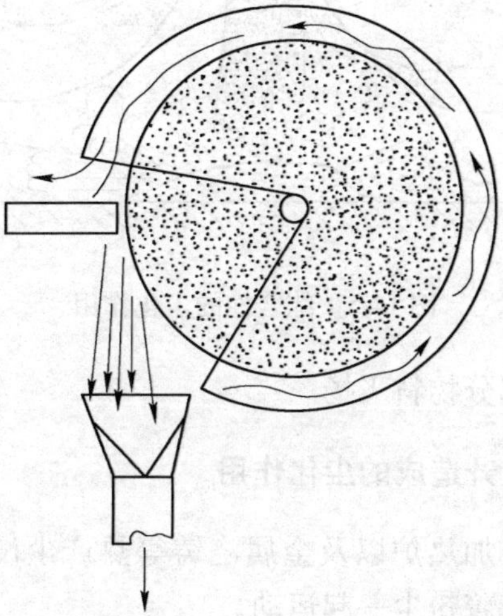

图 14-4 诱导空气造成的尘化作用（砂轮转动时）

14.3.3 综合尘化作用

如图 14-5 所示，皮带运输机的粉料从高处下落到地面时，由于气流和粉尘的剪切作用，被物料挤压出来的高速气流会带着粉尘向四周飞溅。另外，粉尘在下落过程中，由于剪切和诱导空气的作用，

图 14-5　综合性的尘化作用

高速气流也会使部分物料飞扬。

14.3.4　热气流上升造成的尘化作用

当炼钢电炉、加热炉以及金属浇铸等热产尘设备表面的空气被加热上升时，会带着粉尘一起运动。

通常，把上述各种使尘粒由静止状态进入空气中浮游的尘化作用称为一次尘化作用。引起一次尘化作用的气流称为尘化气流。通过对尘粒运动状态的分析研究表明，一次尘化作用给予粉尘的能量是不足以使粉尘扩散飞扬的，它只造成局部地点的空气污染。造成粉尘进一步扩散，污染空间环境的主要原因是二次气流，即由于通风或冷热气流对流所形成的空间内气流。如图 14-6 所示，二次气流带动局部地点的含尘空气在整个空间内流动，使粉尘飞扬。所以，

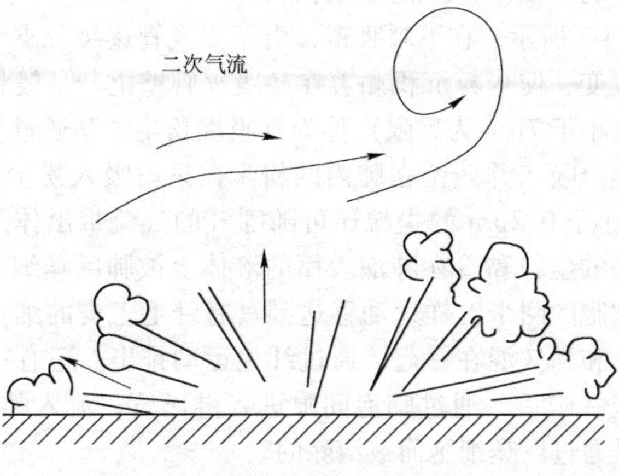

图 14-6 二次气流对粉尘扩散的影响

粉尘是依附于气流而运动的。

14.4 粉尘对人体健康的危害

生产性粉尘是常见的职业危害因素之一。随着卫生学调查研究、采样和分析技术的进步对粉尘危害的认识逐步深入，由于生产性粉尘的种类繁多，其危害程度也因其理化性质、浓度、接触时间及作用部位等情况不同而异。我国接触粉尘作业人员，以接触硅尘作业为多，而在全部肺病人中，硅肺病人占比重较大。

14.4.1 粉尘在人体内的蓄积与清除

人体能通过多种途径将大部分吸入的尘粒清除掉，人体防御和清除尘粒的功能有三：滤尘、运送和吞噬功能。三者相互联系，不可分割。

含尘气流经过鼻腔、咽部和气管时，由于沿途的撞击和惯性使粒径小于 15μm 的尘粒沉积下来，经鼻腔黏膜和气管黏膜分泌物将它黏住并排出体外。鼻腔滤尘效能约为吸入粉尘总量的 30% ~50%，滞留在气管、支气管的上呼吸道粉尘颗粒粒径一般小于 10μm，是借助于呼吸道黏膜所分泌的黏液和黏膜上皮的纤毛运动，其中有

97% ~98% 的尘粒伴随黏液排出体外。

如图 14-7 所示，在下呼吸道，由于支气管逐级分支气流速度减慢或方向改变，使尘粒沉积黏着在各级气管壁上，一般将粒径小于 5μm（或以小于 7μm 为界限）称为呼吸性粉尘，其通过气管、支气管进入肺泡。吸入并残留在肺内的粉尘，只占吸入粉尘量的 2% ~ 3%。其中小于 0.2μm 的尘粒还可随呼气的气流带出体外。由此看来进入肺泡的尘粒黏着在肺泡表面的液体上被肺巨噬细胞吞噬，并通过巨噬细胞的阿米巴样运动移送到具有纤毛上皮的细支气管的黏膜表面，并和黏液混在一起，通过纤毛运动排出。还有一部分粉尘被巨噬细胞吞噬后，通过肺泡间隙进入淋巴管，流入肺门淋巴结，这些尘粒是通过巨噬细胞而被清除的。

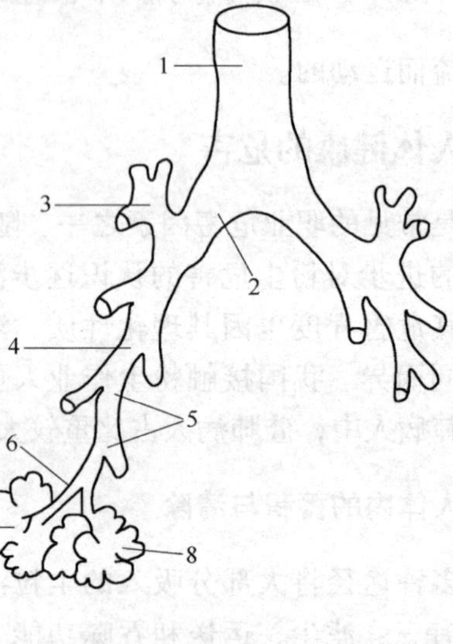

图 14-7　粉尘在肺内部各部位阻留模式图

1—气管；2—一级支气管；3—二级支气管；4—三级支气管；5—六级及五级支气管；6—呼吸性支气管；7—肺泡管；8—肺泡囊

因粉尘能达到呼吸道的部位与引起的组织反应不同，将粉尘分为：可吸入尘粒，指经口、鼻而吸入的粒子，粒径一般小于 15μm 的粒子；吸入粒子，指可进入喉部以下粒子，粒径一般小于 10μm；

呼吸性粒子是指能通过呼吸性细支气管而到达肺泡的粒子，粒径一般小于5μm。

当含有游离二氧化硅的尘粒，进入肺内，经过巨噬细胞的吞噬作用形成尘细胞，则尘细胞在其毒作用下往往很快崩解死亡，从尘细胞中逸出的硅尘，可再被具有活力的巨噬细胞吞噬，这个过程可反复进行。

由此看来，人体虽有良好的防御和清除功能，但若长期吸入高浓度的粉尘，仍可引起尘肺病的发生。

14.4.2 粉尘对人体健康的影响

粉尘进入人体后，因其理化性质、进入数量和到达与沉积的部位不同，而有不同的致病作用。

14.4.2.1 尘肺

尘肺是粉尘所致疾病中的主要疾病。职业性尘肺是指长期吸入达一定量的生产性粉尘所引起以肺组织纤维化为主的全身性疾病。尘肺按病因分为五类：

（1）硅肺：吸入含游离二氧化硅粉尘引起的。

（2）硅酸盐肺：吸入含结合型二氧化硅粉尘引起。

（3）炭尘肺：吸入煤、石墨、炭黑、活性炭等粉尘引起。

（4）混合性尘肺：吸入含游离二氧化硅和其他物质的混合性粉尘引起。

（5）其他尘肺：如磷灰石粉引起的尘肺、金属或其他化合物所引起的尘肺等。

中国2002年4月18日公布的职业病名单中，目前有13种尘肺，即：硅肺、煤工尘肺、石墨尘肺、炭黑尘肺、石棉肺、滑石尘肺、水泥尘肺、云母尘肺、陶土尘肺、铝尘肺、电焊工尘肺、铸工尘肺、其他尘肺。

14.4.2.2 局部作用

被吸入的粉尘首先作用于呼吸道，早期引起鼻腔黏膜机能亢进、毛细血管扩张，大量分泌黏液以阻留更多的粉尘，这是人体的一种保护性反应，久之形成肥大性鼻炎，最后由于黏膜细胞营养供应不足而致萎缩，可形成萎缩性鼻炎，还可以引起咽炎、喉炎、气管炎。粉尘经皮肤接触可引起皮脂腺孔堵塞、皮肤干燥、皲裂、引起粉刺、毛囊炎，严重者引起浓皮病。沥青粉尘在紫外线作用下可引起光感性皮炎。金属研磨可引起眼角膜损伤、感觉迟钝，甚至引起角膜混浊。混入耳道皮脂及耳垢中的粉尘可促使形成耳垢栓塞，进入鼻咽部的粉尘能引起中耳炎及咽管炎。

15 矿井粉尘测定技术

15.1 粉尘测定内容与计量方法

生产场所空气中粉尘测定的项目较多，但目前从卫生学角度规定，主要测定项目有粉尘浓度、粉尘分散度及粉尘中游离二氧化硅含量的测定。

粉尘浓度是指单位体积空气中所含粉尘的质量或数量。粉尘浓度的计量方法有质量法和数量法两种，质量粉尘浓度以毫克/立方米（mg/m^3）表示，数量粉尘浓度以粒/立方厘米（n/cm^3）表示。

粉尘分散度为各粒径区间的粉尘数量或质量分布的百分比。粉尘分散度的计量方法有数量分布百分比和质量分布百分比两种，都以%表示。

粉尘中游离二氧化硅含量为粉尘中结晶型的二氧化硅含量的百分比，以%表示。

15.2 工作场所粉尘浓度测定

为了了解评价作业场所空气中粉尘对人体健康的危害程度，研究改善防尘技术措施以及评价其效果，都需要对粉尘浓度进行测定。

目前，中国卫生标准中粉尘最高允许浓度的指标是采用质量浓度。因此在国家标准（GB 5748—85）“作业场所空气中粉尘测定方法”中采用质量法。因为用质量法所测得的粉尘浓度准确性较高，且尘肺的发生和发展与生产现场空气中的粉尘质量浓度有一定的关系。

当前人们越来越注意那些与人体健康有关的尘粒，即能进入人的鼻腔、口腔内的粒子称为总粉尘。在粉尘浓度的测定方面，中国卫生标准的规定是用一般敞口的采样器采集一定时间悬浮在空气中的全部固体微粒，但是近年来国际上对总粉尘或总粉尘浓度的定义有进一步的提法。国际标准组织(ISO)1983 年第 8 次修订总粉尘测定标准中规定:“总粉尘定义为 1 ~ 3m/s 入口速度所捕集到的尘粒”。“在静止空气中选用入口直径为 2 ~ 10mm 的采样器,能收集空气动力学直径达 30μm 的尘粒”。

15.2.1　采样点的选定

采样点的选定以能代表粉尘对人体健康的危害为原则。考虑粉尘发生源在空间和时间上的扩散规律,以及工人接触粉尘情况的代表性,测定点应根据工艺流程和工人操作方法而确定。

(1) 在生产作业地点较固定时,应在工人经常操作和停留的地点,采集工人呼吸带水平的粉尘,距地面的高度应随工人生产时的具体位置而定,例如在站立生产时,可在距地面 1.5m 左右尽量靠近工人呼吸带进行采样。坐位、蹲位工作时,应适当放低。

为了测得作业场所的粉尘平均浓度,应在作业范围内尽可能均匀选择若干点进行测定。求得其算术或几何平均值和标准差。

(2) 在生产作业不固定时,应在接触粉尘浓度较高的地点、接触粉尘时间较长的地点和工人集中的地点分别进行采样。

(3) 在有风流影响的作业场所,应在产尘点的下风侧或回风侧粉尘扩散较均匀地区的呼吸带进行粉尘浓度的测定。

15.2.2　粉尘浓度测定方法

测定悬浮粉尘浓度的方法很多,根据测定原理或定量方法可分为捕集测定法和悬浮测定法,或可分为绝对浓度测定法和相对浓度测定法。

(1) 绝对浓度的测定法。将捕集到的粉尘用天平称其质量求出粉尘的质量浓度,或用显微镜计数求其数粒浓度或是用光学手段对悬浮粉尘直接计数,这些都是绝对浓度测定法。

(2) 相对浓度测定法。捕集悬浮粉尘,通过测得与粉尘量有相关性的物理量,求得粉尘浓度,或测定悬浮粉尘的相对物理量,求得粉尘的浓度。如 β 射线测尘仪、压电晶体测尘仪等。

采样方法的分类应随测尘的目的而定,如为探索作业场所粉尘分布规律和监督检查，采用快速测尘法较为方便；为确定尘源强度，了解产尘环境被尘污染程度，研究改善防尘措施，采用现行的短时定点采样法较为合适；对粉尘作业场所常规监测，采用个体及连续采样方法较为合适。

15.2.3 滤膜测尘质量法

目前中国规定的粉尘浓度测定方法是采用滤膜计重法。此法具有采样简便、操作快速及准确性较高的优点，在矿井下高湿环境或有水雾存在的情况下采样时，样品称量前应做干燥处理；在有油雾的空气环境中采样时，可用石油醚除油，再分别计算粉尘浓度和油雾浓度。

15.2.3.1 原理

抽取一定体积的含尘空气，将粉尘阻留在已知质量的滤膜上，由采样后滤膜的增量，求出单位体积空气中粉尘的质量浓度（mg/m^3）。

15.2.3.2 器材

（1）采样器：采用经过国家防尘通风安全产品质量监督检验测试中心检验合格的，并经国务院所属部委一级鉴定的粉尘采样器。在需要防爆的作业场所采样时，用防爆型粉尘采样器，采样器附带有采样支架。

（2）滤膜：滤膜测尘法是以滤膜为滤料的测尘方法。测尘用滤膜一般有合成纤维与硝化纤维两类。我国测尘用的是合成纤维滤膜。由直径1.25～1.5μm的一种以高分子化合物过氯乙烯制成的超细纤维构成物，所组成的网状薄膜孔隙很小，表面成细绒状，不易破裂，具有抗静电性、憎水性、耐酸碱和质量轻等特点，纤维滤膜质量稳定性好，在低于55℃的气温下不受温度变化影响。当粉尘浓度低于$50mg/m^3$时，用直径为40mm的滤膜；高于$50mg/m^3$时，用直径为75mm的滤膜。当过氯乙烯纤维滤膜不适用时，改用玻璃纤维滤膜。

（3）采样头、滤膜夹及样品盒：采样头一般采用武安Ⅲ型采样头，如图15-1所示，采样头可用塑料或铝合金制成，滤膜夹由固定盖、锥形环和螺丝底座组成。滤膜夹及样品盒用塑料制成。

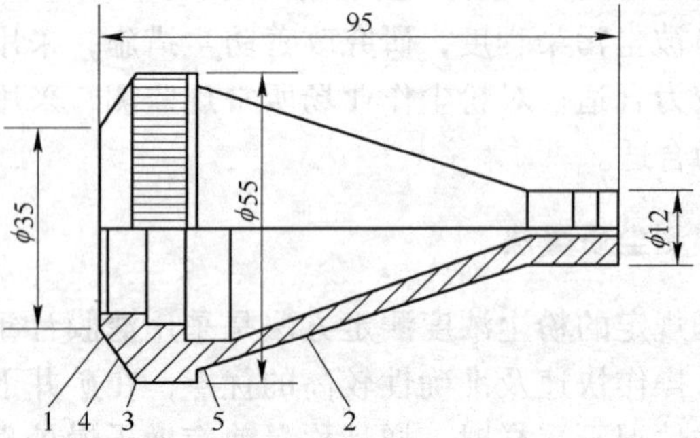

图 15-1　滤膜采样头

1—顶盖；2—漏斗；3—固定盖；4—锥形环；5—螺丝底座

（4）气体流量计：常用 15 ~ 40L/min 的转子流量计，也可用涡轮式气体流量计，需要加大流量时，也可用 40 ~ 80L/min 的流量计，其精度为 ±2.5%。流量计至少每半年用钟罩式气体计量器、皂膜流量计或精度为 ±1% 的转子流量计校正一次。若流量计管壁和转子有明显污染时，应及时清洗校正。

（5）天平：用感量为 0.0001g 的分析天平。按计量部门规定，每年检定一次。

（6）秒表或相当于秒表的计时器。

（7）干燥器：内盛变色硅胶。

15.2.3.3　测定步骤

A　采样前的准备

a　称量滤膜

用镊子取下滤膜两面的夹衬纸，将滤膜置于天平上称量至恒重（相邻两次的质量差不超过 0.1mg），编号（可按滤膜夹号）、记录质量。

b　滤膜的固定

滤膜夹应先用酒精棉球擦净。

（1）旋开滤膜夹的固定盖，用镊子夹取已称量的滤膜，毛面向上平铺在锥形环上，再将固定盖套上并拧紧。

（2）检查固定的滤膜有无皱褶或裂隙，若有时应重新固定。

（3）将装好的滤膜放入带有编号的样品盒内备用。

c　直径 75mm 滤膜（漏斗形）的固定

（1）旋开滤膜夹的固定盖。

（2）用镊子将滤膜对折两次成 90°角的扇形，然后张开成漏斗状，置于固定盖内，使滤膜紧贴固定盖的内锥面。

（3）用锥形环压紧滤膜的周边，将螺丝底座拧入固定盖内，如滤膜边缘由固定盖的内锥面脱出时，则应重装。

（4）用圆头玻璃棒将滤膜漏斗的锥顶推向对侧，在固定的另一方向形成滤膜漏斗。

（5）检查安装的滤膜有无漏隙，若有应重装。

（6）将装好的滤膜夹放入带有编号的样品盒内备用。

B　现场采样

采样前应对生产场所的作业情况进行调查，对工艺流程、生产设备、操作方法、粉尘发生源及其扩散规律和主要防尘措施等进行了解。根据采样点选定的原则选好采样点。

a　采样开始时间

在连续性产尘的作业点，开始作业 30min 后粉尘浓度稳定时采样，阵发性产尘作业点，应在工人工作时采样。

b　采样的流量

常用流量为 15～40L/min。一般以 20L/min 或 25L/min 的流量采样，粉尘浓度较低时，可适当加大流量，但不得超过 80L/min，在整个采样过程中，流量应稳定。

c　采样的持续时间

根据采样点的粉尘浓度估计值及滤膜上所需粉尘增量的最低值确定采样的持续时间，但一般不得小于 10min（当粉尘浓度高于 10mg/m^3时，采气量不得小于 0.2m^3；低于 2mg/m^3时，采气量为 0.5～1m^3），采样的持续时间一般按下式估算：

$$t \geqslant \frac{\Delta m \times 1000}{C \cdot q_{\mathrm{V}}} \tag{15-1}$$

式中　t——采样持续时间，min；

Δm——要求的粉尘增量，其质量应大于或等于1mg；

C——作业场所的估计粉尘浓度，mg/m^3；

q_V——采样时的流量，L/min。

d 采样

（1）架设采样器。将已准备好的滤膜夹从样品盒中取出，放入采样头内，拧紧顶盖，安装在采样器上，再将采样器固定在采样支架上。采样器距地面1.5m左右，采样时滤膜的受尘面应迎向含尘气流。当迎向含尘气流无法避免飞溅的泥浆、砂粒对样品的污染时，受尘面可以侧向。

（2）检查采样器、流量计和采样接头的连接部分的气密性。

（3）开动采样器的电源开关，迅速调节流量旋钮，达到预定的流量，同时计时器计时进行采样，在采样过程中要保持流量稳定。

（4）根据现场情况，按照采气量的要求确定采样时间，采样终止，关闭电源开关，记录采样的流量和时间。采集在直径为40mm滤膜上的粉尘增量不应少于1mg，但不得多于10mg；直径为75mm的滤膜应做成锥形漏斗进行采样，其粉尘增量不受此限。

（5）采样结束后，轻轻地拿下采样头，再从采样头内取出滤膜夹，将受尘面向上，小心放入样品盒中，带回实验室进行称量分析。

（6）采样记录：采样时应对采样日期、采样地点、样品编号、采样流量及时间、生产工艺、作业环境、尘源的特点、防尘措施的使用情况以及个体防护措施等进行详细记录。

C 采样后样品的处理

（1）用镊子小心地将滤膜取下，一般情况下不需要干燥处理，可直接放在规定的天平上称量至恒重，记录质量，取其较小值进行计算。

（2）如果采样时现场的相对湿度在90%以上或有水雾存在时，应将滤膜放在干燥器内干燥2h后称量，记录测定结果，称量后再放入干燥器中干燥30min，再次称量。当相邻两次的质量差不超过0.1mg时，取其最小值。

（3）当采样地点空气中有油雾存在时，应将滤膜进行除油处理，分别计算出粉尘及油雾的浓度。

15.2.3.4 粉尘浓度的计算

粉尘浓度按下列公式计算：

$$C = \frac{m_2 - m_1}{q_V t} \times 1000 \tag{15-2}$$

式中 C——粉尘浓度，mg/m^3；

m_1——采样前滤膜的质量，mg；

m_2——采样后滤膜的质量，mg；

q_V——采样流量，L/min；

t——采样时间，min。

在进行试验研究的现场调查中，一般需要进行平行样品的采样。两个平行样品间的浓度偏差小于20%为有效结果，并取其平均值作为该采样点的粉尘浓度。

平行样品间的偏差按下列公式计算：

$$\text{平行样品间的偏差} = \frac{a - b}{\frac{a + b}{2}} \times 100\% \tag{15-3}$$

式中 a，b——平行样品各自的粉尘浓度。

15.2.3.5 滤膜测尘的除油方法

在矿山测尘中，由于凿岩机喷散出大量机雾油，会使滤膜采样后称量所得的结果偏大，需要将滤膜除油后，才能得到粉尘的真实增重。常用的滤膜除油方法有石油醚除油法、汽油除油法两种：

（1）石油醚除油法。其原理就是将采集有粉尘和机油的滤膜经石油醚处理除去机油，干燥后称量，测定出粉尘和机油的质量，再换算出粉尘和机油的浓度。

（2）汽油除油法。其原理就是将采集有粉尘和机油的滤膜经汽油处理除去机油，称量至恒重，换算出粉尘的浓度。

15.2.3.6 注意事项

（1）为了提高采气量的精度，在采样前应先用预试滤膜对所需采样流量进行调节，待调好后再换上已称量的滤膜采样。

（2）在现场采样前，检查采样系统是否漏气。可采用简易方法，即用手掌堵住装有滤膜的采样头进气口（注意勿使滤膜破裂或受到污染），在抽气条件下，流量计的转子即刻回到静止状态，否则表示有漏气现象。

（3）采样前后的滤膜如被污染或粉尘失落时，应作废并重新安设滤膜和采样。

（4）采样前后滤膜的称量所使用的天平，砝码均应相同。

（5）滤膜在采样前后的称量间隔时间应尽量缩短，以免因环境条件的变化影响测定结果的准确。

（6）因滤膜具有较强的静电性，滤膜在采样前后称量时，应使用滤膜静电消除器，先进行除静电后再称量。

15.2.4　滤膜测尘数量法

此法主要用于石棉纤维粉尘数量浓度测定。

15.2.4.1　原理

用过氯乙烯纤维滤膜采集空气中的石棉粉尘，滤膜经加透明剂透明后，在相差显微镜下测，计算单位体积空气中石棉纤维的数量（n/cm^3）。

15.2.4.2　试剂和器材

采样器、滤膜、滤膜贮存器、相差显微镜、目镜测微计、物镜测微尺、秒表、载物玻片、镊子、剪刀、具塞玻璃瓶（50mL）、滴管、离心机等。

透明试剂有：邻苯二甲酸二甲酯（分析纯）、单酸二乙酯（分析纯）。

15.2.4.3　测定步骤

A　采样

采样流量为1～2L/min；采样时间不少于15min；其他同一般的粉尘的采样。

B　石棉粉尘样品的制备

（1）载物玻片及盖玻片的清洗，将载物玻片和盖玻片用洗液浸泡后用自来水充分清洗，再用蒸馏水清洗，最后用酒精棉球擦净，在载物片的一端贴上空白标签纸备用。

（2）滤膜透明试剂的配制：将邻苯二甲酸二甲酯及单酸二乙酯

按1∶1的体积比配成溶液，再按每毫升溶液中含0.05g清洁滤膜的比例配制成透明溶液，配后放置24h，离心去除杂质，取其上清液放在具塞的玻璃瓶中备用。配制后的透明液需在两个月内使用，存放时间过长溶液的透明度降低，影响测定结果。当室内温度过低时，溶液透明度也降低，此时可适当加温。在配制透明液的操作过程中，应避免粉尘的污染。

（3）标本的制备。

1）从滤膜夹中取出已采集石棉粉尘的滤膜，受尘面向上，用剪刀将滤膜剪成两部分备用。

2）用滴管取1～2滴滤膜透明液滴于载物玻片的中央，60s后将已剪好的滤膜受尘面向上放在透明液上。此后滤膜开始溶解并逐渐变透明。30min后在其上面加盖清洁的盖玻片，此时要注意避免产生气泡。如产生气泡可用小镊子在盖玻片上轻轻加压，把气泡排除。

3）标本制备好后，应将测试条件或编号写在盖玻片的标签上，放回贮存盒中保存，以备镜检计测。

C　石棉纤维的计数

（1）计测石棉纤维的大小、数目需使用相差显微镜，其放大倍数为400（目镜10×，物镜40×）。按常规调整光环和相板，再调节视野内的光强。

（2）目镜中的测微计在使用前需用物镜测微尺标定。

（3）计数视野面积的计算：用目镜测微计测量限定面积的直径D，按公式$A=\frac{\pi}{4}D^2$计算出测定视野的面积。

（4）石棉纤维的计数。

1）计测的石棉纤维是指长度$L>5\mu m$；纤维直径$W<3\mu m$；$L/W>3$。

2）穿过视野边缘的石棉纤维，只计上视野，不计下视野或任选1/2视野。

3）相互交叉的纤维要分别计数。

4）成束未分开的纤维按一根计算。

5）互相接触的纤维，一根纤维的一端接到另一根纤维的一端，按一根计算。

D　石棉纤维浓度的计算

石棉纤维浓度按下式计算：

$$石棉纤维浓度 = \frac{An}{aVN} \quad (n/cm^2) \tag{15-4}$$

式中 A——滤膜采尘面积，cm^2；

n——测出的纤维总根数，根；

a——显微镜一个计测视野的面积，cm^2；

V——采样气体体积，cm^3；

N——计测视野数，个。

15.2.5　流量计的校准

流量计是测量空气流量的仪器。用电动抽气泵为采样动力时，需要用流量计来测量所采集的空气体积。

为了保证粉尘测定结果的准确性，流量计（一般为转子流量计）所指示的刻度值必须准确可靠。新购进的测尘仪的流量计或流量计使用半年以后，都需要进行流量的校准。

转子流量计是利用一定锥度的玻璃与一定形式质量的转子组成的。当空气气流自下而上通过锥形管时，转子下面受浮力作用，转子上升，而使转子与玻璃管内壁的间隙逐渐增大，直到浮力等于转子的重力，转子即悬浮于某一定的高度，这样就可以按转子顶部在锥形管的刻度尺上的数值得出单位时间的空气流量。

转子流量计的校准方法较多，一般常用的方法为用皂膜流量计和与标准转子流量计相串联两种校准方法。

15.2.5.1　使用皂膜流量计的校准方法

A　皂膜流量计

皂膜流量计是由一根带有体积刻度的玻璃管和橡皮球所组成，玻璃管的下侧有一管口向上的气体入口弯管，玻璃管的下口与橡皮球相连。将橡皮球内充满肥皂液，当缓慢的气流将一个肥皂膜经过带有体积刻度线的玻璃管时，用秒表记录皂膜由玻璃管的下刻度线升到上刻度线所需的时间，即可计算出气体流量。

由于皂膜的质量轻，在沿管壁移动的摩擦力小，并有很好的气密性，同时体积和时间均可精确测量。因此，皂膜流量计是测量气体流量较为精确的量具。用皂膜流量计校准转子流量计是一种简便、可靠的方法。皂膜流量计校正流量的范围一般为 1～40L/min，测定误差小于 1%。校准转子流量计的连接法如图 15-2 所示。

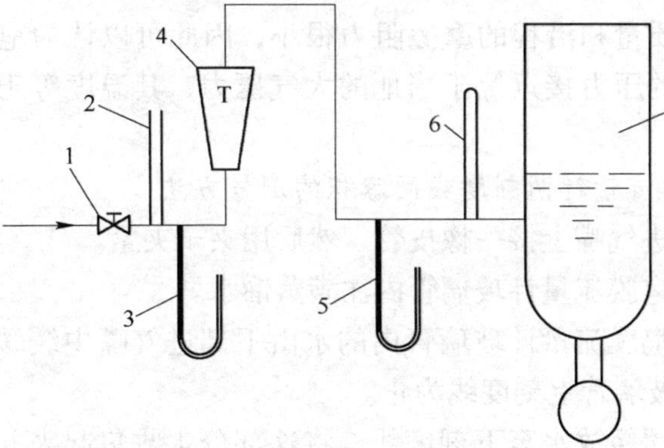

图 15-2　用皂膜流量计校准转子流量计的连接方法图

1—流量调节阀；2，6—温度计；3，5—压力计；

4—流量计；7—皂膜流量计

B　操作步骤

（1）使用前用清水将皂膜流量计内壁清洗干净，置少量肥皂液（洗衣粉溶液也可以）于皂膜流量计的橡皮球中，液面稍低于气体入口小孔。

（2）用肥皂液湿润管壁以使膜能顺利沿管内壁上升。

（3）开动抽气机（使用正压端）送入清洁空气，调节流量，使转子流量计的转子上升到某一整数流量刻度。

（4）捏一下橡皮球，使之形成皂膜。

（5）用秒表记录皂膜通过流量计下、上两刻度的时间 t。皂膜流量计两刻度间的体积（预先在 20℃左右条件下已标定）除以时间，即为转子流量计的实际流量。

（6）如计算所得出的流量不为整数，则应调节送入的气体量，记下皂膜通过下、上两刻度的时间 t，从而计算出此时的流量。如该流量值还不是整数，需再调整送气量，直到得出的流量为整数时为止。

（7）记下转子在转子流量计上的位置。核对该位置是否与原刻度一致。如不一致，则应以新标定的为准。

（8）按照上述方法，在转子流量计的全量程范围内标定数个点。

皂膜的质量和沿程的摩擦阻力很小，因此可以认为皂膜流量计运行条件下的压力接近等于当地的大气压力，其温度等于当时的空气温度。

C　皂膜流量计两刻度线间容积的测量方法

（1）在进气嘴上接一橡皮管，然后用夹子夹紧。

（2）向皂膜流量计玻璃管内注满蒸馏水。

（3）把皂膜流量计玻璃管内的水由下部进气嘴中缓缓放出，到管内液面至玻璃管上刻度线为止。

（4）再缓缓放水至下刻度线。将这部分水收集起来并称量，测量水的温度。

（5）根据两刻度间水的质量及该温度下水的密度，计算出两刻度线间水的体积，即是两刻度线的容积。

15.2.5.2　与标准流量计相串联的校准方法

用标准流量计（精度为1级（±1%）的转子流量计）校准常用流量计的方法较为简便。

（1）校准流量计时把各种设备用橡皮管连接好，其次序为抽气机—流量调节阀—压力计—温度计—被校准的流量计—标准流量计（见图15-3）。

（2）开启抽气机、调节流量，使标准流量计转子升到一整数流量。

（3）读取被校准流量计的流量 q_{V_r}、流量计前的压力、温度。则被校准转子流量计的真实流量应为：

$$q_{V_n} = 0.0538\sqrt{\frac{p + p_r}{T_r}q_{V_r}} \tag{15-5}$$

式中 q_{V_n}——转子流量在101325Pa（标准大气压）20℃条件下的流量，L/min；

p——当地大气压力，Pa；

p_r——转子流量计前的压力，Pa；

T_r—转子流量计前的绝对温度，K；

q_{V_r}——转子流量计在 p_r、T_r 条件下的读数，L/min。

如压力 p、p_r 以毫米汞柱计量的，上式中的系数应改为0.62。

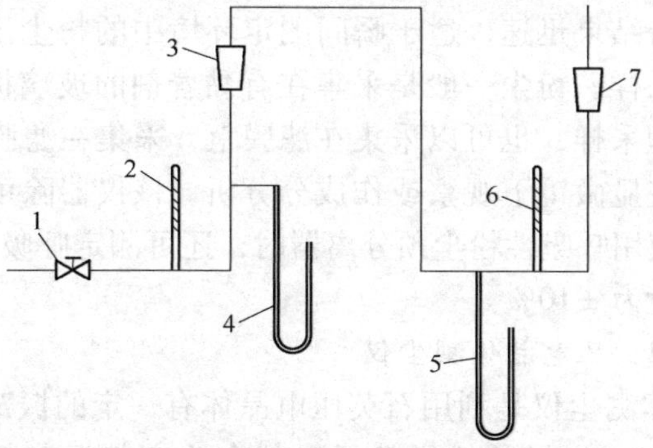

图15-3 用标准流量计校准转子流量计连接方法图

1—流量调节阀；2，6—温度计；3—标准流量计；

4，5—压力计；7—流量计

（4）核对被校准的流量读数 q_{V_n} 与标准流量计的流量读数 q_{V_s} 是否相符，如不相符，以 q_{V_n} 为横坐标，标准流量计读数 q_{V_s} 为纵坐标，绘制标定曲线。

15.2.6 快速直读测尘法

快速直读测尘法是用于测定相对粉尘浓度的测尘仪。这种仪器测定速度快，使用简便，而且可以在生产场所立即直接读出粉尘浓度的相对值，经换算可直接测得现场粉尘浓度的数值。这种测尘仪是利用不同的物理学原理而研制的。如β射线测尘仪、压电晶体质量测尘仪和光散射式粉尘浓度计。

15.2.6.1　β 射线测尘仪

β 射线测尘仪是利用尘粒可以吸收 β 射线的原理而研制的。当 β 射线通过粉尘粒子时，可根据尘粒吸收 β 射线的多少计算出粉尘的质量浓度，因为粉尘粒子吸收 β 射线的量与粉尘粒子的质量成正比关系。利用这一原理测定粉尘浓度，其优点是尘粒吸收 β 射线的量只与粉尘质量成正比关系，而不受粉尘粒度、成分和颜色的影响。这种原理优于利用光学原理测尘的仪器。

β 射线测尘仪可以直接读出粉尘的质量浓度。这种仪器操作比较简单，获得结果迅速，适于瞬间测定环境中的粉尘浓度，但也可以较长时间采样。粉尘一般是采集在有黏着剂的玻璃板上，多是利用冲击的原理采样，也可以采集在滤膜上，采集在滤膜上的粉尘处理后也可以在显微镜下观察或作成分分析。该仪器除可测定总粉尘浓度外，如使用呼吸性粉尘预分离器时，还可测定呼吸性粉尘浓度，测定精度一般为 ±10%。

15.2.6.2　压电晶体测尘仪

压电晶体测尘仪是利用石英压电晶体有一定的振荡频率，当晶体表面沉积有一定量的粉尘粒子时就会改变其振荡频率，根据频率的变化求出粉尘浓度。其工作程序是用小型抽气泵把含尘空气抽到一个惯性冲击式的分粒装置中，除去粒径大于 10μm 的尘粒。然后利用电沉降的原理，使尘粒采集在石英晶体上。采样时间一般为 24s 或 120s；根据采样后粉尘重量的不同，振荡频率的改变，以一定的系数换算成粉尘的质量浓度，这种测尘仪的优点是能较快地获得现场的粉尘浓度，如多次连续采样可以了解生产过程中粉尘浓度的变化规律。其缺点是粉尘浓度的测定范围有限，一般在 $10mg/m^3$ 以内，因此在粉尘浓度较高的生产场所不适合使用。由于该仪器所测得的结果是相对浓度，需要用直接方法（如滤膜法）测定的结果进行比较，找出一定的换算系数，经计算后求得粉尘浓度。

石英振荡器实际上相当于一个超微量天平，因此也称压电天平，灵敏度很高。因此比较适合测定大气中的飘尘、呼吸性粉尘及小粒径占绝大多数的粉尘，如测定室内污染等。

15.2.6.3 光散射式粉尘浓度计

光散射式粉尘浓度计是利用光照射尘粒引起的散射光经过光电器件变为电子讯号以测量悬浮粉尘浓度的一种快速测尘仪。其工作程序为被测量的含尘空气由微型抽气泵吸入到仪器内，通过尘粒测量区域，此时尘粒受到由专门光源经透镜产生的平行光照射，各个尘粒引起的不同方向（或某一方向）的散射光，由光电倍增管接受转变为电子讯号，如果光学系和尘粒系一定，则这种散射光强度就与粉尘浓度成正比。这样可将散射光量经过转换元件变换成为有比例的电脉冲，通过单位时间内的脉冲记数，就可以测知悬浮粉尘的相对浓度。该仪器灵敏度较高，测量范围从 0.01 ~ $100mg/m^3$ 的粉尘浓度，使用方便，不需要复杂的采样设备和称量技术，可以迅速地直读所测生产场所瞬间的粉尘浓度，尤其是了解生产过程中粉尘浓度的变化规律时，使用该测尘仪更有意义。由于这种测尘仪所测得的数值是相对浓度，所以要按照该仪器已标定的换算系数进行计算，以求得粉尘浓度。该测尘仪测定精度为 ±10%。

光散射式粉尘浓度计的优点是可立即测得瞬间空气的粉尘浓度，缺点是所测得的结果受粉尘粒子大小和粉尘颜色的影响。因此，在使用这种相对浓度测尘仪时，需先用滤膜质量测尘法进行对比实验和标定，以得出相应的质量浓度转换系数。

15.2.7 作业场所呼吸性粉尘浓度的测定

中国作业场所空气中粉尘浓度的测定一直采用定点短时间的常规采样方法，这种方法适用于对作业环境的粉尘危害进行卫生学评价，是最高允许浓度卫生标准。但是这种方法不能测定劳动者在一个工班中所接触到的真实的粉尘浓度。由于尘粒空气动力学直径对粉尘在呼吸道内沉降部位的影响，呼吸性粉尘测定是根据粉尘粒径的大小、比重和形状不同，沉积在呼吸道内的部位也不同而进行的有针对性的测定。

由于呼吸性粉尘（小于 7.07μm）是能进入肺泡内的粉尘，是发生尘肺的主要因素，因此进行呼吸性粉尘监测对了解和掌握粉尘浓度与尘肺发病之间的关系具有实际意义。

呼吸性粉尘采样器，就是模拟沉积在肺泡区内那部分粉尘的测尘仪器，用这种粉尘采样器测定的粉尘浓度，称之为呼吸性粉尘浓度。

在《工作场所有害因素职业接触限值》GBZ 2—2002 的标准中，确定了两种呼吸性粉尘测定方法：一种为时间加权平均浓度测定，目前采用较普遍的为个体接触时间加权平均浓度；另一种为短时间接触允许浓度测定。

15. 2. 7. 1 短时间接触呼吸性粉尘浓度测定

A 水平淘析器质量法

a 原理

利用空气动力学原理，使粉尘在重力作用下，按 BMRC 曲线的定义，使呼吸性粉尘和非呼吸性粉尘分离，非呼吸性粉尘沉降在淘析板上，而呼吸性粉尘采集在滤膜上，可进行称量并计算出呼吸性粉尘浓度。

b 器材

(1) 水平淘析采样器。

(2) 分析天平：感量为 0. 0001g 或 0. 00001g。

(3) 具有 10h 以上计时功能的计时器。

(4) 55mm 滤膜。

(5) 滤膜夹（带托网），及滤膜盒。

(6) 不锈钢小镊子。

(7) 干燥器装有变色硅胶。

(8) 记录本。

(9) 十字头螺丝刀。

c 分析步骤

(1) 采样前准备。滤膜安装：在分析天平上准确称量厚度为 55mm 的滤膜一张，并记录其质量，用干净的滤膜夹将滤膜夹紧。然后用十字头螺丝刀打开弧形门，旋松过滤器的翼形压环，将夹有滤膜的滤膜夹放入过滤器内，夹子上的小凹耳应朝上，调整好夹子的位置后，旋紧翼形压环，关上弧形门，并拧紧螺丝钉。

电池组安装：用钥匙打开采样器的前门，将充足电的电池插入采样器内的电池室，并将其插头插入采样器的插座内，迅速插到底，然后将止动弹簧片推到右边，并拧紧锁。

(2) 现场采样：将采样器处于水平位置，可通过采样器自身的水准泡来调整水平，并调到呼吸带高度，打开电源开关进行采样，同时计时并观察流量计流量（2.5L/min）。采样结束时，再次检查流量，并记录连续采样时间。

(3) 采样后的处理：将采样器平放在工作台上，轻轻擦拭采样器表面的粉尘，然后用十字螺丝刀打开弧形门，把翼形压环松到底，仔细地将滤膜夹从过滤器中取出来，再从滤膜夹里用小镊子取下滤膜，然后放置分析天平上称量至恒重。

d　计算

$$C = \frac{M_2 - M_1}{q_V T} \times 1000 \tag{15-6}$$

式中　C——粉尘浓度，mg/m^3；

M_1——采样前滤膜质量，mg；

M_2——采样后滤膜质量，mg；

q_V——采样时流量，L/min；

T——采样时间，min。

e　注意事项

(1) 采样器在未装滤膜情况下不得开机。

(2) 采样时采样器一定要保持水平，不得倾斜，携带时避免碰撞、振动。

(3) 采样前要旋紧螺丝及上好锁，避免采样时打开影响测定。

(4) 取滤膜拧翼形压环时，不可用力过猛，以免引起振动。

(5) 使用完采样器后，应轻擦仪器内外，并将电池组取下充足电，便于下次使用。

B　惯性撞击器质量法

a　原理

抽取一定体积的含尘空气，通过惯性撞击方式的分粒装置将较粗大的尘粒撞击在涂抹硅油的玻璃捕集板上，而通过玻璃捕集板周围的微细尘粒，则阻留在纤维滤膜上，由采样后的玻璃捕集板及滤膜上的增量，计算出单位体积空气中呼吸性粉尘和总粉尘的质量

(mg/m^3)。

b　器材

(1) 采样器：采用产品检验合格的采样器。

(2) 采样头：惯性撞击式采样头。特性符合 "BMRC" 曲线采样头前级捕集效率大于 7.07μm 为 100%，5μm 为 50%，2.2μm 为 10%。

(3) 捕集板：呈圆形无色玻璃捕集板。

(4) 滤膜：直径为 40mm 过氯乙烯纤维滤膜。

(5) 天平：感量不低于 0.0001g 的分析天平，有条件时最好用感量为 0.00001g 的分析天平。

(6) 硅油：国产 7501 真空硅脂。

(7) 秒表或相当于秒表的计时器。

(8) 干燥器：内盛有变色硅胶。

(9) 牙科用弯头镊子。

c　测定前准备及现场采样

(1) 分粒装置的准备。将分粒装置内壁用无水乙醇擦干净，并晾干放在洁净的器皿中。

玻璃捕集板的清洗：首先将玻璃捕集板放置在中性洗涤液中浸泡，除去污物，用蒸馏水进行冲洗，最后用 95% 乙醇或无水乙醇脱脂棉球擦净、晾干。

玻璃捕集板涂抹硅油：用清洁的牙科弯头镊子的一侧尖部，蘸取约 1～2mg 的硅油，滴在玻璃捕集板中央，使镊子头部与捕集板成平行，将硅油滴由中间向外扩张涂抹，涂抹范围的直径在 15mm 左右，使捕集板边缘距摊开的硅油外缘 4～5mm；因硅油的黏度很高，刚涂抹后有不均匀现象，经 4h 以后，捕集板表面上的硅油，随时间的延长而扩散平滑均匀，因此向玻璃捕集板涂抹硅油的工作，应在采样前一天进行，但必须注意使其不受污染。

玻璃捕集板的固定：将已涂好硅油的玻璃捕集板，用镊子夹取，迅速放在天平秤盘上称量至恒重，记录后再将捕集板（涂油面向上）小心地安放在分粒装置前部的冲突台上，压紧金属卡环，使其固定。

滤膜的安装：将直径 40mm 的纤维滤膜用镊子取下两面的夹衬

纸，置于天平秤盘上称量至恒重，记录后将滤膜装入金属的滤膜夹中夹紧，安装在分粒装置底座的金属网上，将冲突台部分与底座螺旋旋紧，盖上保护盖即可带到现场进行采样。

（2）现场采样。选好采样地点，将采样器安装在支架上并调到呼吸带高度。然后将采样头安装在采尘器上，采样头进气口迎向含尘气流；采样流量必须按规定 20L/min 设置，在采样过程中，要保持流量的稳定；采样时间根据现场的粉尘种类及作业情况而定，一般采样时间为 20～25min，浓度较高的煤尘可采 3～5min。

d 采样后样品的称量及计算

（1）采样结束后，应小心取下分粒装置，用防护罩盖好进气口，将其轻轻地直立，放入样品箱中。带回实验室后一般不需干燥处理，可直接放在天平上分别进行捕集板和滤膜采样后的称量，并记录质量。如果采样现场的相对湿度在 90% 以上，或有水雾存在时应进行干燥处理后再称量至恒重。

（2）粉尘浓度计算。呼吸性粉尘浓度 C_R 的计算公式如下：

$$C_R = \frac{f_2 - f_1}{q_V t} \times 1000 \tag{15-7}$$

总粉尘浓度 C_T 的计算公式如下：

$$C_T = \frac{(G_2 - G_1) + (f_2 - f_1)}{q_V t} \times 1000 \tag{15-8}$$

式中 C_R——呼吸性粉尘浓度，mg/m^3；

f_1——采样前滤膜的质量，mg；

f_2——采样后滤膜的质量，mg；

C_T——总粉尘浓度，mg/m^3；

G_1——采样前捕集板的质量，mg；

G_2——采样后捕集板的质量，mg；

q_V——采样流量，20L/min；

t——采样时间，min。

e 注意事项

（1）玻璃捕集板要洗净擦干，涂抹硅油要适量，应在 0.5～5mg

的范围内，粉尘捕集效率不受影响。

（2）滤膜夹要清洗干燥，安装滤膜后要夹紧，防止采样时被气流抽出夹外，影响测定结果。滤膜上粉尘增量不可小于 0.5mg，也不得多于 10mg。

（3）采样头（分粒装置）可使用蒸馏水或无水乙醇脱脂棉球或纱布擦洗。

（4）到作业场所前后，要注意保护好样品，使其不受污染和粉尘掉落。

（5）采样流量必须是 20L/min，否则会改变采样头对粉尘的捕集效率而影响测定结果。

（6）采样头各部安装时，一定要旋紧螺旋，否则漏气时会改变分离曲线。

C　旋风分离器质量法

a　原理

抽取一定体积的含尘空气，通过粉尘采样头进气口时，沿切线方向进入采样头内壁，在锥形圆筒内产生离心力，粉尘粒子受离心力的作用，把粗大尘粒抛向器壁，由于粉尘本身的重力，落到采样头底部的接尘罐内。而离心后的微细尘粒则随气流流动，通过出气口时，被阻留在采样头上部安装的滤膜上，由采样后滤膜及接尘罐的增量，计算出单位体积空气中呼吸性粉尘和总粉尘浓度。

b　器材

（1）采尘器：采用产品检验合格的采样器，在需要防爆的作业场所采样时，用防爆型或本质安全型采样器。

（2）采样头：旋风离心式采样头，特性符合 BMRC 曲线。

（3）接尘罐：高为 23mm，直径 14mm。

（4）滤膜：采用直径 40mm 的过氯乙烯纤维滤膜。

（5）天平：感量不低于 0.0001g 的分析天平，有条件的最好使用感量为 0.00001g 的分析天平。

（6）秒表或相当于秒表的计时器。

（7）干燥器：内盛有变色硅胶。

（8）弯头镊子。

c 测定方法

（1）采样头的准备。接尘罐的清擦、称量及安装：用镊子夹取95%酒精棉球，将接尘罐内外擦净晾干；将接尘罐在分析天平上称量至恒重，并记录重量；将称量好的接尘罐，安放在采样器底部的底盒内。

（2）滤膜的称量安装。将直径40mm的滤膜，用镊子取下两面的夹衬纸，置于分析天平上称量至恒重，并记录质量。

（3）现场采样。采样流量必须按规定20L/min设置，在采样过程中要保持流量稳定；采样时间为10~20min，如遇粉尘浓度较高时可采样3~5min；采样结束后，小心地将旋风式采样头取下，轻轻地放入样品箱中，一般情况下不需要干燥处理，可直接放在天平上分别进行滤膜和接尘罐采样后的称量，并记录。

如果现场采样时的相对湿度在90%以上或有水雾存在时应进行干燥处理后再称量至恒重，并进行计算。

d 粉尘浓度计算

（1）呼吸性粉尘浓度 C_R 的计算公式如下：

$$C_R = \frac{f_2 - f_1}{q_V t} \times 1000 \tag{15-9}$$

（2）总粉尘浓度 C_T 的计算公式如下：

$$C_T = \frac{(G_2 - G_1) + (f_2 - f_1)}{q_V t} \times 1000 \tag{15-10}$$

式中 C_R——呼吸性粉尘浓度，mg/m³；
f_1——采样前滤膜的质量，mg；
f_2——采样后滤膜的质量，mg；
C_T——总粉尘浓度，mg/m³；
G_1——采样前接尘罐的质量，mg；
G_2——采样后接尘罐的质量，mg；
q_V——采样流量，20L/min；
t——采样时间，min。

e 注意事项

（1）接尘罐和滤膜夹要擦净晾干，滤膜夹安装时，要将滤膜压紧，以免在采样过程中抽出。

（2）旋风式采样头的离心圆筒在每次采样后要及时清擦，清除积尘后再使用。

（3）采样流量必须是20L/min，否则将改变旋风采样头对粉尘的捕集效率，影响测定结果。

（4）到作业场所采样前后，要注意保护好样品，使其不受污染和粉尘掉落。

15.2.7.2 个体接触时间加权平均浓度（呼吸性粉尘）测定

A 原理

生产作业的劳动者在进入作业场所前，将个体采样器佩带腰间并固定，将采样分离器（采样头）固定在距离呼吸器官300mm处。连续抽取一定体积的含尘空气，将粉尘阻留在已知质量的滤膜上，由采样后滤膜的增重质量，计算出劳动者一个工班平均接触的呼吸性粉尘浓度（质量）。

B 旋风离心质量法

此种粉尘采样器的设计原理及结构是与测定作业场所呼吸性粉尘旋风式采样头相同，只是体积大小有别。大流量短时间采样头，进气口迎向含尘气流进行采样。而小流量长时间采样头进气口向下进行采样，但采样方法与旋风离心质量法采样相同。

C 个体接触时间加权平均（呼吸性粉尘）浓度测定方法

a 器材

（1）个体粉尘采样器。

（2）精度1.5级、分度值0.1L/min的转子流量计。

（3）个体粉尘采样器专用工具。

（4）感量为0.00001g的电子分析天平。

（5）呼吸性粉尘个体采样滤膜。

（6）滤膜静电消除器。

（7）干燥器。

b 采样

（1）采样前准备。将个体粉尘采样器主机和采样头一一编号，一台主机和与之相对应的采样头使用同一编号。

将粉尘监测中心传递来的空白滤膜装在采样头的滤膜夹内（冲击采样头还应装上涂有硅酯的捕集板，向心式采样头还应装入第一级滤膜）。将个体粉尘采样器型号和采样头编号填入粉尘数据卡。

按照使用说明书要求，将个体粉尘采样器充足电。

用连接管将个体粉尘采样器主机与同一编号的采样头相连接。启动采样泵，用转子流量计检查采样流量，将流量调至规定值或规定值 ±5% 范围内，并将流量填入与所用滤膜编号相对应的粉尘数据卡。若当地气象条件导致流量误差大于 ±5% 时，应予修正。

（2）采样。测尘专管员在采样器收发室，将计时器清零，打开个体粉尘采样器电源开关，发给采样人员。并将采样起始时间、采样人员姓名、采样工种、接尘作业场所等信息资料填入粉尘数据卡。

采样人员接到个体粉尘采样器后，要正确佩戴。用腰带将个体粉尘采样器主机系于腰部，使连接管从肩部绕过，将采样头固定于胸前（鼻以下 300mm 内）。要确保连接管通畅，无折扁。

采样人员在正常工作情况下进行工班采样，采样过程中不得将个体粉尘采样器从身上取下弃置一旁，不准关机、拆卸个体粉尘采样器和污染采样头中的滤膜。尽量避免碰撞个体粉尘采样器各部件。

采样人员作业结束离开井口后，应及时到采样器收发室交回个体粉尘采样器。

测尘专管员收回个体粉尘采样器后，先用转子流量计检查采样后的采样流量，然后关机。将采样流量和采样终止时间填入粉尘数据卡。

取下采样头，取出其中的滤膜，在与滤膜呈 45°角的光束下，观察滤膜上的粉尘，若有发亮的粉尘颗粒，应作为无效样品处理。

将滤膜装入原样品袋内，用蒸馏水棉球擦拭采样头各部件，晾干后组装待用。

（3）样品包装与传递。空白滤膜的包装与传递：将称量后的空白滤膜展开装入已编号的样品袋内，再将样品袋和粉尘数据卡装入影集中，经适当包装后，人工或邮寄传递到粉尘监测站。

载尘滤膜的包装与传递：采样后，测尘专管员用弯头镊子取出采样头中载尘滤膜，受尘面朝向内对折两次，装入原样品袋内，再将样品袋和粉尘数据卡装入影集，经适当包装后，人工或邮寄传递到粉尘监测中心。

（4）滤膜称量。空白滤膜的挑选和干燥处理：滤膜要经过国家有关部门指定的质量检验机构检验合格，有产品合格证；滤膜平整，无皱褶；表面洁净，无碎屑附着；边缘圆整，无残缺；每张滤膜均要经过光照检查，厚薄均匀，无破裂和针孔；称量前将滤膜放入干燥器内，干燥至恒重。

空白滤膜的称量：清扫天平称量盘，打开天平电源开关，预热30min后校准；经干燥处理的滤膜用静电消除器除静电后，放入天平内称量；称量后的滤膜装入样品袋内，并将其质量和编号填入粉尘数据卡。

载尘滤膜（样品）称量：检查核对样品，凡存在下列问题之一者，视为无效样品。样品袋上的滤膜编号与粉尘数据卡填写的滤膜编号不一致；粉尘数据卡项目填写不全或错误；无粉尘数据卡；采样前或采样后的采样流量误差大于规定值的±5%；样品损坏。

经检查合格的载尘滤膜放入干燥器内，干燥至恒重。称量干燥后的载尘滤膜，将称量结果填入相应的粉尘数据卡。称量后的样品放回原样品袋内保留，以备复查或作为游离二氧化硅含量测定样品。

从一批已称量的空白滤膜或载尘滤膜中随机抽取10张，由不同人在不同日重新称量一次，两次称量结果的绝对误差均不应大于0.05mg，否则，应查明原因，重新称量这批滤膜。

（5）呼吸性粉尘浓度计算

$$C_R = \frac{m_2 - m_1}{V} \times 1000 \tag{15-11}$$

$$V = \frac{\text{采样前流量} + \text{采样后流量}}{2} \times \text{样本时间} \tag{15-12}$$

式中　C_R——呼吸性粉尘浓度，mg/m^3；

m_1——滤膜初重，mg；

m_2——滤膜终重，mg；

V——采样空气体积，L。

（6）矿井呼吸性粉尘平均浓度计算

$$\overline{C}_{R\cdot T} = \lg^{-1}\frac{1}{n}\Sigma\lg\Sigma\overline{C}_{R\cdot a} \tag{15-13}$$

式中 $\overline{C}_{R\cdot T}$——煤矿呼吸性粉尘几何平均浓度，mg/m³；

$\overline{C}_{R\cdot a}$——各接尘作业场所呼吸性粉尘算术平均值，mg/m³；

n——矿井采样的接尘作业场所总数。

15.3 工作场所粉尘分散度测定

生产性粉尘对人体健康的危害，既取决于化学组成、浓度等因素，也与粉尘粒子的大小有密切的关系。因此，对作业场所生产性粉尘进行综合评价时，粉尘分散度的测定是一项必不可少的主要内容。

粉尘分散度是指各粒径区间的粉尘数量和质量分布的百分比。中国一般采用数量分布百分比。一般以直径大小的粉尘颗粒占全部粉尘粒子的百分比来表示。粉尘粒子的大小，通常指粉尘粒子的直径（几何投影直径），以 μm 表示。从卫生学观点出发，粉尘粒子的分散度可分为小于 2μm、2～5μm、5～10μm、大于 10μm 四个组分。10μm 以下的尘粒能较长时间悬浮在空气中，被吸入人体呼吸道的机会较多，称为吸入性粉尘。5μm 以下的尘粒最易侵入肺泡，称为呼吸性粉尘。普遍认为 1～2μm 的尘粒对肺脏的致纤维化作用较为明显。

粉尘分散度的测定方法有计数法和计重法。

15.3.1 滤膜溶解涂片法

15.3.1.1 原理

采样后的滤膜溶解于有机溶剂中，形成粉尘粒子的混悬液，制成标本，在显微镜下用目镜测微尺进行测定。

15.3.1.2 试剂和器材

（1）醋酸丁酯（醋酸乙酯，化学纯）。

（2）瓷坩埚（25mL）或小烧杯。

（3）玻璃棒。

（4）玻璃滴管或吸管。

（5）载物玻片（75mm×25mm×1mm）。

（6）显微镜。

（7）目镜测微尺。

（8）物镜测微尺。

（9）计数器。

15.3.1.3　测定步骤

A　粉尘标本的制备

（1）将采集粉尘的滤膜放在瓷坩埚或小烧杯中。

（2）用吸管加入1～2mL的醋酸丁酯，再用玻璃棒充分搅拌，使滤膜溶解，制成均匀的粉尘混悬液。

（3）用吸管吸取混悬液，加一滴于载物玻片上，用玻璃推片先将液滴向左右移动数次，然后与载物玻片成45°角向前推。1min后载物玻片上即可出现一层粉尘薄膜。

（4）贴上标签，写明标本的编号，采样地点及日期等。

（5）制好的标本可保存在玻璃平皿中，避免外界粉尘的污染。

B　目镜测微尺的标定

粉尘粒子的大小是用放在显微镜目镜内的目镜测微尺来测量的。当显微镜光学系统放大倍率改变时，被测物体在视野中的大小也随之改变，但目镜测微尺在视野中的大小却不变，因此在测量时对目镜测微尺需事先用物镜测微尺进行标定。

物镜测微尺是一标准尺度，其长度为1mm分成100个等份刻度，每一分度值为0.01mm，即10μm（见图15-4）。

（1）先在低倍镜下找到物镜测微尺的刻度线，并将其刻度线移

图15-4　物镜测微尺图

到视野中央。

（2）转换成高倍镜（放大倍率450～600倍），调节细螺旋使视野中的物镜测微尺刻度清晰，然后再使物镜测微尺任一刻度与目镜测微尺的任一刻度相重合，然后再向同一方向找出两尺再次重合的刻度线。

（3）分别数出重合部分的目镜测微尺和物镜测微尺的刻度数。然后计算出目镜测微尺的一个刻度在该放大倍率下所代表的长度。如目镜测微尺的45个刻度相当于物镜测微尺10个刻度，已知物镜测微尺一个刻度为10μm，所以目镜测微尺一个刻度相当于$\frac{10}{45}\times 10 = 2.2\mu m$（见图15-5）。

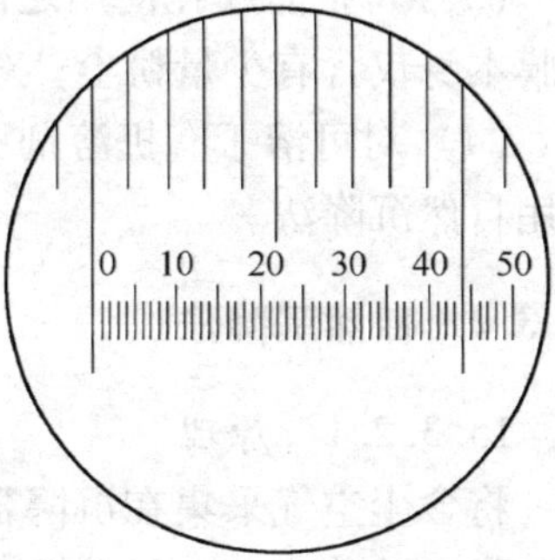

图15-5 目镜测微尺的标定

C 分散度的测定

（1）取下物镜测微尺，将粉尘标本放在载物台上，先用低倍镜找到粉尘粒子，然后再用高倍镜观察。

（2）用已标定好的目镜测微尺，无选择地依次测量粉尘粒子的大小，应随时调节微调螺旋使尘粒物像清晰，并尽量在视野的中心计测，遇长径量长径，遇短径量短径，每个样品至少测量200个尘粒，按粒径大小填报记录表，并算出其百分比（见图15-6）。

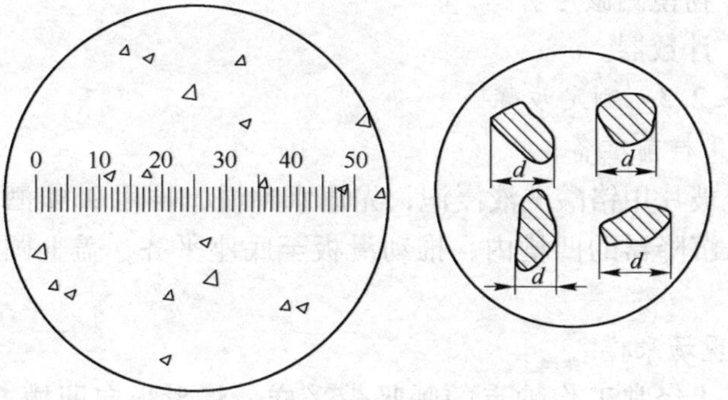

图15-6 粉尘分散度的测定

D　注意事项

(1) 所用玻璃器皿等，应保持清洁避免粉尘污染。

(2) 若粉尘颗粒过多影响测定时，可加适量醋酸丁酯稀释，重新制备标本进行测定。

(3) 每批滤膜在使用之前应做对照实验，测其被污染情况，若滤膜本身仅含有少量粉尘，对测定结果影响不大。

(4) 对可溶于有机溶剂中的粉尘和纤维状粉尘本法不适用，可采用自然沉降法。

15.3.2　自然沉降法

15.3.2.1　原理

将含尘空气采集在沉降器的圆筒内，静置一定时间，使尘粒自然沉降在盖玻片上，制成标本，在显微镜下用目镜测微尺测定。

15.3.2.2　器材

(1) 格林氏沉降器。

(2) 盖玻片（18mm×18mm）。

(3) 载物玻片（75mm×25mm×1mm）。

(4) 胶水。

(5) 镊子。

(6) 显微镜。

(7) 目镜测微尺。

(8) 物镜测微尺。

(9) 计数器。

15.3.2.3　测定步骤

A　采样前准备

将盖玻片用铬酸洗液浸泡，先用水冲洗，再用95%酒精棉球擦净，放入沉降器的凹槽内，推动滑板至底座平齐，盖上圆筒盖，以备采样。

B　现场采样

在工人经常工作地点的呼吸带采样。将滑板向凹槽方向推动，直至圆筒位于底座之外，取下圆筒盖，上下晃动数次，使含尘空气进入圆筒内，推动滑板至与底座平齐，盖上圆筒盖，将沉降器放在没有振动的室内，水平静置3h，使尘粒自然沉降在盖玻片上。

C 标本的制备

将沉降器滑板推出底座外，用少许胶水涂在盖玻片的四角，并用载物玻片压在凹槽上，使盖玻片粘贴在载物玻片上，贴上标签写明标本的编号、采样地点及日期。保存在标本盒中，以备显微镜下测量。

D 分散度的测定

粉尘分散度的测量及计算同滤膜溶解涂片法。

E 注意事项

（1）沉降时间必须充足，否则不能得到粉尘粒子分散度的真实情况。

（2）采样后，在由现场送回实验室的过程中要小心的放置，防止盖玻片从凹槽中掉出。

15.3.3 级联冲击计重法

粉尘分散度计重法是以某种手段把粉尘按一定的粒径范围分级，然后用天平称其各部分粉尘的质量。测出各级尘粒的质量分布的百分比。常用的计重法有离心、沉降和冲击计重法。

级联冲击计重法是使用级联冲击器测定粉尘粒径质量分布的方法。

15.3.3.1 原理

级联冲击器是根据粉尘的惯性力作用对粉尘进行粒径质量的测定，可同时测定粉尘浓度和粒径质量分布。

15.3.3.2 仪器结构

级联冲击器是由数个单级冲击器组成的，常用的是5～10级，每一级冲击器主要由喷嘴、捕集板和衬垫组成。

（1）喷嘴：有圆形和条缝形两种。每级冲击器可以是单孔喷嘴，也可以是多孔喷嘴。每级喷嘴的大小由该级的有效切割粒径及喷嘴出口气流流速确定。

（2）捕集板：常用的是平板，可用于圆形或条缝形喷嘴的级联冲击器。锥形捕集板用于圆形喷嘴冲击器，锥体的底部可收集被冲击或反弹下来的大颗粒粉尘。直角形捕集板用于条缝形喷嘴冲击器。

（3）衬垫：衬垫的作用是防止冲击到冲击板上的粉尘将已捕集的粉尘冲刷下来或反弹回气流引起二次扬尘，使用衬垫还可以方便捕尘和称量，保证称量的精度。

常用的衬垫材料有氯乙烯纤维滤膜、玻璃纤维滤膜和涂油的金属箔等。

15.3.3.3　级联冲击器的种类

级联冲击器的种类较多，根据喷嘴形状、个数及捕集板的形式可以分为以下几种：

（1）单孔圆形喷嘴级联冲击器。这类冲击器是由几级每段一个圆形喷嘴的冲击段组成的。捕集板是平板形式。如国产 YCJ-Ⅰ型飘尘粒度浓度测定仪和 YCJ-Ⅱ型冲击式粉尘粒度浓度测定仪。

（2）多孔圆形喷嘴级联冲击器。此类多孔冲击器由于结构紧凑，适用于高温下作业，国内外已广泛应用于烟道粉尘粒径分布的测定。如 WY-Ⅰ型烟道冲击式粉尘分析仪及 YLF-Ⅰ型冲击式粉尘粒径分析仪等。

（3）狭缝形喷嘴级联冲击器。由狭缝形喷嘴冲出的气流中所含的尘粒，由旋转圆鼓形冲击板收集。

级联冲击器能够不破坏粉尘在分散介质中的原始状态而直接测定其原始状态下的粒径分布。其结构简单、紧凑、维护使用方便、体积小而且收集性能稳定，且具有自动分级的特点。但是也存在着“反弹”壁损失等缺点，导致二次粉尘飞扬和粉尘损失的误差。

15.4　粉尘中游离二氧化硅含量测定

15.4.1　游离二氧化硅含量测定的意义

医学研究已经证明，生产性粉尘中的游离二氧化硅，是致尘肺病的主要矿物成分，因此当今世界各国矿山的安全规程中，对作业环境空气中粉尘浓度允许值的规定，都是以粉尘中的游离二氧化硅含量值为依据。中国 2006 年修订的《煤矿安全规程》中第 739 条规定："作业场所空气中粉尘（总粉尘、呼吸性粉尘）浓度应符合表15-1 的要求。"

表 15-1 作业场所空气中粉尘浓度标准

粉尘中游离 SiO_2 的含量/%	最高允许浓度/$mg \cdot m^{-3}$		粉尘中游离 SiO_2 的含量/%	最高允许浓度/$mg \cdot m^{-3}$	
	总粉尘	呼吸性粉尘		总粉尘	呼吸性粉尘
<10	10	3.5	50 ~ <80	2	0.5
10 ~ <50	2	1	≥80	2	0.3

由此可见粉尘中游离二氧化硅的含量与尘肺病的发生发展有着密切的关系，所以全面掌握并做好游离二氧化硅的含量监测，对于有效预防控制职业病的发生尤为重要。

15.4.2 游离二氧化硅（SiO_2）分析方法

所谓游离二氧化硅，是指岩石中自然存在的结晶或非结晶形态的单晶体石英矿物成分。显然，粉尘中的游离 SiO_2 来自各类本体岩石或其他矿物质中，如果本体岩石或其他矿物质中的游离 SiO_2 成分组成分布是均一的，则所产生的粉尘及其中的游离二氧化硅含量应当有一定的比例。

目前，分析粉尘中的游离二氧化硅含量的方法，总的来说分为两大类。

第一类：利用特定的化学药剂将粉状粉尘样破坏（即溶解、熔融），使其中的游离 SiO_2 成分与其他成分完全分离开，然后采用直接计重法或采用化学容量法及比色法测出游离二氧化硅含量，此方法称为化学法，这类方法分为：

（1）焦磷酸溶解法。

（2）碱熔法即硅钼兰比色法（也称为化学法）。

第二类：保持岩、矿物质粉尘的化学组成不被破坏而直接测定其中的游离二氧化硅的含量。如今广泛使用的有红外光谱吸收法及 X 线荧光衍射分析法等，这些方法是利用石英所具有的光学特性和晶态转换垫的特性进行分析，因此也称做物理分析法。

随着科学技术的发展，物理分析法所需的仪器设备更加完善和日益自动化。物理分析法的优点是样品用量少、测定速度快，而且可直接测定从空气中滤集的粉尘中游离二氧化硅的含量，是粉尘中游离二氧化硅含量测定的方向。

15.4.3　游离二氧化硅含量测定

根据测定手段及方法，游离二氧化硅含量的测定可分为化学法和物理法两种。化学法包括焦磷酸质量法、碱熔钼兰比色法；物理法通常指红外光谱测定法。

15.4.3.1　焦磷酸质量法

A　原理

硅酸盐溶于加热的焦磷酸而石英几乎不溶，以质量法测定粉尘中游离二氧化硅的含量。

B　器材与试剂

a　器材

（1）硬质锥形烧瓶（50mL）、量筒（25mL）、烧杯（250～400mL）、玻璃漏斗（60°）等器皿。

（2）温度计（0～360℃）。

（3）玻璃棒（长300mm，直径5mm）。

（4）可调式电炉（0～1100W）。

（5）高温电炉（附温度控制0～1100℃）。

（6）瓷坩埚或铂坩埚（带盖）；坩埚钳或尖坩埚钳、干燥器（内盛有变色硅胶）。

（7）抽滤瓶（1000mL）；

（8）玛瑙乳钵；

（9）慢速定量滤纸（7～9瑙）；

（10）粉尘筛（200目）。

b　试剂

（1）焦磷酸试剂，将85%磷酸试剂加热，沸腾至250℃不冒泡为止，冷却后，置塑料试剂瓶中。

（2）氢氟酸。

（3）结晶硝酸铵。

（4）0.1mol/L 盐酸。

以上均为二级化学纯试剂。

C 采样

采集工人经常工作地点呼吸带附近的悬浮粉尘。按滤膜直径为75mm 的采样方法以最大流量采集 0.2g 左右的粉尘，或用其他合适的采样方法进行采样；当受采样条件限制时，可在其呼吸带高度采集沉降尘。

D 分析步骤

（1）将采集的粉尘样品放在 105℃ ±3℃烘干箱中烘干 2h，稍冷，贮于干燥器中备用。如粉尘粒子较大，可先过 200 目粉尘筛，取筛下粉尘用玛瑙乳钵研细至手捻有滑感为止。

（2）准确称取 0.1 ~0.2g 粉尘样品于 50mL 的锥形烧瓶中。

（3）若样品中含有煤、碳素及其他有机物的粉尘时，应放在瓷坩埚中，在 800 ~900℃下灼烧 30min 以上，使碳及有机物完全灰化，冷却后将残渣用焦磷酸洗入锥形烧瓶中；若含有硫化矿物（石黄铁矿、黄铜矿、辉钼矿等），应加数毫克结晶硝酸铵于锥形烧瓶中。

（4）用量筒取 15mL 焦磷酸，倒入锥形烧瓶中，摇动搅拌使样品全部湿润。搅拌时取一支玻璃棒与温度计用胶圈固定在一起，玻璃棒的底部稍长温度计约 2mm 左右。

（5）将锥形烧瓶置于可调电炉上，迅速加热至 245 ~250℃，保持 15min，并且用带有温度计的玻璃棒不断搅拌。

（6）取下锥形烧瓶，在室温下冷却到 100 ~150℃，再将锥形烧瓶放入冷水中冷却到 40 ~ 50℃，在冷却过程中，用加热（50 ~80℃）的蒸馏水稀释到 40 ~45mL，稀释时一边加水，一边用力搅拌混匀，使黏稠的酸与水完全混合。

（7）将锥形烧瓶内液体小心移入 250mL 或 400mL 的烧杯中，用蒸馏水冲洗温度计、玻璃棒及锥形烧瓶。把洗液一并倒入 250mL 或 400mL 的烧杯中，并加蒸馏水稀释至 150 ~200mL，用玻璃棒搅匀。

（8）将烧杯放在电炉上煮沸内盛液体，同时将 60°玻璃漏斗放置在 1000mL 抽滤瓶上，并在漏斗中放置无灰滤纸过滤（滤液中有尘粒时，须加纸浆），滤液勿倒太满，一般约在滤纸的 2/3 处。为增加过滤速度，可用胶管与玻璃抽气管相接，利用水流产生负压加速过滤。

（9）过滤后，用 0.1mol/L 热盐酸（10mL 左右）洗涤烧杯并移入漏斗中，将滤纸上的沉渣冲洗 3 ~ 5 次，再用热蒸馏水洗至无酸性反应为止（可用 pH 试纸检验）。如用铂坩埚时，要洗至无磷酸根反应后再洗三次，以免损坏铂坩埚。

（10）将带有沉渣的滤纸折叠数次，放于恒重的瓷坩埚中，在 80℃的烘干箱中烘干，再放在高温电炉中炭化。炭化时要加盖并稍留一小缝隙，在炭化过程中，滤纸在燃烧时应打开高温电炉门，放出烟雾后，继续加温在 800 ~ 900℃中灼烧 30min，待炉内温度下降到 300℃左右时，取下瓷坩埚，在室温下稍冷后，再放入干燥器中冷却 1h，称至恒重并记录质量。

E　计算

$$\text{粉尘中游离 } SiO_2 \text{ 含量} = \frac{\text{坩埚及残渣质量} - \text{空坩埚质量}}{\text{粉尘样品质量}} \times 100\% \tag{15-14}$$

F　粉尘中含有难溶物质的处理

当粉尘样品中含有难以被焦磷酸溶解的物质时（如碳化硅、绿柱石、电气石、黄玉等），则需要用氢氟酸在铂坩埚中处理。其目的是将混于残渣中未被溶解的微量硅酸盐及其他有色金属氢化物的含量减掉，当用氢氟酸处理时，可使残渣中的游离二氧化硅（石英）变成四氟化硅挥发掉（即氢氟酸处理过程中的减重为游离二氧化硅的量）。其操作如下：

（1）向带有残渣的铂坩埚内（经灼烧至恒重后）加入数滴 1∶1 硫酸，使之全部湿润残渣。

（2）加 5 ~ 10mL 40% 的化学纯氢氟酸（在通风柜内），稍加热使残渣中游离二氧化硅溶解，继续加热蒸发至不冒白烟为止（防止向上沸腾），再于 900℃的温度下灼烧，干燥至恒重。

（3）计算

$$\text{粉尘中游离 } SiO_2 \text{ 含量} = \frac{a - b}{m} \times 100\% \tag{15-15}$$

式中 a——坩埚加残渣质量，g；

b——经氢氟酸处理后的坩埚加残渣质量，g；

m——粉尘样品质量，g。

G 磷酸根（PO_4^{3-}）检验方法

a 原理

磷酸和钼酸铵在 pH =4.1 时，用抗坏血酸还原生成蓝色。

b 试剂

（1）醋酸盐缓冲液（pH =4.1）：取 0.025mol/L 醋酸钠溶液，0.1mol/L 醋酸溶液等体积混合。

（2）1% 抗坏血酸溶液（保存于冰箱）。

（3）钼酸铵溶液：取 2.5g 钼酸铵溶于 100mL 的 0.05mol/L 硫酸中（临时配制）。

c 检验方法

（1）测定时分别将 1% 抗坏血酸溶液和钼酸铵溶液用醋酸盐缓冲液各稀释 10 倍。

（2）取 1mL 滤液加上述溶液各 4.5mL 混匀，放置 20min，如有磷酸根离子则显蓝色。

H 注意事项

（1）粉尘样品中如含有硫化矿物时（如黄铁矿、黄铜矿、辉钼矿等），需在加焦磷酸溶解时，加少许结晶硝酸铵。在 120 ~170℃左右，硝酸铵分解对硫化物起氧化作用，同时冒出二氧化氮（NO_2），在此温度保持 3 ~5min，使硫化矿物完全溶解。如所加硝酸铵量不够，可待温度降至 100℃左右再补加硝酸铵继续加热，硝酸铵也可使有机物被氧化除去。

（2）粉尘样品中如含有碳酸盐时，在加热时因碳酸盐遇酸分解产生泡沫，要注意控制温度，缓慢加热，勿使作用太剧烈，以免样品损失。

（3）如样品为炭素粉尘时，如煤、石墨、活性炭等，称量后需先在瓷坩埚中炭化，并在 900℃灼烧 30min，使有机物及碳完全烧掉，冷却后将残渣用焦磷酸洗入锥形瓶中，如焦磷酸太黏可加温到 40 ~50℃再用。

（4）焦磷酸溶解硅酸盐时，温度不得超过250℃，否则易形成胶状沉淀，影响测定。

（5）焦磷酸与水混合时应缓慢并充分搅拌，否则易形成胶状沉淀，使过滤困难。

（6）过滤时需用致密的无灰滤纸，如无致密的无灰滤纸或在滤液中见有白色的粉尘漏过时，可用较疏松的无灰滤纸做成纸浆倾在漏斗中放好的滤纸上，纸浆的制法是取一张无灰滤纸加10mL 1∶1盐酸，煮5min并捣烂，加水稀释到200mL，搅拌成悬浮液，平均分配到10个漏斗上使用。

15.4.3.2　碱熔钼兰比色法

（1）原理：在800～900℃高温下，混合熔剂与硫酸盐不起作用，而选择性地熔融游离二氧化硅，生成可溶性硅酸钠，在酸性条件下，硅酸钠与钼酸铵作用，形成硅钼酸络合物，遇还原剂可还原成钼兰，根据颜色深浅进行比色。

（2）适应条件：本方法适用于含硅酸盐少的样品，若样品中含硅酸盐多时，测定结果会比焦磷酸质量法偏高。

15.4.3.3　红外光谱测定法

A　红外光谱分析的基本原理

光谱学是研究物质与电磁辐射相互作用的一门学科，按频率大小的次序，将电磁波排成一个谱，此谱叫做电磁波谱。不同频率（波长）的电磁波，所引起的作用也不同，因此出现了各种不同的波谱法。其中红外吸收波谱，仅是电磁波谱中的一种。按红外波长的不同，可分为三个区域，即近红外区，其波长在0.77～2.5μm；中红外区，其波长在2.5～25μm；远红外区，其波长在25～1000μm。红外光谱分析主要是应用中红外光谱区域。物质的分子是由原子或原子团（基团或功能团）组成的，在一个含有多原子的分子内，其原子的振动转动能级具有该分子的特征性频率。如果具有相同振动频率的红外线通过分子时，将会激发该分子的振动转动能级由基态能量跃迁到激发态，从而引起特征性红外吸收谱带，利用基团振动频率与分子结构具有一定相互关系，可确定该分子的性质，此即红外光谱的定性分析，其特征性吸收谱带强度与该化合物的质量，在一定范围内呈正相关关系，符合比尔-朗伯特定律，此即红外光谱的定量分析。

B 红外分光光度计的结构及原理

红外分光光度计的设备已日趋完善，自动化水平也越来越高。现以日立270-30型及TJ 270-30型红外分光光度的基本原理和基本结构做一简略介绍。该类型红外分光光度计是基于计算机直接比例记录的基本原理而进行工作的（见图15-7）。由光源发出的光（碳化硅棒），被分为对称的两束，一束通过样品，称为样品光（S），另一束作为基准用，称为参比光（R），这两束光通过样品室进入光度计后，被一个以每秒10周旋转着的扇形镜所调制，形成交变光信号，然后合为一路，并交替地通过入射狭缝而进入单色器中，在单色器中，离轴抛物镜将来自入射狭缝的光束转变为平行光投射在光栅上，经光栅色散并通过出射狭缝之后，被滤光片滤出高级次光谱，再经椭球镜而聚焦在探测器的接收面上。探测器将上述的交变光信号转换为相应的电信号，经过放大器进行电压放大后，馈入A/D转换单元，将放大电信号转换为相应的数字量，然后进入数据处理系统的计算单元中去。

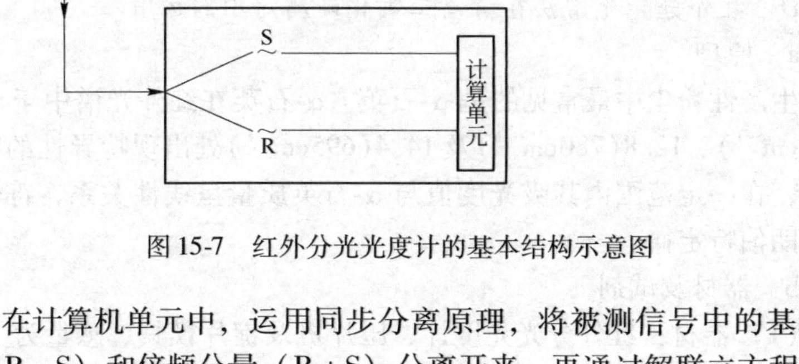

图15-7 红外分光光度计的基本结构示意图

在计算机单元中，运用同步分离原理，将被测信号中的基频分量（R－S）和倍频分量（R＋S）分离开来，再通过解联立方程求出

R 和 S 的值，最后再求出 S/R 的比值。这个比值表示被测样品在某一固定波数位置的透过率值。这个透过率值可以通过仪器的终端显示器显示出来，也可运用终端绘图打印装置记录下来。当仪器从高波数至低波数进行扫描时，就可连续地显示或记录被测样品的红外吸收光谱。

C　红外分光光度计的基本结构

红外分光光度计的基本结构大体上分为三大系统：光学系统、机械系统和数据处理系统。

（1）光学系统：包括光源室、样品室、光度计、单色器。

光源室：由平面镜和球面镜以及光源组成，光源长 18mm，直径 306mm，其灯丝是由一种耐高温的合金丝烧制而成。光源点燃时，温度可达 1150℃。

光度计：主要是将参比光束和样品光束在空间上合为一路，而在时间上互相交替地进入单色器中。

单色器：采用李特洛型光栅滤光片单色器。由入射狭缝、平面镜、抛物反射镜、光栅、出射狭缝组成，一块闪耀光栅覆盖整个波段，光栅刻线为 66.6 条/mm，其闪耀波长分别为 3mm。

（2）机械系统：波数驱动系统，狭缝宽度控制机构，滤光片切换机构，4000cm^{-1}位置检出机构。

（3）数据处理系统：由专门编制的红外分光光度计操作系统程序及其高分辨率彩色显示器、打印仪等组成，具备自动控制和数据处理功能。

D　红外分光光谱法在游离二氧化硅测定中的运用

a　原理

生产性粉尘中最常见的是 α-石英。α-石英在红外光谱中于 12.5（800cm^{-1}）、12.8（780cm^{-1}）及 14.4（695cm^{-1}）处出现特异性的吸收谱带，在一定范围内其吸光度值与 α-石英质量呈线性关系，符合比尔·朗伯特定律。

b　器材及试剂

（1）器材：红外分光光度计、压片机及锭片模具、感量为 10 ~ 5g 或 10 ~ 6g 分析天平、箱式电阻炉或低温灰化炉、干燥箱及干燥器、玛瑙乳钵、200目粉尘筛、瓷坩埚、坩埚钳、无磁性镊子。

(2) 试剂：标准石英纯度99%以上，粒度小于5μm，于10%氢氧化钠溶液中浸泡4h，以除去石英表面的非晶形物质，用蒸馏水冲洗至中性（pH=7），干燥备用。

溴化钾：优级纯或光谱纯。过200目粉尘筛后，用湿式法研磨，于150℃烘干后贮存于干燥器中备用。

无水乙醇：分析纯。

c 粉尘样品采集及处理

(1) 样品采集。按粉尘浓度测定方法的规定进行采样，将阻留在滤膜上的粉尘称取质量，并记录。

(2) 样品处理。将采尘后的滤膜受尘面向内对折三次，放置洁净的瓷坩埚内，置于低温灰化炉或电阻炉内逐渐加温至700℃±50℃，持续30min后断电，温度降至100℃以下时，打开炉门小心取出，放置在干燥器中待用。

取溴化钾250mg和灰化后的粉尘样品一起放入玛瑙乳钵中研磨，充分研磨混合后，连同压片模具一起放入干燥箱内（110℃±5℃）10min，取出后迅速将样品用小毛刷扫至压片模具中，压力达25～30MPa，持续3min，制备出测定样品锭片。

取空白滤膜一张，放入瓷坩埚与测定样品同时灰化，与250mg溴化钾一起，放入玛瑙乳钵中研磨混匀，按上述方法进行压片处理，制备出参比样品锭片。

(3) 样品测定。打开稳压电源，待电压稳定在220V后，打开红外分光光度计主机开关并预热1h，依各种类型红外仪技术性能确定测试条件，以X横坐标记录900～600cm^{-1}的光谱图形，并在900cm^{-1}处校正0%和100%，以Y纵坐标表示吸光度值。

分别将测定样品锭片与参比样品锭片置于样品室光路中进行扫描，以不同角度，扫描3次，记录800cm^{-1}处的吸光度值。根据三次结果的平均吸光度值，查石英标准曲线，计算出样品中游离二氧化硅质量。

(4) 石英标准曲线制备。精确称取小于5g标准石英，分别称取不同剂量的标准石英尘（10～1000g），各加入250mg溴化钾，并置于玛瑙乳钵中，充分研磨混匀，按上述样品制备方法作出透明锭片。

制备石英标准曲线样品的分析条件应与被测样品的分析条件完全一致。

将不同质量的标准石英锭片，置于样品室光路中进行波数扫描，根据红外光谱 900 ~ 600cm^{-1} 区域内游离二氧化硅具有三个特征吸收带的特点，即 800cm^{-1}、780cm^{-1}、595cm^{-1} 三处吸光度值为纵坐标，石英质量为横坐标，绘制出三条不同波数的石英标准曲线。

制备标准曲线时，每条曲线有 6 个以上质量点，每个质量点应不少于 3 个平行样品，并求出标准曲线回归方程。在无干扰的情况下，一般选用 800cm^{-1} 标准曲线进行定量分析。

（5）粉尘中游离二氧化硅含量计算。根据实测的粉尘样品的吸光度值，查石英标准曲线，求出样品中游离二氧化硅质量，按下列公式计算出粉尘中游离二氧化硅含量。

$$w(\mathrm{SiO_2}) = \frac{M}{G} \times 100\% \qquad (15\text{-}16)$$

式中　$w(\mathrm{SiO_2})$——粉尘中游离二氧化硅含量，%；

M——粉尘样品测出的游离二氧化硅的质量，mg；

G——粉尘样品质量，mg。

（6）注意事项。本法的石英最低检出量为 10mg，平均回收率为 96.0% ~99.0%，精确度达 0.64% ~1.41%。

粉尘粒度大小对测定结果有一定影响，粉尘样品、石英标准样品粒度小于 5μm 者占 95% 以上，方可进行测定分析。

煤尘样品灰化温度对定量结果有一定影响，样品灰化时应从室温开始升温至 600℃，若煤尘样品中存有大量高岭土成分时，在高于 600℃ 灰化时产生分解，于 800cm^{-1} 附近产生波峰干扰，如灰化温度小于 600℃ 时，可消除干扰。

粉尘样品质量多少可影响吸收峰值，所以锭片直径为 13mm 时，岩尘样品质量在 1 ~2mg，煤尘样品质量在 4 ~6mg，微量锭片直径为 2mm 时，粉尘样品不可低于 0.5mg（十万分之一克天平）增量。

为减少测量时产生随机性误差，实验室温度控制在18～26℃之间。相对温度应小于50%。

标准曲线应每半年进行修正或重新制作新的标准曲线。

d 游离 SiO_2分析的质量控制

利用红外光谱吸收带强度与测定样品浓度之间相关而进行定量分析。主要是根据被测样品光谱中欲测物质吸收强度来确定其浓度情况，所以提高红外光谱分析的质量控制水平，是保证测定结果准确的关键。

（1）仪器设备及试剂的质量控制。各种类型的红外分光光度计，应严格掌握仪器性能和技术指标，并在仪器性能允许范围内使用。在使用期间，每半年检测100%线平滑度、波数精度、仪器检验。如性能不符合要求，应立即检修调至正常。

仪器测定参数设定应根据被测物质而定，波数范围及记录方式必须大于特征吸收峰值100cm^{-1}以上，狭缝选择的宽度，应为吸收特征峰1/2处半带为最佳或选用2～3cm^{-1}为宜。背景消除应以吸光度（Abs）方式，光标为0.00设定特征峰低波数，而且根据谱带确定基线法，并测量红外吸收强度。基线法是一种确定背景提取分析信号的认识方法，以定量吸收峰来测量被测物质的强度，用基线法表示，从而消除吸收峰背景，以求得准确测量。基线法最常用的有平基线法、切线基线法、定点基线法、水平定点基线法四种。

其他仪器及试剂条件：天平的使用必须在计量检定周期之内，机械天平0点校正及连续称量三次取平均值。电子分析天平使用时应起动自动校正功能；压片模具、玛瑙乳钵使用前应擦拭洁净，并先用少量溴化钾进行研磨、压片后，方可进行样品处理；制备标准曲线用溴化钾应以光谱纯为分析用试剂，日常分析用优级纯溴化钾即可。

（2）测定方法的质量控制。粉尘粒度对测定结果有直接影响，粉尘粒径越小，红外光谱带的吸光度值越高，当粉尘粒径大于5μm时，在800cm^{-1}处的吸收强度逐渐减弱，当粉尘粒度12～20μm占50%以上时，可使测定结果误差在30%以上。

称取样品质量准确与否是保证分析结果准确性的必要条件，因此称量准确度应控制在1%以内，其计算公式为：

$$\text{称量准确度} = \frac{\text{天平感量}}{\text{试验质量}} \times 100\% \qquad (15\text{-}17)$$

样品与溴化钾混合要求必须均匀，反之将影响特征峰吸收度，用转动光路测定样品45°分别进行4次扫描，以观察特征峰变化，吸收强度小于±0.003，波数偏移小于$\pm 2\text{cm}^{-1}$。

判断标准曲线和校正标准是保证测定结果准确度的重要步骤，技术要求高，判断标准曲线必须在同一天内完成测定。同时，在不同质量点上选作内标法或增量法，以提高标准曲线可信性，并计算直线回归方程，由于红外仪器的杂散辐射以及样品的反射、折射等因素，所以工作曲线一般不通过原点，经统计学处理后，求出的方程应校正至通过原点的方程。石英含量越低（小于80μg）对谱带强度影响也越大。在制备低含量的标准曲线时，应多增加质量点数，求平均值后绘制曲线。

同一批测定样品，其灰化时间、研磨程度、制片压力及压片时间等应保持一致，一次测定样品数超过25h，应灰化两个参比空白滤膜分别进行制片，确保参比光路锭片在测定中保持透明度一致，使测定结果准确。

（3）干扰物质的影响。谱带的选择及定位对分析物质的准确性十分关键。但在物质测定范围内会有干扰物质影响物质特征峰的吸收或重叠。有些矿物性粉尘可在α-石英吸收谱带（800cm^{-1}、780cm^{-1}）附近出现吸收带，因而干扰测定准确性。Taylor氏发现，在800cm^{-1}的石英吸收谱带上，出现干扰的矿尘有：阳起石、铁石棉、直闪石、青石棉、透闪石、白云母和叶蜡石等，但这些影响是较弱的，只有在这些混合物达到足够含量时才显示出来。Soda介绍了石英族中石英的主要吸收谱带为800cm^{-1}、780cm^{-1}和694cm^{-1}，方石英为798cm^{-1}和620cm^{-1}，玻璃状二氧化硅为801cm^{-1}，非结晶型二氧化硅为791cm^{-1}。在测定过程中，如800cm^{-1}有干扰时，可用695cm^{-1}峰值进行定量分析（见表15-2）。

表 15-2 定量分析表

矿物性粉尘	
石 英	1165，1140，1085，798，779，694，512，460，397，370
方石英	1195，1150，1095，798，623，490，385，297，274
鳞石英	1220，1160，1100，1080，789，695，567，473，275
阳起石	1103，1053，994，956，920，756，682，505，465，355
铁石棉	1126，1080，1000，975，890，772，698，632，525，490，478，423
青石棉	3635，3620，1138，1098，1040，986，968，890，772，685，636，534
透闪石	1100，1050，992，952，918，753，682，593，508，465，450，420，400
铝直闪石	1086，1015，982，759，780，700，535，498，463，400
高岭土	3694，3650，3620，1114，1100，1032，1010，936，912，790，752，693
蛭 石	537，468，430，342，274
刚 玉	1070，995，955，810，755，685，510，450
赤铁矿	1085，965，640，605，450，380，270
磁铁矿	625，545，465，370，335
白云母	705，570
叶蜡石	3640，1065，1020，920，822，795，538，472，410，340
滑 石	477，457，415，355，325
叶蛇纹石	3677，1040，1018，688，534，498，463，450，440，428，391，383，343
蛇纹石	3678，1067，980，625，563，440，398，297
	3691，3651，1075，1020，952，605，560，435，404，295

高岭土的干扰，该物质在 $800cm^{-1}$ 附近，有一定强度的吸收并与石英谱带峰有部分重叠，而形成馒头峰，使谱带加宽和吸收强度增强，可通过样品灰化（低于 600℃，1h）方法或用标准物校正法消除干扰。

标准曲线需每半年标定一次，同时对测定方法的精密度和准确度进行内标法度验，一般标准加样回收率在 98% 以上，其石英含量控制在 12% ~20% 范围，标准偏差在 0.1% ~1%，相对偏差小于 2%，平行测定重复性小于 2%。

质量控制对红外光谱分析是确保测定准确性的重要环节，应在实际工作中不断总结经验，提高分析水平。

15.5　粉尘测定数据、资料的分析处理

粉尘测定是对粉尘作业场所进行安全卫生监督的必要手段，粉尘测定资料对反映生产场所粉尘污染及危害状况、防尘措施的制定与效果的评价、改善作业环境等提供了科学依据，因此应按国家有关规定进行粉尘测定，同时做好测定资料的管理及统计分析工作。

对粉尘测定资料进行正确的统计分析，可使测定结果更具有科学性、可靠性，而不正确的处理可导致错误的结论，给安全生产、防尘、职业病防治带来不必要的损失，所以做好测定资料的统计分析处理是非常必要的。

15.5.1　粉尘资料的登记与整理

15.5.1.1　粉尘浓度测定结果的登记

（1）粉尘采样现场记录。粉尘采样现场记录表一般应包括采样地点、位置、采样时间、流量、生产工序及样品编号，还应有与粉尘有关的生产状况（包括粉尘来源、性质、粉尘在时间、空间扩散变化的情况等）、防尘措施、设备的使用情况、采样有无异常情况及采样时的生产环境、气象条件、采样日期及采样者。这种原始记录，是一切测定结果的基础，其格式见表15-3。

表 15-3　粉尘采样现场记录表

矿别________　区科________　工作地点________

采样地点及位置____________　生产工序________

样品编号______　采样流量______ L/min　采样时间______ min

测定情况：1. 生产情况

2. 防尘措施、设施、设备及使用情况

3. 采样情况

气象条件：气温____℃　气压____ kPa　气流____ m/s　相对湿度____%

采样日期：____年____月____日　　采样人：________

（2）粉尘采样称量结果记录。粉尘采样结果是粉尘测定的核心部分，记录应更为详细。除对不同单位、不同粉尘种类、不同采样地点的样品加以记录外，还要记录采样时的流量和时间，以备在称量结果出现异常时分析异常情况出现的原因，便于对采样或称量时出现的问题做出正确的判断，其记录表格式见表15-4。

表15-4　粉尘采样称量结果记录表

采样日期	粉尘种类	采样地点	样品编号	采样流量/L·min^{-1}	采样时间/min	称量结果					
						非呼吸性粉尘			呼吸性粉尘		
						采前	采后	增重	采前	采后	增重

（3）粉尘浓度测定结果记录。一般可按一个月内依次测定日期的顺序逐个加以登记，即可看出粉尘浓度变化的概况，记录表格式见表15-5。

表15-5　粉尘浓度测定结果记录表

采样单位	采样日期	粉尘种类	样品编号	流量/L·min^{-1}	采样时间/min	采样地点	浓度结果/mg·m^{-3}			备注
							非呼吸性粉尘	呼吸性粉尘	总尘	

（4）粉尘浓度结果统计。粉尘浓度结果统计是将粉尘测定的原始数据结合测定情况，加以分析，使之上升为可供分析用的理性资料，这项工作是粉尘资料登记报告工作中的重要环节，只有经过统计分析的资料，才能去伪存真，使测定结果更具有真实性、准确性和代表性，使其成为可靠的资料。目前多按月统计进行报告，其统计表格式见表15-6。

表 15-6 矿 年 月粉尘测定统计表

国家标准	指数 项目 尘类	低于标准/个	超过标准/个	小计/个	合格率/%	平均值/mg·m^{-3}	最高值/mg·m^{-3}	最低值/mg·m^{-3}
2/mg·m^{-3}	全岩巷道							
	半岩巷道							
	井 上							
	小 计							
6/mg·m^{-3}	砌碹巷道							
	喷浆巷道							
	井 上							
	小 计							
10/mg·m^{-3}	井下煤尘							
	井上煤尘							
	井上岩尘							
	小 计							
合 计	全 岩							
	半 岩							
	全 煤							
	井 上							
	总 计							

指数 尘类 项目	全 岩	半煤岩	全 煤	井 上	合 计
产尘点数					
应测点数					
实测点数					
实测率					

15.5.1.2 粉尘分散度测定记录

粉尘分散度测定结果可按表 15-7 记录。

表 15-7 粉尘分散度测定结果表

矿别______	区科______	工作地点______		
采样地点______	粉尘性质______	生产工序______		
采样方式______	样品编号______	采样日期______		
测定结果： 测定方法：	显微镜光学条件	目镜测微尺 1 个刻度的长度（μm）		
粉尘粒径（μm）	<2	2—	5—	>10
尘粒数（个）				
百分数%				

报告日期 年 月 日 报告者

15.5.1.3 粉尘游离二氧化硅含量测定记录

中国粉尘卫生标准中，对不同游离二氧化硅含量的粉尘有不同的标准要求。而游离二氧化硅样品来源不同测定结果会有很大差异，测定方法的不同其结果也会有差异，因此应对此加以详细、明确的记录。测定结果可按表 15-8 记录。

表 15-8 粉尘中游离二氧化硅含量测定结果表

矿别______		区科______	工作地点______	
粉尘种类______		采样地点______	样品编号______	
样品来源______	浮游尘______	沉积尘______	原料______	采样日期______
测定方法：				
测定结果（含量%）：				

报告日期 年 月 日 报告者

15.5.2 粉尘测定结果报告

加强粉尘测定的管理与报告是防尘、测尘工作的需要，通过系统的动态观察，科学的管理，使粉尘测定为防止粉尘危害、预防尘肺发生发展、实现矿井安全生产提供科学依据，而管理工作的完善又推动了粉尘测定水平的不断提高。

目前，煤炭系统对粉尘测定的具体要求是粉尘浓度每个测尘点井下每月测定两次，年产百万吨以上的矿井，每个工作面每季度应进行一次全工班连续粉尘浓度测定，同时要求测定总粉尘和呼吸性粉尘浓度；粉尘分散度每季度至少测定一次，根据生产变化和专题调查的要求，应增加测定次数；对粉尘中游离二氧化硅含量测定，要求每半年至少测定一次，当岩、煤层采掘工作面变化时，要及时测定，以便于执行卫生标准。

各级测尘管理机构和测尘人员，必须按有关规定及时总结上报本单位测尘结果和防尘情况，以便各级领导掌握防尘测尘情况。

测尘员每月向本单位测尘管理机构提供一份测尘结果报告。

基层的测尘机构每半月向上级领导提供一份测尘结果报告，每月向上级测尘管理机构上报一份测尘结果报告。

集团测尘管理机构每季向上级主管部门上报测尘报表，并转发下属各有关部门。

15.5.3　粉尘测定结果的评价方法

对粉尘测定结果进行评价，应根据粉尘浓度实测结果并结合生产情况、防尘措施及设备的情况以及粉尘中游离二氧化硅的含量及分散度的结果，用国家标准来衡量并进行综合分析，才能对生产环境中粉尘的来源、性质、存在情况、环境污染程度、对人体的危害程度等做出全面的评价。为能确切反映个体接触粉尘浓度，还应结合个体粉尘采样结果尤其应有呼吸性粉尘及总粉尘采样结果，以便对人体危害状况的分析提出可靠的依据。

15.5.4　粉尘测定资料的统计处理

对粉尘危害进行全面的正确的评价，仅有原始测定结果是不够的，还需对结果进行统计处理，才能去伪存真，科学地阐明事物的内在联系和规律，使结果更真实、可靠、具有代表性。由于调查分析的目的不同，统计处理方法各异，现就目前监测结果统计分析的需要，将常用的几个统计指标的意义和方法介绍如下。

15.5.4.1　指标的计算

实测率、合格率是常用的指标，一般以百分率表示（%）。

（1）实测率：指实际测定的点次数占应测定点次数的百分率。计算方法为

$$实测率 = \frac{实测次数}{应测次数} \times 100\% \tag{15-18}$$

（2）合格率：指实测结果中达到粉尘卫生标准的点次数占实测点次数的百分率，也可称达标率。计算方法为

$$合格率 = \frac{合格次数}{实测次数} \times 100\% \tag{15-19}$$

15.5.4.2　平均数

平均数是分析计量资料常用的一种统计指标，用来描述一组同质计量资料集中趋势，平均水平的指标给人以概括的印象，且便于事物间进行比较。常用的有均数（通常指的算术均数）、几何均数、中位数等。在日常测定报表中的平均数即是算术均数，是反映月、季、年粉尘浓度集中趋势或平均水平的指标，当粉尘浓度波动范围不大、浓度分布呈正态分布时，用此指标较为合理，有代表性；当波动范围大、分布呈非正态分布时，则多以几何均数表示，即将粉尘测定结果进行对数换算，使之成为对数正态分布，再求对数的真值，即几何均数；此外也可用中位数表示平均水平。计算方法如下：

（1）算术均数

$$\overline{X} = \frac{X_1 + X_2 + \cdots + X_n}{n} = \frac{\Sigma X}{n} \tag{15-20}$$

式中　$\overline{X}$——算术均数；

X_1，X_2，…，X_n——样品结果；

n——测定例数。

样品数量少时可直接按上式计算，当样品含量大时，上述计算繁杂，则可将原始数据编制成频数表后用加权法加以计算，具体计算法可见统计学。

（2）几何均数。小样本　$G = n\sqrt{X_1 X_2 \cdots X_n}$

为便于计算也可直接将原始结果先进行对数换算，求出几何平均值的对数后，再计算出对数的反对数，即可求出几何均值。即

$$\lg G = \frac{\lg X_1 + \lg X_2 + \cdots + \lg X_n}{n} = \frac{\Sigma \lg X}{n} \tag{15-21}$$

式中 G——几何均数；

$\lg X_1$，$\lg X_2$，…，$\lg X_n$——每个样品的对数值；

n——样本例数。

上述方法便于小样本计算，当样本量大时则计算繁杂，和算术均数一样，编制频数表后，用加权方法计算。

（3）中位数。把粉尘测定结果按大小顺序排列，居中的那个测定值即为中位数，计算时因样品个数有奇、偶之分，方法略有不同。

奇数时，$M = \frac{n+1}{2}X$；偶数时，$M = \frac{\left[\frac{n}{2}X + \left(\frac{n}{2}+1\right)\right]}{2}$

式中 M——中位数；

X——样品结果；

n——样本例数。

当样本数足够大时，可编制频数分配表，按下式计算出来：

$$M = L + \frac{i}{f_M}\left(\frac{n}{2} - c\right) \tag{15-22}$$

式中 L——中位数所在组的下限；

i——组距；

f_M——中位数所在组的频数；

n——样本例数；

c——小于 L 的累积频数。

15.5.4.3 标准差

对粉尘资料进行分析时，不仅要看样品集中趋势，还要分析离散趋势，说明离散程度的常用指标有全距（极差）、四分位间距、方差、标准差和变异系数，尤其标准差、方差更为常用，方差是标准差的平方，因此应对标准差有所了解。标准差是反映测定值变异程度的指标，将均数和标准差结合起来，才能全面描述粉尘测定值的

分布状况，常用 S 表示标准差。

$$S=\sqrt{\frac{\sum(X-\overline{X})^2}{n-1}} \text{或} S=\sqrt{\frac{\sum X^2-\frac{(\sum X)^2}{n}}{n-1}}$$ 是基本计算公式。

式中 S——标准差；

X——样本值；

$\overline{X}$——样本均数；

n——样本例数。

但当样本数量大时，可编制频数表，用加权法计算即可求出，即

$$S=i\sqrt{\frac{\sum fd^2-\frac{(\sum fd)^2}{n}}{n-1}} \tag{15-23}$$

式中 S——标准差；

i——组距；

f——频率；

d——简化组中值。

应用标准差表示测定值分布的离散程度，当分析两组测定值均数相近时，标准差大，说明测定值变异程度（离散程度）较大，均值代表性差，反之则变异程度小，代表性较好。

15.5.4.4 均数的抽样误差和显著性检验

A 抽样误差

由总体中随机抽样取样本来推断总体的方法，称为抽样研究，在抽样研究中不可避免地存在着样本均数与总体均数间或样本均数间的差别，这种差别称为抽样误差。在粉尘测定中，测定次数是按规定进行的，是随机抽样，因而出现因抽样而造成的差别。由抽样误差而出现的差别用样本均数的标准差表示，为与样本的标准差区别，将样本均数的标准差称为标准误差；用 $S_{\overline{X}}$ 表示。标准误差反映样本均数的离散程度，标准误差小，表示样本均数与总体均数靠近，用样本均数代表总体均数的可靠性大。反之则可靠性小。

在实际工作中往往只知样本标准差，所以多以样本标准差代替总体标准差来求得标准误差的估计值。

$$S_{\overline{X}} = \frac{S}{\sqrt{n}} \tag{15-24}$$

式中　$S_{\overline{X}}$——标准误差；

S——样本标准差；

n——样本例数。

B　显著性检验

样本均数与总体均数间、样本均数间不可避免地存在着抽样误差，而这种数字上的差异如果是在抽样误差允许范围内，统计上认为这种差异没有意义，如果超出抽样误差允许范围，统计上认为这种差异有显著性意义，即两者间有实质性的差别。均数差别的显著性检验，就是判断样本均数与总体均数（或两个样本均数）间差别是否有显著意义的一种方法。一般步骤如下：

建立检验假设：假设比较的两样本来自相同的总体，样本均数与总体均数（或两样本均数）之差仅仅由于抽样误差所致，这种抽样误差的可能性用概率 P 表示。

根据检验假设计算样本检验误差 t 值，要根据资料的类型选取适宜的 t 值公式，常见的类型有样本均数与总体均数差异的显著性比较；样品配对资料的显著性比较；两样本均数的显著性比较。当样本较小时 t 值计算如下

$$t = \frac{\left|\overline{X}_1 - \overline{X}_2\right|}{S_{\overline{X}_1 - \overline{X}_2}} \tag{15-25}$$

式中　$\overline{X}_1 - \overline{X}_2$——两样本的均数；

$S_{\overline{X}_1 - \overline{X}_2}$——两样本合并标准误差。

当样本较大时可用大样本检验误差 u 检验公式

$$u = \frac{\left|\overline{X}_1 - \overline{X}_2\right|}{\sqrt{S_{X_1}^2 - S_{X_2}^2}} \tag{15-26}$$

上述公式表明 t 值实际上就是样本均数与总体均数或两样本均数

之差是标准误差的倍数。

C 确定概率和判断结果

计算出 t 值后，查 t 值表确定概率 P，再根据 P 值大小做出显著性有无的判断，划分差别有无显著性的界限，一般选择概率 5%，t 值越大 P 值越小，当 $t \geqslant t(n')0.05$ 或 $t(n')0.01$ 时可以拒绝原假设，认为样本均数与总体均数（或两样本均数）间有显著性差别。

差别显著性意义还需结合调查内容分析是否有实际意义，不能仅凭 t 值的大小做出结论。当样本数量足够大时，可直接用 u 检验计算，不必用 t 计算，在 u 检验计算中 u 与 P 关系为 $u = 1.96P$ 时以 0.05 为界限；$u = 2.58P$ 以 0.01 为界限，进行判断（见表 15-9）。

表 15-9 t 值、P 值与差别意义的关系

t 值	P 值	差别意义
$< t(n')\,0.05$	>0.05	无显著意义
$\geqslant t(n')\,0.05$	$\leqslant 0.05$	有显著意义
$\geqslant t(n')\,0.01$	$\leqslant 0.01$	极显著意义

15.5.4.5 变异系数

以 C_V 表示，当两样本观察值的单位不同无法进行比较时，用变异系数比较是合宜的，$C_V = \dfrac{S}{X} \times 100\%$。

变异系数没有单位，只表明变异的幅度，变异系数小，说明观察值个体的变异程度小，反之则大。

16 矿井综合防尘措施

多年来，矿井粉尘防治的实践证明，通常情况下，单靠某一种方法或采取某一种措施去防治粉尘，既不经济也达不到预期的效果，所以必须贯彻预防为主、综合防治的原则，采取标本兼治的综合防治措施。所谓防，就是最大限度地减少产尘量；所谓治，就是将已经产生的粉尘在尘源附近处理，最大限度地减少粉尘扩散、飞扬和进入风流中，降低工作环境粉尘浓度，使之达到国家标准。首先必须改革工艺设备和工艺操作方法，从根本上杜绝和减少有害物的产生以消除或控制尘源。在此基础上采取合理的通风除尘措施，建立严格的检查管理制度，这样才能有效地防治粉尘。

综合防尘措施包括技术措施和组织措施两个方面，其基本内容是:通风除尘、湿式作业、密闭尘源与净化、个体防护、改革工艺及设备以减少产尘量;科学管理、建立规章制度、加强宣传教育，定期进行测尘和健康检查。概括起来可将粉尘防治措施划分为如下四大类:

（1）减尘措施。在矿井生产中，通过采取各种技术措施，减少采掘作业时的粉尘发生量是减尘措施中的主要环节，是矿山尘害防治工作中最为积极有效的技术措施。减尘措施主要包括：矿床注水、改进采掘机械结构及其运行参数、湿式凿岩、水封爆破、添加水炮泥爆破、封闭尘源以及捕尘罩等减尘措施。

（2）降尘措施。尽管采取了减尘措施，采、掘、装、运等诸环节中仍然会产生大量的粉尘，这时就要采取各种降尘方法进行处理。降尘措施是矿井综合防尘工作的重要环节，现行的降尘措施主要包括干、湿式除尘器除尘以及在各产尘点的喷雾洒水，如放炮喷雾、支架喷雾、装岩洒水、巷道净化水幕等。

（3）通风排尘。通过上述两类措施所不能消除的粉尘要用矿井通风的方法将粉尘排出井外。事实证明，矿井通风是除尘措施中最根本的措施之一。通风除尘方法分为全矿井通风排尘和局部通风排尘两种。

（4）个体防护。在井下粉尘浓度较高的环境下作业的人员需配备个体防护的防尘用具，如防尘面罩、防尘帽、防尘呼吸器等。个体防护虽然是综合防尘工作中不容忽视的一个重要方面，但它是一项被动的防尘措施。

国内外煤、非煤矿山综合防尘的实践证明，采取上述防尘技术措施可以取得显著降尘效果，但要将矿井粉尘浓度降低到符合安全卫生标准，尚需做出巨大的努力。世界各国已开始研究与应用物理化学方法降低矿井粉尘的新技术措施，如泡沫除尘、黏尘剂降尘、隔尘帘降尘、磁化水除尘等等。这些新技术措施的开发与应用，必将加大矿山尘害综合防治的力度，进一步改善井下作业环境，促进矿井的安全生产。

实践证明，因地制宜，持续地采取综合防尘措施，可取得良好的防尘效果。

16.1 通风除尘

16.1.1 通风除尘的作用

通风除尘的作用是稀释并排出矿内空气中的粉尘。矿内各种尘源在采取了防尘措施后，仍会有一定量的矿尘进入矿井空气中，而且多为粒径不大于 10μm 微细矿尘，这些粉尘能较长时间悬浮于空气中，同时由于粉尘的不断积聚，造成矿井内空气严重污染，严重危害人身健康。所以必须采取有效通风措施稀释并排走矿尘，不使其积聚。通风除尘是矿井综合防尘的重要措施之一。

16.1.2 掘进通风除尘

在矿山各生产环节中，井巷开拓掘进是产生粉尘的主要环节之一。掘进凿岩、放炮、支护、装运等工序不仅产生大量矿尘，影响安全生产，而且还产生大量硅尘，严重危害着矿工的身心健康。因此，在采用必要的湿式作业的同时，还必须因地制宜采取有效的通风、干式捕尘及除尘器等综合防尘措施，才能保证掘进工作面粉尘浓度达到国家的卫生标准。

一般来讲，不依靠矿井主要通风机进行的有效通风，均称为局部通风。目前采用较多的是局部通风机通风排尘方式，这种通风对降低掘进时的粉尘浓度起了重要作用，表 16-1 为部分矿井掘进工作面凿岩时的粉尘浓度测定资料，从中可以看出局部通风的作用。

表 16-1　局部通风排尘效果的对比

矿山名称	矿尘浓度/$mg \cdot m^{-3}$	
	湿式作业（未通风）	湿式作业（通风）
锡矿山	3.6 ~ 6.6	0.4 ~ 1.5
盘古山	3.9 ~ 6.8	1.4 ~ 1.9
大吉山	3.5	2.0
恒仁矿	4.54	2.60
龙烟铁矿	6.57	2.1

为保证通风除尘的有效作用，要求新鲜风流有良好的风质，矿山安全规程规定：入风井巷和采掘工作面的风源含尘量不得超过 $0.5mg/m^3$。

根据通风方式的不同，局部通风排尘方法可分为矿井总风压通风、扩散通风、引射器通风及局部通风机通风等四种方法。

对掘进防尘通风的要求如下。

16.1.2.1　从防尘角度对通风方式的选择

抽出式局部通风只有当风筒吸风口距工作面很近时（如 2 ~ 3m），才能有效地排出粉尘，稍远排尘效果很差。压入式通风的风筒出风口距工作面的距离在有效射程内时，能有效排出掘进工作面的粉尘，但含尘空气途经整个巷道，巷道空气污染严重。混合式通风兼有压入式和抽出式的优点，是一种较好的通风排尘方法。

16.1.2.2　排尘效果对风速的要求

要使排尘效果最佳，必须使风速大于最低排尘风速，低于二次扬尘风速。根据实验观测，掘进巷道风速达到 0.15m/s 时，5μm 以下的粉尘即能悬浮，并能与空气均匀混合而随风流运动。

使粉尘浓度最低的巷道平均风速称为最优排尘风速。它的大小与粉尘的种类、粒径大小、巷道潮湿状况和有无产尘作业等有关。掘进防尘风量应使掘进巷道风速处于最优排尘风速范围内。除控制风速外，及时清除积尘和增加矿尘湿润程度是常用的防尘方法。

总之，决定通风除尘效果的主要因素有工作面通风方式、通风风量、风速等。

A 最低排尘风速

5μm 以下粉尘对人体的危害性最大，能使这种微细粉尘保持悬浮状态并随风流运动的最低风速称为最低排尘风速。矿井水平巷道中，粉尘的重力和气流对粉尘的阻力作用方向互相垂直，此时使粉尘在风流中处于悬浮状态的主要动力是紊流脉动速度。如果尘粒受横向脉动速度场的作用力与粉尘重力相平衡，则尘粒处于悬浮状态。使粉尘粒子处于悬浮状态的条件是：紊流风流横向脉动速度的均方根值等于或大于尘粒的沉降速度。根据有关实验资料，最低排尘风速 v_s 可用下面的经验公式计算

$$v_s = \frac{3.17v_f}{\sqrt{a}} \tag{16-1}$$

式中 a——井巷的摩擦阻力系数；

v_f——粉尘粒子在静止空气中均匀沉降的速度，m/s。

B 最优排尘风速

当排尘风速由最低风速逐渐增大时，粒径稍大的粉尘也能悬浮，同时增强了对粉尘的稀释作用。在产尘量一定的条件下，粉尘浓度随风速的增加而降低。当风速增加到一定数值时，工作面的粉尘浓度降到最低值。粉尘浓度最低值所对应风速称为最优排尘风速。

国内外对矿井最优排尘风速进行了大量的实验研究，试验结果表明，在干燥的井巷中，无论是否有外加扰动，都存在一最优排尘风速，如有外加扰动时，最优排尘风速较低，如图 16-1 所示。

在井巷潮湿的条件下，风速在 0.5～6m/s 范围内，随风速增大粉尘浓度不断下降，如图 16-2 所示。

C 扬尘风速

当风速超过最优排尘风速后，继续增高风速，原来沉降的粉尘

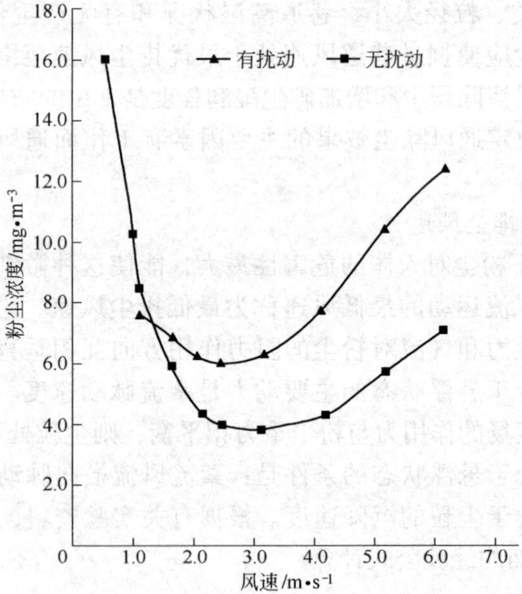

图 16-1　干燥井巷中最优排尘风速

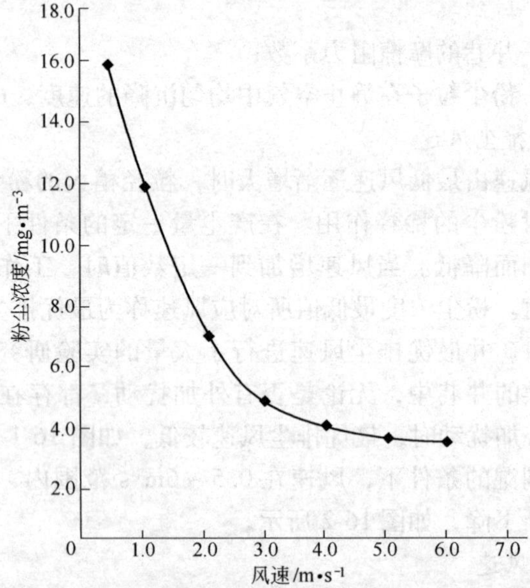

图 16-2　潮湿井巷中粉尘浓度与风速的关系曲线

将被重新吹起，粉尘浓度再度增高。大于最优排尘风速时，粉尘浓度再度增高的风速称为扬尘风速。粉尘飞扬的条件是风流作用在粉尘粒子上的浮力大于或等于粉尘粒子所受重力。扬尘风速可用下面的经验公式计算

$$v_b = (4.5 \sim 7.5)\sqrt{\rho_d g d} \tag{16-2}$$

式中 v_b——扬尘风速，m/s；

ρ_d——粉尘粒子的密度，kg/m^3；

g——重力加速度，m/s^2；

d——粉尘粒子的直径，μm。

通风排尘的关键是确定最佳排尘风速。如果风速偏低，粉尘不能被风流有效地冲淡排出，并且随着粉尘的不断产生，造成作业空间粉尘浓度的非定量叠加，导致粉尘浓度持续上升。风速过高，又会吹扬巷道、支架及采空区里的积尘，同样会造成粉尘浓度升高。

粉尘控制是一个复杂、多种因素影响的问题，首要的是最好不让粉尘在尘源处就变成浮游状态。一旦成为浮游状态，并且已经离开尘源时，降尘的有效方法就是集尘和通风冲淡。不管怎样，只要粉尘变成浮游状态，降尘将会更加困难。所以，防尘要尽一切可能把粉尘抑制在尘源处，这是非常重要的。

16.2 湿式作业

湿式作业是矿山应用最普遍的一种防尘措施，按除尘机理可将其分为两类：一类是用水湿润、冲洗初生和沉积的矿尘；另一类是用水捕集悬浮于矿井空气中的粉尘。这两类除尘方式的效果均是以粉尘得到充分湿润为前提的。

16.2.1 用水湿润矿尘

16.2.1.1 喷雾洒水

A 粉尘湿润机理

粉尘湿润是液体将尘粒表面气体挤出后在其表面铺展的过程。

在这一过程中，固-气界面消失，形成固-液界面和液-气界面，所以湿润过程也就是固-液-气三相界面上表面能变化的过程。

粉尘的湿润性是决定喷雾洒水除尘效果的重要因素。它取决于液体的表面能（表面张力）和尘粒的湿润边界角。湿润边界角 θ 是指液体 L 和尘粒界面（AC）与液体表面的切线（AB）间的夹角即 $\angle BAC$。由图 16-3 可知

$$\cos\theta = \frac{F_{d.a} - F_{d.w}}{F_{w.a}} \tag{16-3}$$

式中　$F_{d.a}$——尘、气界面的表面张力，Pa；

$F_{d.w}$——尘、液界面的表面张力，Pa；

$F_{w.a}$——液、气界面的表面张力，Pa。

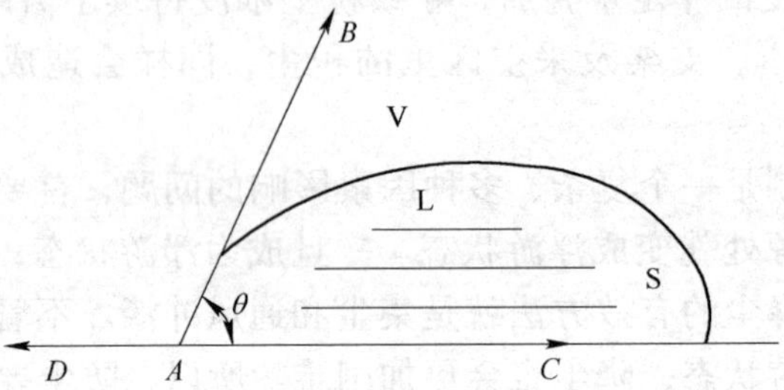

图 16-3　尘粒湿润示意图

V—气相；L—液相；S—固相

若 $\cos\theta < 0$，即 $\theta > 90°$ 时，尘粒不被水湿润；若 $1 > \cos\theta > 0$，即 $\theta < 90°$ 时，尘粒能被水湿润；如果 $\cos\theta = 1$，即 $\theta = 0°$ 时，能完全湿润。

容易被水湿润的粉尘称亲水性粉尘，不容易被水湿润的粉尘称为憎水性（或疏水性）粉尘。根据粉尘的这一特性来选择除尘方式及设备，前者用水除尘的效果良好，后者用水除尘时，要在水中添加表面活性物质，降低水的表面张力，否则除尘效果差。

各种矿岩的湿润边界角大小因其矿物成分和岩石成分不同而不同，表 16-2 列出了部分矿岩的湿润边界角。

表 16-2 矿岩的湿润边界角

矿岩类型	边界角/（°）	矿岩类型	边界角/（°）
石 英	0～10	贫 煤	71
碳质页岩	43	肥 煤	78
黏土页岩	0～10	气 煤	62
沙页岩	0～10	长焰煤	60
无烟煤	68		

B 喷雾洒水的作用

喷雾洒水是将压力水通过喷雾器（又称喷嘴）在旋转或冲击作用下，使水流雾化成细散的水滴喷射于空气中，其作用范围如图16-4所示。喷雾洒水的捕尘作用主要体现为：

（1）高速流动的水滴与浮尘碰撞后，尘粒被湿润，由于凝聚、增重，尘粒在重力作用下沉降。

（2）高速流动的雾体将其周围的含尘空气吸引到雾体内湿润下沉。

（3）将已沉降的粉尘湿润黏结、增重，使之不易二次飞扬。

（4）增加沉积粉尘的水分，预防粉尘爆炸事故的发生。

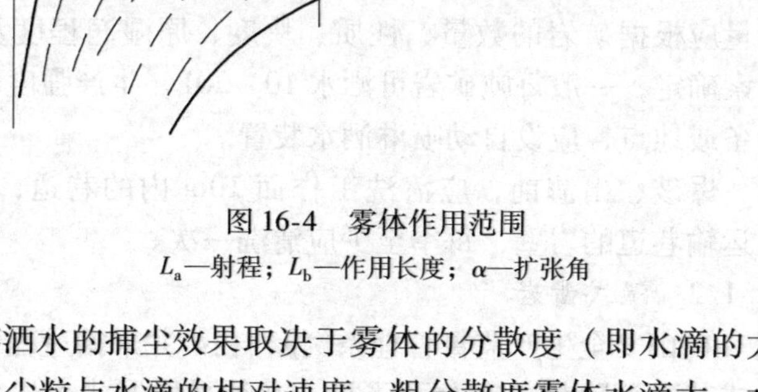

图 16-4 雾体作用范围

L_a—射程；L_b—作用长度；α—扩张角

喷雾洒水的捕尘效果取决于雾体的分散度（即水滴的大小与比值）以及尘粒与水滴的相对速度。粗分散度雾体水滴大，水滴数量少，尘粒与水滴相遇时会因旋流作用而从水滴边绕过，不被捕获。过高分散度的雾体，水滴十分细小，容易气化，捕尘效率也不高。实验结果表明，用 0.5mm 的水滴喷洒粒径为 10μm 以上的粉尘时，捕尘率为60%；粉尘粒径为5μm 时，捕尘效率为23%；粉尘粒径为 1μm 时，捕尘率仅有 1%。将水滴直径减小到 0.1mm，雾体速度提高到 30m/s 时，对 2μm 尘粒的捕尘率可提高到 55%。因此，粉尘的分散度越高，要求水滴的直径也越小，一般来说，水滴的直径在 10～15μm 时，捕尘效果最好，因其有利于冲破水的表面张力而将尘粒湿润捕捉。

喷雾洒水除尘，简单方便，广泛用于采掘机械切割、爆破、装载、运输等生产过程中，缺点是对微细尘粒的捕集效率较低。

雾体的分散度、作用范围和水滴运动速度，决定于喷雾器的构造、水压和安装位置。应根据不同生产过程中产生的粉尘分散度选用合适的喷雾器，才能达到较好的除尘效果。

因此，喷雾洒水应在矿岩的装载、运输和卸落等生产过程和地点以及其他产尘设备和场所都需进行。矿尘湿润后，尘粒间互相附着凝集成较大尘团，同时增强了对巷道周壁或矿岩表面的附着性，从而抑制矿尘飞扬，减少产尘强度。某矿实测装岩过程洒水防尘效果是：

不洒水、干装岩	工作地点矿尘浓度大于 $10mg/m^3$；
装岩前一次洒水	工作地点矿尘浓度约为 $5mg/m^3$；
分层多次洒水	工作地点矿尘浓度小于 $2mg/m^3$。

洒水要利用喷雾器进行，这样喷洒均匀，湿润效果好，耗水量少。洒水量应根据矿岩的数量、性质、块度、原湿润程度及允许含湿量等因素确定，一般每吨矿岩可洒水 10～20L。生产强度高，产尘量大的设备或地点，应设自动喷淋洒水装置。

凿岩、爆破、出渣前，应清洗工作面 10m 内的巷道，进风道、人行道及运输巷道的岩壁，每季至少应清洗一次。

16.2.1.2　湿式凿岩

根据《矿山安全生产监督管理条例》，在矿井采掘过程中，为了大量减少或基本消除粉尘在井下飞扬，必须采取湿式凿岩、水封爆破等生产技术措施。在有条件的矿井还应通过改进采掘机械结构及其运行参数等方法减少采掘工作面的粉尘产生量。

湿式凿岩就是在凿岩过程中，将压力水通过凿岩机送入并充满孔底，以湿润、冲洗和排出产生的粉尘。它是凿岩工作普遍采用的有效防尘措施。

湿式凿岩有中心供水和旁侧供水两种供水方式，目前使用较多的是中心供水式凿岩机。湿式凿岩的防尘效果取决于单位时间内送入钻孔的水量。只有向钻孔底部不断充满水，才能起到对粉尘的湿润作用，并使之顺利排出。为了提高湿式凿岩的捕尘效果，应注意以下几个问题：

（1）水量。要有足够的水量，使之充满孔底，同时，要使钻头出水尽量靠近钎刃部分。这样，粉尘生成后就能立即被水包围并湿润，同时可以防止粉尘与空气接触，避免在其表面形成吸附气膜而影响湿润效果。钻孔中冲水程度越好，粉尘向外排出过程中与水接触的时间越长，湿润效果就越好。各种凿岩机在出厂时，都提出了供水要求，应按规定供水。

（2）气动凿岩机应避免压气或空气混入凿岩水中。压气或空气混入凿岩用水进入孔底，一方面可能在粉尘表面形成吸附气膜；另一方面，在水中形成气泡，微细粉尘附于气泡而逸出孔外，从而严重地影响除尘效果。压气或空气混入的主要原因是：中心供水凿岩机水针磨损、过短、断裂或者各活动部件间隙增大。为此必须提高水针质量，加强设备的维修，以减少和消除这种现象的发生。再者，凿岩时，一定要先给水，后供风，避免干打眼，并且给水开关不要开得过小。

（3）水压。水压直接影响供水量的大小。从防尘效果看，水压越高越好，尤其是上向凿岩，水压高能保证对孔底的冲洗作用。但是，由于水压过高时，会产生钎尾返水，返水冲洗机腔内的润滑油，阻止活塞运动，降低凿岩效果，因此对中心供水凿岩机要求水压比风压低 50 ~ 100kPa。水压过低，供水量又会不足，易使压气进入水中，影响除尘效果。一般要求水压不低于 300kPa。

（4）使用降尘剂。为提高对疏水性粉尘和微细粉尘的湿润效果，可在水中加入降尘剂。前苏联试验表明，凿岩用水中加入湿润剂比用清水可降低粉尘浓度一半左右。

（5）防止泥浆飞溅和二次雾化。从钻孔中流出的泥浆可能被压气雾化而形成二次矿尘，这在凿岩产尘中占有很大比例，特别是上向凿岩，要采取泥浆防护罩，控制凿岩机排气方向等防治措施。

（6）尽量减少微细粉尘产生量。保持钎头尖锐，保证足够风压（大于500kPa），水量充足等都可减少微细粉尘量的产生。

16.2.2　用水捕捉悬浮矿尘

把水雾化成微细水滴并喷射于空气中，使之与尘粒相接触碰撞，使尘粒被捕捉而附于水滴上或者被湿润尘粒相互凝集成大颗粒，从而提高其沉降速度，加之采取必要的通风措施，这种措施在高浓度作业地点会大大提高对矿尘的捕集及稀释排出，全面提高降低粉尘浓度的效果。图16-5是爆破后采取不同喷雾降尘措施降尘效果图。

16.2.2.1　水滴捕尘机理

（1）惯性碰撞。如图16-6所示，尘粒和水滴之间的惯性碰撞是

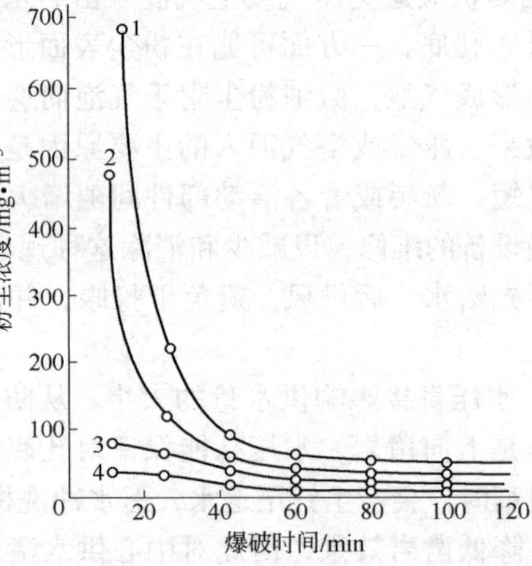

图16-5　爆破区喷雾、通风与矿尘浓度的关系

1—无喷雾，无通风；2—无喷雾，有通风；

3—有喷雾，无通风；4—有喷雾，有通风

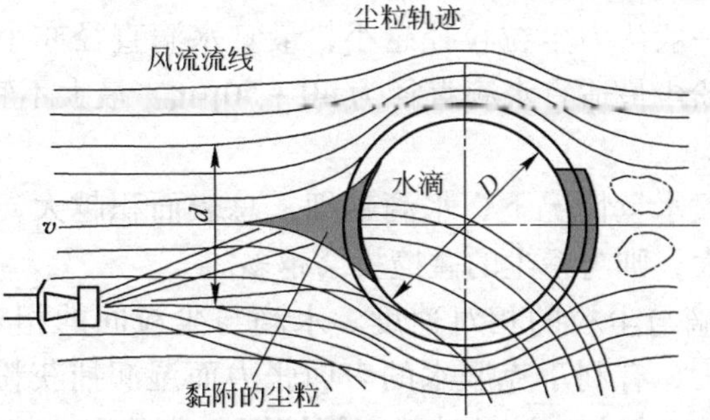

图 16-6 水滴捕尘作用示意图

湿式除尘的最基本的除尘作用。直径为 D 的水滴与含尘气流具有相对速度 v，气流在运动过程中如果遇到水滴会改变气流方向，绕过物体进行运动，运动轨迹由直线变为曲线，其中细小的尘粒随气流一起绕流，粒径较大和质量较大的尘粒具有较大的惯性，便脱离气流的流线保持直线运动，从而与水滴相撞。由于尘粒的密度较大，因惯性作用而将保持其运动方向，在一定粒径范围的尘粒由于惯性与水滴碰撞并黏附于水滴上。相对速度 v 越大，所能捕获的尘粒粒径范围越大，1μm 以上的尘粒，主要是靠惯性碰撞作用捕获。

（2）扩散作用。通常尘粒粒径 0.3μm 以下的粉尘，由于质量很小，随风流而运动，在气体分子的撞击下，微粒像气体分子一样，做复杂的布朗运动。但其扩散运动能力较强。在扩散运动过程中，可与水滴相接触而被捕获。

（3）凝集作用。凝聚有两种情况，一种是以微小尘粒为凝结核，由于水蒸气的凝结使微小尘粒凝聚增大；另一种是由于扩散漂移的综合作用，使尘粒向液滴移动凝聚增大，增大后的尘粒通过惯性的作用加以捕集。另外水滴与尘粒的荷电性也促进尘粒的凝集。

16.2.2.2 影响水滴捕尘效率的因素

（1）水滴的粒径与分布密度。水滴粒径大小与分布密度是影响捕尘效率的重要因素，对于不同粒径的粉尘，有一捕获的最宜水滴直径范围，一般认为尘粒粒径越小，最宜水滴直径亦小，而对5μm以下的微细粉尘最适宜水滴直径为40～50μm，最大不宜超过100～150μm。

在同样喷水量情况下，水滴越细，总表面积越大，在空气中的分布密度越大，则与粉尘的碰撞机会越多。

(2) 水滴与尘粒的相对速度。水滴与尘粒间的相对速度越高，冲击能量越大，有利于克服水的表面张力而湿润捕获粉尘。但因风流速度高而使尘粒与水滴的接触时间缩短，也降低捕尘效率。

(3) 喷雾水量与水质。单位体积的空气中的喷雾洒水量越多，捕尘效率就越高，但所用动力亦增加。使用循环水时，需采取净化措施，如水中微细粒子增加，将使水的黏性增加，且使分散水滴粒度加大，降低效率。

(4) 粉尘的性质。粉尘的湿润性对湿式捕尘有重要影响。不易湿润的粉尘（疏水性粉尘）与水滴碰撞时，会产生反弹现象，虽碰撞但也难以将其湿润捕获。尘粒表面吸附空气形成气膜或覆盖油层时，其也难被水湿润。密度大的粉尘相对易于被水捕获。空气中的粉尘浓度越高，喷雾洒水的效率也越高。

16.2.2.3 喷雾洒水装置

喷雾器的性能可由喷雾体结构、雾粒分散度、雾滴密度、水压、水量等参数表示。我国井下矿山常用的喷雾器按形式一般分为内喷雾、外喷雾两种。按其动力可分为水力的和风水联动的两类。

(1) 水力喷雾器。压力水经过喷雾器，靠旋转的冲击力作用，使之形成水幕喷出。水力喷雾器类型很多，目前市场有成品供应，其中，使用较好的武安-4型喷雾器，其性能见表16-3。水力喷雾器结构简单、轻便，具有雾粒较细、耗水量少、扩张角大的特点，但射程较小，适用于固定尘源喷雾，如采掘工作面运输机转载点、翻罐笼、料仓、装车站等处的喷雾降尘。单水喷雾器对捕捉5μm以下的粉尘，降尘率一般不超过30%，但若提高水压、减小出水孔径，可增加喷射速度和雾滴分散度，提高降尘率。

表 16-3 武安-4 型喷雾器水力性能

出水孔径 /mm	水压 /MPa	耗水量 /L·min^{-1}	作用长度 /m	射程 /m	扩张角 /(°)	雾粒尺寸 /μm
2.5	0.3	1.49	1.5	1.0	98	100~200
2.5	0.5	1.95	1.7	1.2	108	
3.0	0.3	1.67	1.6	1.3	102	150~200
3.0	0.5	2.11	1.8	1.3	110	
3.5	0.3	1.90	1.7	1.2	106	150~200
3.5	0.5	2.43	1.8	1.3	114	

(2) 引射式喷雾器。引射式喷雾器是根据引射涡流原理制作的一种新型喷雾器。其特点是带有引风筒或引风罩，在喷雾的同时造成一股引射风流，具有二次雾化作用，提高了雾化质量。其具有结构紧凑合理、尺寸小、重量轻、使用方便可靠、降尘效果好等优点。

(3) 气水喷雾器。这种喷雾器是根据压气雾化液体的原理设计的。即借助于压气的作用，使压力水分散成雾状水滴并喷射出去。

气水喷雾器具有雾化程度高、喷雾射程远等优点。在压力不小于0.3~0.4MPa、耗水量10~12L/min的情况下能达到5m以上的射程，且水雾细、密度大，对呼吸性粉尘的捕获效果显著。一般捕尘效率可达90%。

(4) 喷雾自动控制。矿井下有些作业地点，应考虑实行自动控制喷雾，如装车、卸车、卸矿等间断作业，装卸时要喷雾，不作业时应停止喷雾；净化水幕需长时间工作，车辆或人员通过时，应暂停喷雾；爆破后工作地点烟尘大，人员不能进入操作等。自控方式有机械、电角点、光电、超声波、爆破冲击波等，应根据作业条件与环境采用。

16.2.2.4 “水炮泥”和水封爆破

“水炮泥”是用盛水的塑料袋代替或部分代替炮泥充填于炮孔内，爆破时水袋在高温高压爆破波的作用下破裂，使大部分水被气化，然后重新凝结成极细的雾滴并和同时产生的粉尘相接触碰撞，形成雾滴的凝结核或被雾滴所湿润而起到降尘作用。水炮泥爆破除具有降尘效果外，对减小爆焰、降低湿度、防止引燃事故以及减少烟量和有毒有害气体含量效果也十分显著。

水封爆破和水炮泥的作用相同，它是将炮孔内的炸药先用炮泥填好，然后再给炮孔口填一小段炮泥，两段炮泥之间的空间，插入细水管注水，封堵水管孔后，进行爆破。由于水封爆破在炮孔的水流失过多时会造成放空炮，加之其作业过程较复杂等原因，现已处于逐渐被淘汰的状态。

水炮泥在炮孔中的布置方法对爆破效果很重要。一般情况下采用下面三种方法：

（1）先装炸药，再装水炮泥，最后装黄泥，如图 16-7 所示。

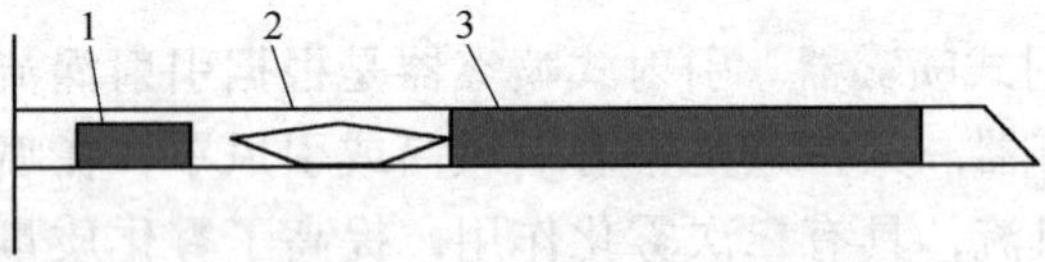

图 16-7　水炮泥布置图

1—黄泥；2—水炮泥；3—炸药

（2）先装水炮泥和炸药，再装水炮泥和黄泥。

（3）先装水炮泥和炸药，再装水炮泥（不装黄泥）。

具体装填方法，应视炮孔深度而定，国内矿井一般多采用第一种方式。

根据双鸭山矿务局在四次半煤岩、四次全岩巷道掘进时，对使用普通炮泥和水炮泥爆破产生浓度进行了对比观测；在放炮后 30s，工作面使用普通炮泥时粉尘浓度为 387.5mg/m^3，而采用水炮泥时为 50mg/m^3，降尘效率达 87%。大屯姚桥矿在煤巷掘进中使用水炮泥取得了类似的效果，如表 16-4 所示。

表 16-4　水炮泥使用效果比较

试验地点	测尘次数	作业程序	粉尘浓度/mg · m^{-3}			炮烟扩散时间/min	
			未用	使用	降尘率/%	未用	使用
4017 掘进巷	12	拉槽	425	145	65.88	10	5
4015 掘进巷	12	刷帮	845	245	71.00	10	5
平　均			635	195	69.29	—	—

如果在水炮泥中同时添加湿润剂、黏尘剂等物质，可大大提高降尘效率。此外，德国等西方国家已开始应用化学材料代替水炮泥中的水，这些材料大多具有较好的膨胀性能，因此爆炸时的封堵效果和降尘效果更好。我国研制出的凝胶水炮泥也取得了良好的降尘、降烟效果。

16.2.2.5 物理化学降尘技术

自20世纪60年代在国外井下矿山应用表面活性剂降尘以来，物理化学降尘技术得到了迅猛发展。中国是从80年代开始试验并推广应用降尘剂等物理化学降尘技术的，目前已在井下进行试验与应用的物理化学防尘方法主要有：水中添加降尘剂降尘、泡沫除尘、磁化水降尘及黏尘剂抑尘等。

A 添加降尘剂降尘

水中添加降尘剂是在水力除尘的基础上发展起来的一种降尘技术。通常情况下，水的表面张力较高，微细粉尘不易被水迅速、有效地湿润，致使降尘效果不佳。但是，不可否认的是，水力除尘方法是迄今为止最为简便、有效、易于推广的除尘方法之一。

a 添加降尘剂机理

据实验，几乎所有的降尘剂都具有一定的疏水性，加之水的表面张力又较大，对粒径在2μm以下的粉尘，捕获率只有1%～28%左右。添加降尘剂后，则可大大增加水溶液对粉尘的浸润性，即粉尘粒子原有的固-气界面被固-液界面所代替，形成液体对粉尘的浸润程度大大提高，从而提高降尘效率。

降尘剂主要由表面活性物质组成。矿用降尘剂大部分为非离子型表面活性剂，也有一些阴离子型表面活性剂，但很少采用阴离子型。表面活性剂是亲水基和疏水基两面活性剂分子完全被水分子包围，亲水基一端被水分子吸引，疏水基一端被水分子排斥。亲水基被水分子引入水中，疏水基则被排斥伸向空气中，如图16-8所示。于是表面活性剂分子会在水溶液表面形成紧密的定向排列层，即界面吸附层。由于存在界面吸附层，使水的表层分子与空气接触状态发生变化，接触面积大大缩小，导致水的表面张力降低，同时朝向空气的疏水基与粉尘之间有吸附作用，而把尘粒带入水中，得到充

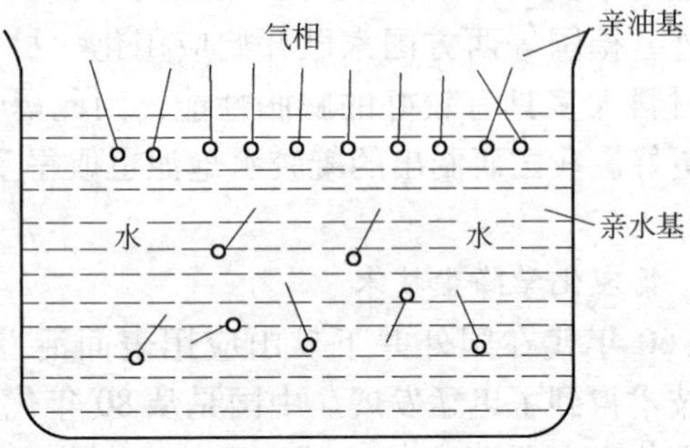

图 16-8　在水中的降尘剂分子示意图

分湿润。

b　降尘剂的添加方法

降尘剂在实际应用中，不但要通过实验选择最佳浓度，而且还要解决添加方法。目前我国矿山主要采用以下五种添加方法：

（1）定量泵添加法。通过定量泵把液态降尘剂压入供水管路，通过调节泵的流量与供水管流量配合达到所需浓度。

（2）添加调配器。其添加原理是在降尘剂溶液箱的上部通入压气（气压 > 水压），承压降尘剂溶液经液导管和三通添加于供水管路中。这种方法结构简单，操作方便，无供水压力损失，但必须以气压作动力。

（3）负压引射器添加法。降尘剂溶液被文丘里引射器所造成的负压吸入，并与水流混合添加于供水管路中。添加浓度由吸液管上的调节阀控制。由于这种方法成本低、定量准确，较多被各矿井所采用。

（4）喷射泵添加法。与前面的添加器相比，主要区别在于喷射泵有混合室，因此用喷射泵调配降尘剂可使其与水混合较好、定量更准确、供水管路压损小，工作状态稳定。

（5）孔板减压调节器添加法。降尘剂溶液在孔板前的高压水作用下，被压入孔板后的低压水流中，通过调节阀门获得所需溶液的流量。

B 泡沫除尘

泡沫除尘是用无空隙的泡沫体覆盖源，使刚产生的粉尘得以湿润、沉积，失去飞扬能力的除尘方法。

20世纪70年代中期，英国最先开展了这方面的研究，此后，美国、苏联、联邦德国、日本等国相继试验与研究，取得了一定的成果。近年来，中国已在潞安、汾西、铁法等矿务局进行了研究与试验，取得了良好效果。

（1）泡沫剂与泡沫剂溶液。能够产生泡沫的液体叫泡沫剂。纯净的液体是不能形成泡沫的，只要溶液内含有粗粒分散胶体、胶质体系或者细粒胶体等形成的可溶性物质时就能形成泡沫。在中国矿山曾进行17种不同表面活性剂的发泡剂除尘实验，取得的最佳参数是：倍数为100~200倍、泡沫尺寸小于6~10μm。

（2）发泡原理。现根据图16-9对发泡原理说明如下。

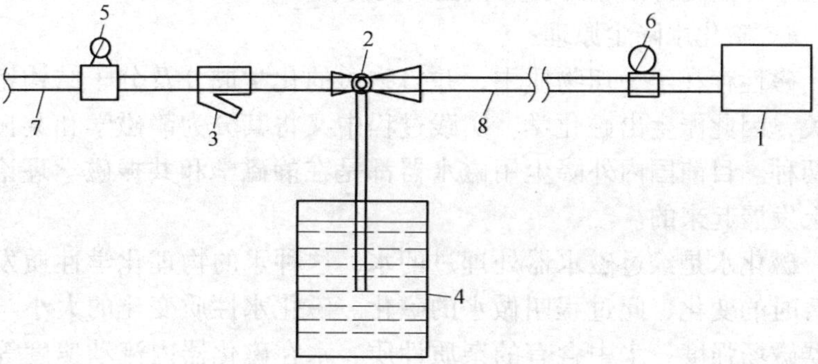

图16-9 发泡器原理示意图
1—发泡喷头；2—管路定量分配器；3—过滤器；4—发泡液储槽；
5，6—压力表；7，8—高压软管

由软管7供给的高压水，进入过滤器3中加以净化，随后流入管路定量分配器2，此处由于高压水引射作用将储液槽4中的发泡液按定量（一般混合比为0.1%~1.5%）吸出。含有发泡原液的高压水通过软管8流入发泡喷头。

在一定的风速下，喷洒在网格上的雾滴直径和均匀性直接影响到成泡率的大小。雾滴过小时，容易穿过网孔漏掉，而不能成泡；雾滴过大，气泡耗液量增大，开始还可导致泡沫的强度和倍数增加，但增加到一定界限时两参数急剧下降，而且随着泡沫耗液量的增加，会使更多的溶液在发泡过程中不起作用。

泡沫降尘，可应用于综采机组、掘进机组、带式运输机以及尘源较固定的地点，一般泡沫降尘效果较高，可达 90% 以上，尤其是对降低呼吸性粉尘效果显著。

C 磁化水除尘

目前，国内外对水系磁化技术的应用日趋广泛，水系磁化这门边缘科学已引起各领域的高度重视。前苏联最先进行了磁化水除尘试验。据列宁矿山和十月矿山对磁化水与常水降尘率进行对比试验表明，其平均降尘率可提高 8.15% ~21.08%，此外，在磁水中添加湿润剂还可在此基础上提高降尘率 38% 左右。中国是从 20 世纪 80 年代末开始在井下进行有关实验研究的。

a 磁化水降尘原理

磁性存在于一切物质中，并与物质的化学成分及分子结构密切相关，因此派生出磁化学。实践过程中又将其分为静磁学和共振磁学两种。目前国内外降尘用磁水器都是在静磁学和共振磁学理论基础上发展起来的。

磁化水是经过磁水器处理过的水，这种水的物理化学性质发生了暂时的变化，此过程叫做水的磁化。磁化水性质变化的大小与磁化器磁场强度、水中含有的杂质性质、水在磁化器内流动速度等因素有关。

磁化处理后，由于水系性质的变化，可以使水的硬度突然升高，然后变软；水的电导率、黏度降低；水的晶格发生变化，使复杂的长链状变成短链状，水的氢键发生弯曲，并使水的化学键夹角发生改变。因此，水的吸附能力、溶解能力及渗透能力增加，使水的结构和性质暂时发生显著的变化。

此外，水被磁化处理后，其黏度降低、晶构变小，会使水珠变小，有利于提高水的雾化程度，增加与粉尘的接触机会，提高降尘效率。

b 国产磁水器

目前，中国矿山推广应用的磁水器主要有：TFL 系列磁水器、RMJ 系列磁水器及尘敌系列磁水器等，现将前两种磁水器简介如下：

（1）TFL 型高效磁化喷嘴降尘器。TFL 系列磁水器分为 TFL-A、TFL-B、TFL-C 三种类型，是根据静磁学原理设计的。该磁水器选用钕铁硼高速磁铁，正交法使磁力线切割；通过折流直速度变换法假打水的磁化率；采用了切线注入法使喷嘴喷出的雾状呈 150°的空心圆锥形。因此具有磁化率高、体积小、雾化效果好、耗水量低等优点，其技术参数见表 16-5。

表 16-5 TFL 型磁水器技术性能

工作水压/MPa	磁场强度/GS	耗水量/L·min^{-1}	切割次数/次	使用水温/℃
0.3～3.5	2200～3000	<0.36	3	5～30

工作水压/MPa	规格（直径×高）/mm×mm			除尘效率/%①	
	A 型	B 型	C 型	全尘	呼吸性粉尘
0.3～3.5	15×62	20×64	25×70	36.5	49.2

①降尘率是指与常水相比提高的幅度。

TFL 系列磁水器已在中国一些矿山进行工业性试验。在邢台矿务局邢台矿试验情况表明，使用该磁水器比使用非磁化喷嘴，全尘降尘率平均可提高 36.5%，呼吸性粉尘降尘率平均可提高近 50%，如表 16-6 所示。

表 16-6 TFL 型高效磁化喷嘴降尘效果

试验地点及工序	全尘浓度/mg·m^{-3}		(a-b)/b /%	试验地点及工序	全尘浓度/mg·m^{-3}		(a-b)/b /%
	非磁化水 (a)	磁化水 (b)			非磁化水 (a)	磁化水 (b)	
23306	14.5	9.4	35.0	23306	4.0	1.5	62.5
综采	16.0	14.0	12.5	综采	6.0	4.0	33.5
工作面	17.5	9.5	45.7	工作面	5.5	2.0	63.6
7708	23.4	13.0	44.4	7708	9.0	4.5	50.0
综采	19.0	10.5	44.7	综采	7.0	3.5	57.1
工作面	19.0	14.5	23.7	工作面	8.0	4.5	43.8

续表 16-6

试验地点及工序	全尘浓度/mg · m^{-3}		(a - b)/b /%	试验地点及工序	全尘浓度/mg · m^{-3}		(a - b)/b /%
	非磁化水 (a)	磁化水 (b)			非磁化水 (a)	磁化水 (b)	
7102	16.0	10.5	34.5	7102	7.0	5.0	28.6
综采	12.0	7.0	41.7	炮采	6.0	3.0	50.0
工作面	12.0	6.5	45.8	工作面	6.5	2.5	61.5
平　均	16.6	10.5	36.5	平　均	6.56	33.3	49.2

（2）RMJ 型磁水器。RMJ 型磁水器按规格分为：RMJ-1 型、RMJ-2 型、RMJ-3 型三种类型。该磁水器是在前苏联的内磁式和美国的外磁式基础上开发的一种共振式磁场处理装置。它兼容了内外磁式的优点。据实验室测试表明，共振式磁场处理物对磁性的吸收率较高，从场型来看，共振场型优于交变场型。RMJ 型磁水器的结构特点是：场强适中、中等流速、切割次数合理。喷雾装置采用六角塑料喷头，磁场处理的有效范围 50m。喷雾时的技术参数如下：水压为 1MPa 时，雾体的张角为 30°、有效射程 1.8m、水的流量 1.9L/min。

在徐州矿务局韩桥矿试验结果表明：磁化后水的永久硬度由常水的 18.76 下降到 16.97 和 17.50；电导率由 0.95×10^3 S/C 下降为 0.78×10^3 和 0.72×10^3 S/C；pH 值为 7.04 和 7.02，符合矿井防尘用水要求。此外，磁化水较常水黏度有所降低，有助于雾化和捕尘率的提高。对磁化水和常水的渗透压进行对比测定结果表明，磁化水的渗透压比常水高约 10Pa。

c　磁化水除尘应用

磁化水除尘技术在中国的应用已取得了初步成果，其优越性主要体现为：

（1）磁化水降尘设备简单、安装方便、性能可靠。

（2）成本低、易于实施、一次投入长期有效。

（3）降尘效率高于其他物理化学方法。

据现场测试表明，清水、添加湿润剂及磁化水降尘对比情况是：若以清水降尘效率 100% 计，则湿润剂降尘率为 166%，而磁化水降尘率282%。因此，随着此项技术的日趋完善，必将产生良好的社会、经济效益。

D 黏尘剂抑尘

如前所述，在较大的风速下，沉积于矿井井巷中的粉尘，会重新飞扬，形成二次尘源。为此，各矿井普遍采用定期洒水、冲洗以及在巷道中撒布岩粉等措施，抑制粉尘的二次飞扬。

班后冲洗是目前最常用的方法，但是这种方法的缺点也很明显：由于矿井粉尘大多具有较强的疏水性，水的表面张力又很大，因此水分容易蒸发，洒水冲洗后，粉尘将迅速风干，重新具备飞扬的能力，致使矿井巷道周壁、支架及破碎岩石缝隙中存在着大量粉尘，造成了安全隐患。虽然至今仍有一些矿山还在应用撒布岩粉抑制粉尘的方法，但由于其劳动强度大、撒布技术要求高等原因而趋淘汰，因此越来越多的国家正在倾向于应用黏尘剂抑制粉尘技术。目前，世界各国每年都有新的矿用黏尘剂配方专利在发表，其中较著名的有美国的DCL-1803型黏尘剂、Conhex型黏尘剂、日本的SS-01剂和SS-02剂、TH-C剂、南非的ANTI型疏水防尘剂及德国的MONTAN型黏尘剂等。进入20世纪90年代，中国在此方面的研究与试验也取得了良好的效果，现已开发出NCZ-1型黏尘阻燃剂、丙烯酸酯型黏尘剂、乙内酰胺型黏尘剂及CM保湿型黏尘剂等。

（1）吸湿性盐类黏尘剂作用原理。多数黏尘剂抑尘的原理是通过无机盐（如氯化钙或氯化镁等）不断地吸收空气中的水分，使得沉积于黏尘剂的粉尘始终处于湿润状态，同时由于黏尘剂添加有表面活性物质，所以它比普通的水更容易湿润矿井粉尘。

只有在空气相对湿度小于40%时，黏尘剂才会发生结晶现象。由于矿井空气湿度一般均在80%以上，因此黏尘剂是不会发生结晶的。黏尘剂溶液的浓度随着所处环境空气温度和湿度的变化而变化，主要体现为从空气中吸收或者排出水分。图16-10为NCZ-1型黏尘剂在不同相对湿度下的吸湿平衡浓度。黏尘剂可以持续黏结由井下空气带来的、不断沉积于巷帮与底板的粉尘，随着黏结粉尘量的增加，黏尘剂需要不断吸收空气中的水分，达到新的吸湿平衡浓度，

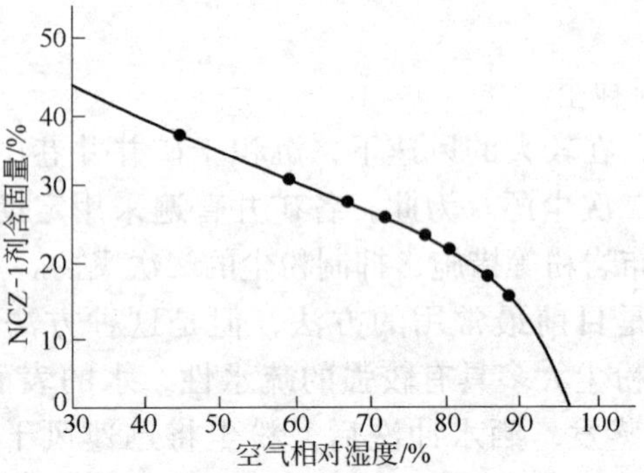

图 16-10　NCZ-1 型黏尘剂的吸湿平衡浓度

当粉尘沉积量超过平衡浓度时，黏尘剂将固化，需要重新喷洒黏尘剂。

（2）黏尘剂抑尘方法的发展动向。如前所述，由于吸湿性无机盐类黏尘剂虽然具有抑尘效果好，成本低廉等优点，而得到了推广应用，但其缺点也是较明显的，如容易受许多因素影响而降低其黏尘效果，在空气湿度较大的井巷中或者在倾斜巷道中容易流失等，此外，若添加的缓蚀剂不当，则还将具有一定的腐蚀性。因此，目前世界各国开始试用一些有机物为主体的黏尘剂，这些黏尘剂具有机械防腐性和较高的黏性，因此很好地解决了无机盐类黏尘剂因流失而降低其有效使用期的问题。如美国的 DCL-1803 剂等有机物类黏尘剂在矿井中的有效使用周期达到了 3 个月以上。此外，这些黏尘剂不怕细菌分解，在 CO_2 等气体中也是稳定的。一些有机物类黏尘剂还具有触变性，即当黏尘剂受到机械负荷时，其黏性降低，负荷消失时黏性又自然恢复，因此可用水泵将它附着于巷壁上，以后恢复黏性持续捕尘。有机物类黏尘剂主要由高分子醇（如甘油、索氏体等）或低分子脂肪酸类组成，有些还添加有碳酸钙、氢氧化铝等无机物防腐剂。总之，新一代黏尘剂的研究成功，将对矿井综合防尘工作带来巨大的影响。

E 其他物理化学防尘技术

除上述理化除尘方法外，国内外一些粉尘研究部门还在探讨超声波除尘、电离水除尘、微生物法除尘等方面的降尘试验，均取得了一定效果。

(1) 超声波除尘。利用超声波除尘的基本原理是在超声波的作用下，空气将产生激烈振荡，悬浮的尘粒间剧烈碰撞，导致尘粒的凝结沉降。试验证明，超声波可使那些用水无法除去或难以除去的微小尘粒沉降下来，但必须控制好超声波的频率以及相应的粉尘浓度。根据一些国家的研究，用超声波除尘的声波频率在 2000 ~ 8000Hz 范围内为宜。

目前已有德国、法国等国家在矿山进行了超声波除尘的试验与研究。据报道，高效的超声波除尘装置捕捉钻孔粉尘的效率可达 98% ~99%。但存在的问题是：功率消耗大、处理时间长以及对人体有影响等。

(2) 电离水除尘。电离水除尘的原理是通过电离水使弥散于空气中的粉尘粒子及降尘雾滴带电，利用带电极性相反时相互吸引的原理，实现粉尘的凝聚沉降。据报道，国外矿山使用 R、E、A 静电喷涂的喷枪，在 30kV 电压、500mA 电流及 28.2L/min 流量下，使降尘雾滴充正电，达到了良好的降尘效果。

(3) 声波雾化降尘技术。调查发现，当前的喷雾降尘技术，普遍存在着降低呼吸性粉尘效果差、耗水量大的缺点，其降尘率一般只有 30% 左右。为改善和提高喷雾降低呼吸性粉尘效果，煤炭科学总院重庆分院研究了声波雾化降尘技术。该项技术是利用声波凝聚、空气雾化的原理，从提高尘粒与尘粒、雾粒与尘粒的凝聚效率以及雾化程度来提高呼吸性粉尘的降尘效率。产生声能的声波发生器是该项技术的关键。该项技术所研制的声波雾化喷嘴具有普遍压气雾化喷嘴的特点，雾化效果好，耗水量低，雾粒密度大。同时，产生的高频高能声波可以使已经雾化的雾粒二次雾化，减小雾粒直径，提高雾粒与尘粒的凝聚效果。在风压为 0.3 ~0.6MPa，耗水量小于 1.0m^3/min 的条件下，雾粒面积平均粒径小于 30μm，对呼吸性粉尘的降尘率可以大于 74%，对总粉尘的降尘率可以达到 88%。但缺点是声波雾化喷嘴产生的声波频率在可听范围内，声压级较高，噪声较大。此外，雾粒变小易受环境风流的影响，寿命较短。解决好这两个问题，该技术将取得十分满意的结果。在石炭井白芨沟矿转载点应用该技术时，采用隔声罩等措施较好地解决了上述问题，并取得了良好的效果，总粉尘降尘达到了 90.8%，呼吸性粉尘降尘达到了 93.5%。

(4) 预荷电高效喷雾降尘技术。基础研究的结果表明，荷电水雾对呼吸性粉尘的降尘效果是随水雾荷质比的提高而线性上升的，最高可达 75.7%。说明这一技术途径是可行的。实现这一目的的关键技术是能研制出耗水量小、雾化效果显著、雾粒密度大而且水雾能够带上足够多的电荷的电介喷嘴。就是说，这种喷嘴是建立在传统喷雾降尘机理和电力作用机理的综合作用基础上的特殊雾化元件。

经过大量的定性和定量试验研究，确定了五种电介喷嘴。这些电介喷嘴的水雾荷质比与同型号的铜质喷嘴相比提高了 22.7 倍，并已形成了系列产品，可以满足不同尘源特点对不同的需要。这些电介喷嘴的雾化效果也较好，雾粒群的面积平均直径均小于 85μm，有效射程、水量分布、水流量等参数均符合行业标准的要求。在各种水压下，雾粒密度均大于 2×10^{8} 颗/(s·m^2)。试验研究结果表明，总粉尘的降尘率是随着水压的上升而单调提高的，说明这主要是传统喷雾降尘机理作用的结果。而呼吸性粉尘降尘率则随着水雾荷质比的提高而提高，不随水压的上升而单调提高的，说明这主要是电力机理起作用的结果。当水压为 1.0～1.5MPa 时，水雾荷质比和水压均较高，可获得最高的呼吸性粉尘降低率。在实验室进行降尘试验时，水压在 0.7～2.0MPa 下电介喷嘴进行荷电喷雾，其呼吸粉尘的降尘率均达到 60% 以上。

16.2.2.6　湿润剂

为提高水对疏水性矿尘及微细矿尘的湿润能力，可向水中加入湿润剂。湿润剂的主要作用是降低水的表面张力，提高湿润除尘的效果。中国现有 CHJ-1 型、HY 型等多种湿润剂，可应用于湿式作业用水中。

16.3 密闭抽尘及净化

16.3.1 密闭

密闭的目的是把局部尘源所产生的矿尘限制在密闭空间之内，防止其飞扬扩散，污染作业环境，同时为抽尘净化创造条件。密闭净化系统由密闭罩、排尘风筒、除尘器和风机等组成。矿山用密闭有以下形式：

（1）吸尘罩。尘源位于吸尘罩口外侧的不完全密闭形式，靠罩口的吸气作用吸捕矿尘。由于罩口外风速随距离而急速衰减，控制矿尘扩散的能力及范围有限，适用于不能完全密闭起来的产尘点或设备，如装车点、采掘工作面、锚喷作业等。

（2）密闭罩。将尘源完全包围起来，只留必要的观察或操作口。密闭罩防止尘飞扬效果好，适用于较固定的产尘点各设备，如皮带运输机转载点、干式凿岩机、破碎机、翻笼、溜矿井等。

16.3.2 抽尘风量

16.3.2.1 吸尘罩风量

为保证吸尘罩吸捕矿尘的作用，按下式计算吸尘罩的风量 q_V (m^3/s)。

$$q_V = (10x^2 + A)v \tag{16-4}$$

式中 x——尘源距罩口的距离，m；

A——吸尘罩口断面积，m^2；

v——要求的矿尘吸捕风速，m/s，矿山风速一般取 1 ~ 2.5m/s。

16.3.2.2 密闭罩风量

如矿岩有落差，产生量大，矿尘可逸出时，需采取抽出风量的方法，在罩内形成一定的负压，使经缝隙向内造成一定的风速，以防止矿尘外逸。风量主要考虑如下两种情况：

（1）罩内形成负压所需风量 q_{V_1} 可按下式计算

$$q_{V_1} = (\Sigma A)v \tag{16-5}$$

式中　ΣA——密闭罩缝隙与孔口面积总和，m^2；

v——要求通过孔隙的气流速度，m/s；矿山风速可取 1 ~ 2m/s。

（2）矿岩下落形成的诱导风量 q_{V_2}，某些产尘设备，如运输机转载点、破碎机供料溜槽、溜矿井等，矿岩从一定高度下落时，产生诱导气流，使空气量增加且有冲击气浪，所以，在风量 q_{V_1} 基础上，还要加上诱导风量 q_{V_2}。

诱导风量 q_{V_2} 与矿岩量、块度、下落高度、溜槽断面积和倾斜角度以及上下密闭程度等因素有关，目前多采用经验数值。各设计手册给出了典型设备的参考数。表 16-7 是皮带运输机转载点抽风量参考值。

表 16-7　皮带运输机转载点抽风量

溜槽角度 /（°）	高差/m	物料末速 /m·s⁻¹	皮带宽度下的抽风量/$m^3 \cdot s^{-1}$					
			500			1000		
			Q_1	Q_2	Q_1+Q_2	Q_1	Q_2	Q_1+Q_2
45	1.0	2.1	50	750	800	200	1100	1300
	2.0	2.9	100	1000	1100	400	1500	1900
	3.0	3.6	150	1300	1450	600	1800	2400
	4.0	4.2	200	1500	1700	800	2100	2900
	5.0	4.7	250	1700	1950	1000	2400	3400
60	1.0	3.3	150	1200	1350	500	1700	2200
	2.0	4.6	250	1600	1850	950	2300	3250
	3.0	5.6	350	2000	2350	1400	2800	4200
	4.0	6.5	500	2300	2800	1900	2300	5200
	5.0	7.3	600	2600	3200	2400	3700	6100

16.3.3　除尘器

密闭中含尘空气经风筒与风机抽出后，如不能直接排到回风巷道，必须用除尘器净化，达到卫生要求后，才能排到巷道中。

16.3.3.1 除尘器类型

按除尘作用机理将除尘器分为以下四种类型：

（1）机械除尘器。机械除尘技术是指依靠机械力进行除尘的技术，包括重力沉降室、惯性除尘器和旋风除尘器等，其结构简单、成本低，但除尘效率不高，常用作多级除尘系统的前级。

（2）过滤除尘器。包括袋式除尘器、纤维层除尘器、颗粒层除尘器等，其原理是利用矿尘与过滤材料间的惯性碰撞、拦截、扩散等作用而捕集矿尘。这类除尘器结构比较复杂，除尘效率高，但如果矿尘含湿量大时，滤料容易黏结，影响其性能。

（3）湿式除尘器。湿式除尘技术亦称为洗涤式除尘技术，是一种利用水（或其他液体）与含尘气体相互接触，伴随有热量、质量的传递，经过洗涤使尘粒与气体分离的技术。包括水浴除尘器、泡沫除尘器等。这类除尘器主要用水作除尘介质，结构简单，效率较高，但需处理污水，且矿井供排水系统应完善。

（4）电除尘器。它是利用静电作用的原理捕集粉尘的设备，包括干式与湿式静电除尘器。它利用电离分离捕集矿尘，除尘效率高，造价较高，但在有爆炸性气体和过于潮湿环境严禁采用。

每类除尘器都有多种型式，并向多机理复合作用除尘器方向发展。

16.3.3.2 除尘器性能

A 除尘效率

（1）总除尘效率：指含尘气流通过除尘器时，所捕集下来的粉尘量占进入除尘器的总粉尘量的百分数，简称除尘效率，可按下式计算

$$\eta = \frac{m_c}{m_i} \times 100 \qquad (16\text{-}6)$$

式中 η——除尘效率，%；

m_c——被捕集的粉尘量，mg/s；

m_i——进入除尘器的粉尘量，mg/s。

在除尘器运行中，通常测定其入口风量与粉尘浓度和排出口风

量与粉尘浓度。在入、排风量相等条件下，除尘效率可依下式计算

$$\eta = \left(1 - \frac{C_0}{C_i}\right) \times 100 \tag{16-7}$$

式中 C_i——除尘器入口风流中的粉尘浓度，mg/m³；

C_0——除尘器排出风流中的粉尘浓度，mg/m³。

多级串联工作除尘器的总除尘效率，按下式计算

$$\eta = [1 - (1 - \eta_1)(1 - \eta_2)\cdots] \times 100 \tag{16-8}$$

式中 η——总除尘效率，%；

η_1，η_2，…——每一级除尘器清除风流中粉尘的能力，除决定于其结构形式外，还与粉尘的浓度、粒径分布、密度等性质及运行条件等因素有关。

（2）分级除尘效率：除尘器的除尘效率与粉尘粒径有直接关系。对某一粒径或粒径区间原粉尘的除尘效率称为分级除尘效率 η_d，用下式表示

$$\eta_d = \frac{m_{cd}}{m_{id}} \times 100 \tag{16-9}$$

式中 m_{id}——进入除尘器的粒径区间为 d 的粉尘量，mg/s；

m_{cd}——除尘器所捕集的粒径区间为 d 的粉尘量，mg/s。

实际运行中通过测定除尘器入、排风口的粉尘浓度与质量分散度，在入、排风量相等条件下，用下式计算分级除尘效率

$$\eta_d = \left(1 - \frac{C_0 P_{m_{cd}}}{C_i P_{m_{id}}}\right) \times 100 = \left[1 - (1 - \eta)\frac{P_{m_{cd}}}{P_{m_{id}}}\right] \times 100 \tag{16-10}$$

式中 $P_{m_{id}}$——进入除尘器原粉尘中粒径区间为 d 的质量百分数；

$P_{m_{cd}}$——除尘器排出粉尘中粒径区间为 d 的质量百分数；

其他符号意义同前。

（3）分级除尘效率曲线：将各粒径区间的分级除尘效率分别计算出后，画在除尘效率—粒径坐标上，连成平滑曲线即为分级除尘效率曲线，它可形象地表示除尘器对不同粒径尘粒的除尘效率，便于根据粉尘状况选择除尘器和除尘器间进行比较。

(4) 通过率 (D): 指从除尘器排出风流中仍含有的粉尘量占进入除尘器粉尘量的百分数，它可明显表示出除尘后的净化程度，用下式表示

$$D = (1 - \eta) \times 100\% \tag{16-11}$$

B 阻力

指除尘器入口与出口间的压力损失，主要决定于除尘器的结构形式。工程中常用除尘器阻力系数，由下式表示

$$h = \xi\left(\frac{1}{2}\rho v^2\right) \tag{16-12}$$

式中 ξ——除尘器阻力系数，量纲为1，实验值；

ρ——空气密度，kg/m^3；

v——与 ξ 相对应的风速，m/s。

C 处理风量

除尘器的处理风量应满足净化系统风量的要求。各类除尘器及其不同规格、型号，都有最适宜的处理风量范围，作为选用的依据。

D 经济性能

包括除尘器设备费、辅助设备费、运转费、维修费以及占地面积等。各类除尘器的主要性能，如表16-8所示。

表16-8 除尘器的性能

除尘器		净化程度	最小捕集粒径/μm	初含尘浓度/g·m^{-3}	阻力/Pa	除尘效率/%
重力沉降室		粗净化	50~100	>2	50~100	<50
惯性除尘器		粗净化	20~50	>2	300~800	50~70
旋风除尘器	中效	粗、中净化	20~40	>0.5	400~800	60~85
	高效	中净化	5~10	>0.5	1000~1500	80~90
湿式除尘器	水浴除尘器	粗净化	2	<2	200~500	85~95
	立式旋风水膜除尘器	各种净化	2	<2	500~800	85~90
	卧式旋风水膜除尘器	各种净化	2	<2	750~1250	98~99

续表 16-8

除尘器		净化程度	最小捕集粒径/μm	初含尘浓度/g·m^{-3}	阻力/Pa	除尘效率/%
湿式除尘器	泡沫除尘器	各种净化	2	<2	300 ~ 800	80 ~ 95
	冲击除尘器	各种净化	2	<2	1000 ~ 1600	95 ~ 98
	文丘里除尘器	细净化	<0.1	<15	5000 ~ 20000	90 ~ 98
袋式除尘器		细净化	<0.1	<30	800 ~ 1500	>99
电除尘器	湿　式	细净化	<0.1	<30	125 ~ 200	90 ~ 98
	干　式	细净化	<0.1		125 ~ 200	90 ~ 98

16.3.3.3　*矿用除尘器*

由于矿山的特殊工作条件（如工作空间较小、分散、移动性强、环境潮湿等），除某些固定产尘点（如破碎硐室、装载硐室、溜矿井等）可以选用通用的标准产品外，常常要根据矿井工作条件与要求，设计制造比较简便的除尘器。矿山常用除尘器类型如下：

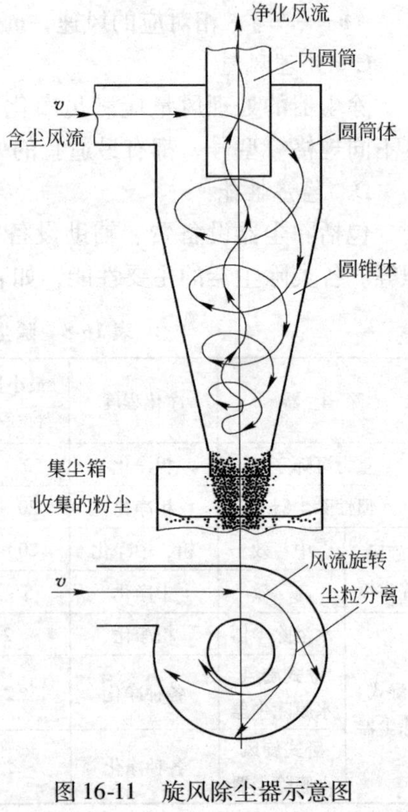

图 16-11　旋风除尘器示意图

（1）旋风除尘器。如图 16-11 所示，含尘气流以较高的速度（14 ~ 24m/s），切向方向沿外圆筒流进除尘器后，由于受到外筒上盖及内筒壁的限流，迫使气流作自上而下的旋转运动。在气流旋转运动过程中形成很大的离心力，尘粒受到离心力作用，因其密度比空气大千倍以上，使其从旋转气流中分离出来并依靠旋转气流的诱导及重力作用，甩向器壁而下落于集尘箱中。

净化后气流旋转向上，由内圆筒排出。在旋转气流中，尘粒获得的离心力 F 如下式

$$F = \frac{\pi}{6} d_p^3 \rho_p \frac{v_t^2}{R} \tag{16-13}$$

式中　d_p——尘粒直径，m；

ρ_p——尘粒密度，kg/m³；

v_t——尘粒的切线速度，m/s；

R——旋转半径，m。

旋风除尘的分离粉尘过程是比较复杂的，其有多种结构型式，对粒径 10μm 以上的矿尘除尘效率较高，矿山多用作前级预除尘。

（2）袋式除尘器。袋式除尘器是一种使含尘气流通过由致密纤维滤料做成的滤袋，将粉尘分离捕集的除尘装置，袋式除尘器主要由袋室、滤袋、框架、清灰装置等部分组成。其捕尘机理如图 16-12 所示。

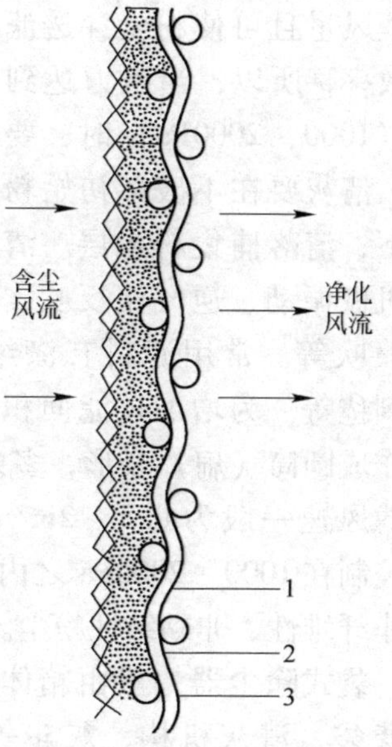

图 16-12　滤布过滤作用示意图
1—滤布；2—初始层；3—捕集粉尘

初始滤料是清洁的，含尘气流通过时，主要靠粉尘与滤料纤维间的惯性碰撞、拦截、扩散及静电吸引等作用，将粉尘阻留在滤料上。机织滤料主要是将粉尘阻留于表面，非机织滤料除表面外还能深入内部，但都是在滤料表面形成一初始粉尘层。初始粉尘层比滤料更致密，孔隙曲折细小而且均匀，捕尘效率增高，这是袋式除尘器的主要捕尘过程。图 16-13 所示为新滤布与积尘后滤布的除尘效率的变化。

初始粉尘层形成后捕尘效率提高，继续捕集粉尘；随着捕集粉尘

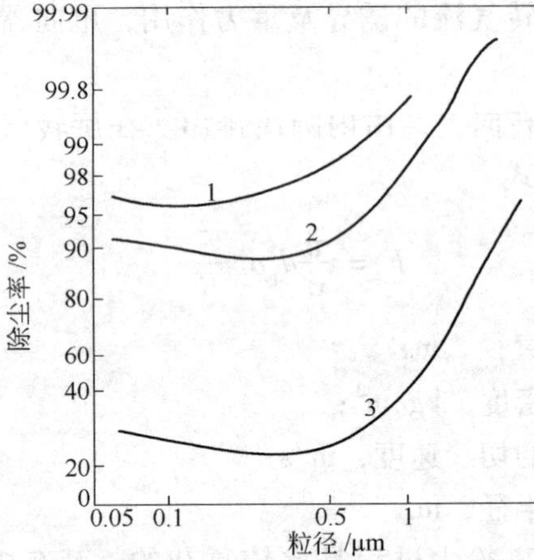

图 16-13　滤布的分级效率曲线

1—积尘后；2—振打后；3—新滤布

层的增厚，效率虽仍有增加，但阻力随之增大。阻力过高，将减少处理风量且可使粉尘穿透滤布时降低效率，所以，当阻力达到一定程度（1000～2000Pa）时，要进行清灰。清灰要在不破坏初始粉尘层情况下，清落捕集粉尘层。清灰方式有机械振动、逆气流反吹、压气脉冲喷吹等。常用滤料有涤纶绒布、针刺毡等。为增加过滤面积多将滤料作成圆筒（扁）袋形，多条并列。过滤风速一般为 0.5～2m/min，阻力控制在 1000～2000Pa 之内。适用于非纤维性、非黏结性粉尘。

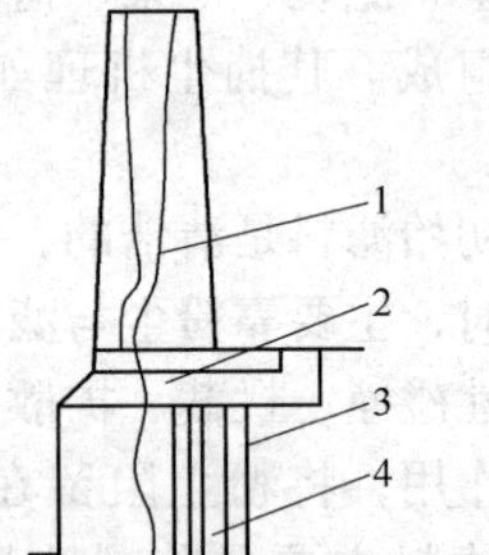

图 16-14　凿岩用袋式除尘器

1—引射器；2—压气阀；3—振动器；4—布袋；5—锥体；6—尘气入口；7—箱体；8—贮尘器；9—支架

袋式除尘器一般由箱体滤袋架及滤袋、清灰机构、灰斗等组成，用风机或引射器作动力。图 16-14 为一简易袋式除尘器。

(3) 纤维层过滤器中的纤维层滤料。纤维层过滤器中的纤维层滤料是用短纤维制成的蓬松的絮状过滤材料。含尘气流通过纤维层时，粉尘被纤维所捕获并沉积在纤维层内部。随着粉尘沉积量的增多，在纤维上形成链状聚合体，滤料的孔隙变得致密和均匀，除尘效率和阻力都随之增高。当达到一定容尘量时，部分沉积粉尘能透过滤料，效率开始下降，下降到设计规定的数值时，需更换新滤料，这种过滤器适用于低含尘浓度气流的净化。

国产涤纶纤维层滤料有多种型号，除尘效率为70%～90%。阻力为100～500Pa，过滤风速为0.5～2m/s。常利用框架固定滤料，作成V形袋状。

(4) 水浴除尘器。在湿式除尘器中，为增强含尘气流中粉尘与水的碰撞接触机会，要使水形成水滴、水膜或泡沫，以提高除尘效率。如图16-15所示的水浴除尘器，含尘气流经喷头高速喷出，冲击水面并急剧转弯穿过水层，激起大量水滴分散于筒内，粉尘被湿润后沉于筒底，风流经挡水板除雾后排出。除尘效率与喷射速度（一般取8～12m/s）、喷头淹没深度（一般取20～30mm）等因素有关，一般为80%～90%，阻力为500～1000Pa。

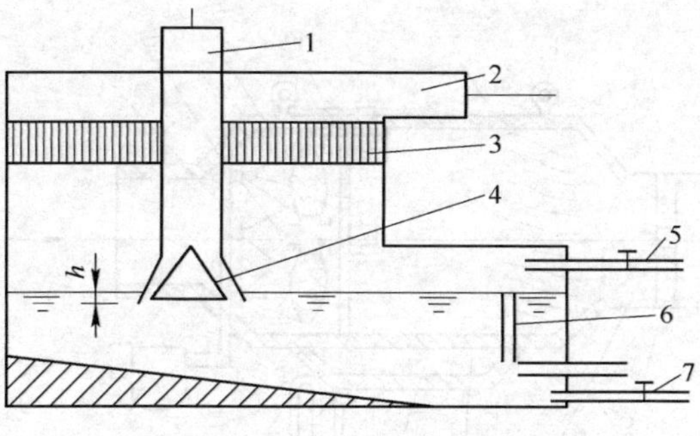

图16-15 水浴除尘器示意图

1—进风管；2—排风管；3—挡水板；4—喷头；
5—供水管；6—溢流管；7—污水管

(5) 湿式旋流除尘风机。它由湿润凝集筒、扇风机、脱水器及后导流器四部分组成。含尘气流进入除尘风机即与迎风的喷雾相遇，然后通过已形成水膜的冲突网；粉尘被湿润并凝聚，进入扇风机。扇风机起通风动力和旋流源作用。为增强对粉尘的湿润，在第一级叶轮的轴头上装发雾盘，与叶轮一起旋转，将水分散成微细水滴。含尘风流高速通过风机并产生旋转运动进入脱水器。被水滴捕获的粉尘及水滴，受离心力作用被抛向脱水器筒壁并被集水环阻挡而流到贮水槽中，风流经后导流器流出，风机的电机要加防水密封。冲突网一般由 2～5 层 16～60 目的金属网或尼龙网组成，网孔小、效率高，易被粉尘堵塞；金属网易腐蚀。除尘效率为 85%～95%，阻力为 2000～2500Pa，耗水量约 15L/min。

（6）旋流粉尘净化器。它是一种利用喷雾的湿润凝集和旋流的离心分离作用的除尘器（见图 16-16）。它的结构为圆筒形，可直接安装在掘进通风风筒的任一位置。为此，其进、排风口的断面应与所选用的风筒断面相配合。在除尘器进风断面变化处安设圆形喷雾供水环，其上间隔 120°处装 3 个喷嘴。在筒体内固定支架上装带轴承叶轮，叶轮上安装 6 个扭曲叶片，叶片扭曲 10°～12°，并使叶片扭曲斜面与喷嘴射流的轴线正交。在排风侧设迎风 45°角的流线形百叶板，筒体下设集水箱和排水管。

除尘器工作时，由矿井供水管供水，经滤水器和供水环上的喷

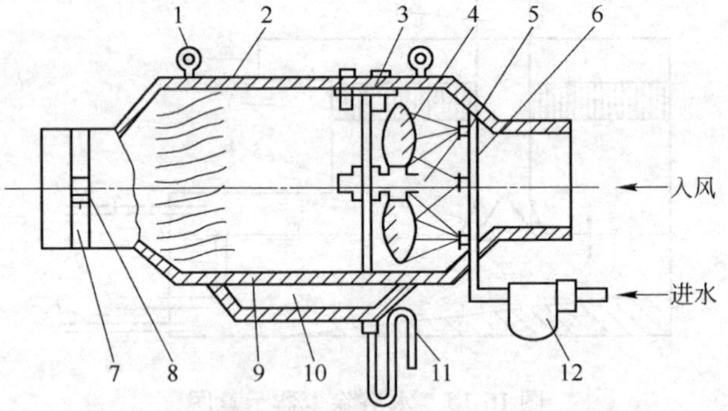

图 16-16　旋流粉尘净化器

1—掉挂环；2—流线形百叶板；3—支撑架；4—带轴承叶轮；5—喷嘴；
6—给水环；7—风筒卡紧板；8—螺栓；9—回收尘泥孔板；
10—集水箱；11—排水 U 形管；12—滤清器

嘴喷雾，同时，含尘风流进入除尘器因断面变大而风速降低，大颗粒矿尘沉降，大部分矿尘与水滴相碰撞而被湿润。在喷雾与风流的共同作用下，叶片旋转，使风流产生旋转运动，被湿润的矿尘和水滴被抛向器壁，流入集水箱，经排水管排出。未能被分离捕获的矿尘和水滴，又被百叶板所阻挡，再一次被捕集而流入集水箱。迎风百叶板的前后设清洗喷嘴，可定期清洗积尘。除尘效率为 80% ~ 90%，阻力约为 200Pa，耗水量约为 15L/min。

（7）湿式过滤除尘器。它是利用抗湿性化学纤维层滤料、不锈钢丝网或尼龙网作过滤层并连续不断地向过滤层喷射水雾，在过滤层上形成水珠、水膜以达到除尘作用的除尘装置。由于在滤料中充满水珠和水膜，含尘气流通过时，增加了矿尘与水及纤维的碰撞接触几率，提高了除尘效率。水滴碰撞并附着在纤维上因自重而下降，在滤料内形成下降水流，将捕集的矿尘冲洗带下，流入集水筒中，起到经常清灰的作用，可保持除尘效率和阻力的稳定，并能防止粉尘二次飞扬。图 16-17 为湿式纤维层过滤除尘器的一种结构形式，它

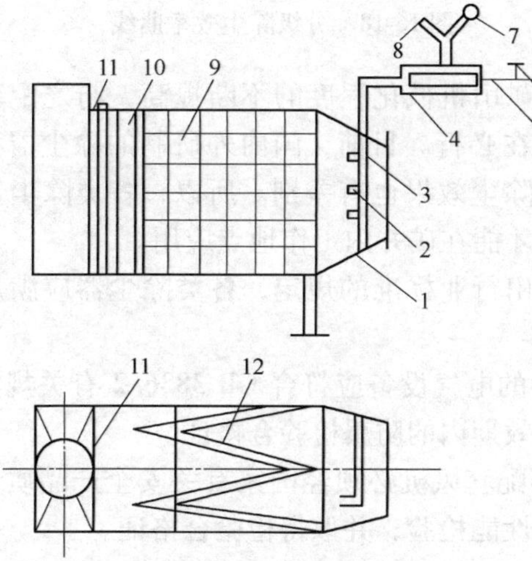

图 16-17　湿式过滤除尘器

1—箱体；2—喷嘴；3—供水管；4—水净化器；5—总供水管；
6—水阀门；7—水压表；8—水电继电器；9—滤料架；
10—松紧装置；11—挡水板；12—集水筒

由箱体、滤料及框架、供水和排水系统等部分组成。利用矿井供水管路供水，设水净化器，以防水中杂物堵塞喷嘴。喷嘴数目及布置，根据设计喷水量及均匀喷雾的要求确定。箱体下设集水筒，可直接将污水排到矿井排水沟，排水应设水封，以防漏风。为防止排风带出水滴，箱体内风速应不大于 4m/s，同时在排风侧设挡水板。滤料用疏水性化学纤维层，除尘效率在 95% 以上。分级除尘效率如图16-18所示，阻力小于 1000Pa。

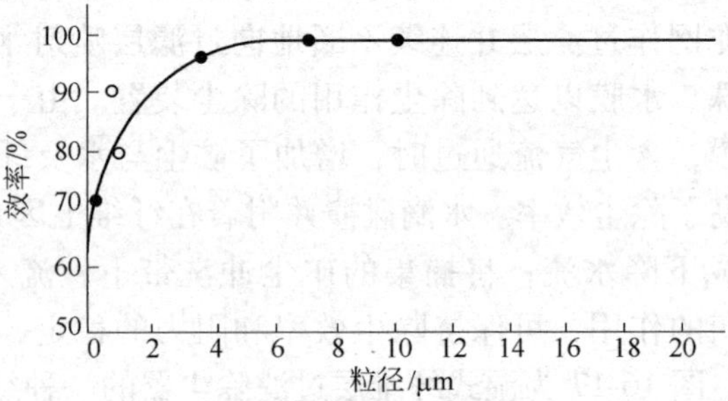

图 16-18 分级除尘效率曲线

总之，随着矿山机械化程度的不断提高，与之配套的除尘器集中净化除尘已势在必行。目前，国内外研制的除尘器种类繁多，除尘原理各异，其除尘效果也有差别。所以，各类除尘器只有满足一定的技术要求，才能在矿井内工作地点应用。

根据我国矿山行业标准的规定，各类除尘器应满足的技术要求如下：

（1）除尘器的电气设备应符合 GB 3836.2 有关规定，其配套电动机应具有在有效期内的防爆检验合格证。

（2）除尘器配套风机必须经国家有关安全产品质量监督检验中心进行摩擦火花性能检验，并取得检验合格证。

（3）除尘器的非金属材料应符合国家有关规定。

（4）通风机一般应置于除尘器后方，如通风机置于除尘器前方时，其入风口应有防护网和喷雾装置。

（5）各类除尘器的除尘效率应符合表 16-9 的规定。

表 16-9 各类除尘器的除尘效率

项 目	除尘器种类							
	空气过滤除尘器	旋风除尘器	湿式旋流除尘器	布袋除尘器	湿式除尘风机	冲击式除尘器	文丘里除尘器	湿式过滤除尘器
总粉尘除尘效率/%	≥85	≥85	≥90	≥90	≥95	≥95	≥99	≥97
呼吸性粉尘除尘效率/%	≥60	≥60	≥65	≥90	≥75	≥70	≥90	≥80

(6) 除尘器的处理风量，应符合该产品标准规定的处理风量，其偏差不得大于8%。

(7) 除尘器的漏风率小于等于5%。

(8) 除尘器的工作阻力，应符合产品标准规定的工作阻力，其偏差不得大于10%。

(9) 对于湿式除尘器而言，与除尘作用直接有关的洗涤液流量与进入除尘器内气体流量的比值称为液气比，其指标应符合表16-10的规定。

表 16-10 湿式除尘器的液气比

除尘器种类	冲击式除尘器	湿式旋流除尘器	湿式除尘风机	湿式过滤除尘器	文丘里除尘器
液气比/$L \cdot m^{-3}$	≤0.1	≤0.2	≤0.3	≤0.4	≤0.5

(10) 连续工作的除尘器工作噪声应低于85dB(A)，间断工作(每班少于4h)的除尘器工作噪声应低于90dB(A)。

16.3.3.4 密闭抽尘净化系统

密闭抽尘净化系统一般由密闭（吸尘）罩、风筒、除尘器及风机等部分组成，风筒与扇风机的选择参看通风部分，应根据具体条件设计。矿井有许多产尘量大且比较集中的尘源，为保证作业环境原棉矿尘浓度达到卫生标准要求和不污染其他工作地点，采取抽尘净化系统，就地消除矿尘是经济而有效的方法，如掘进工作面、溜矿井、装载站、破碎机、运输机、锚喷机、翻笼等尘源，皆可考虑采取这一防尘措施。其应用情况简介如下：

（1）溜矿井密闭与喷雾，适用于作业量较少，产尘量不高的溜井，如图 16-19 所示。井口密闭门采用配重方式关启，平时关闭，卸矿时靠矿石冲击开启。喷雾与卸矿联动，可采取脚踏、车压、机械杠杆、电磁阀等控制方式。

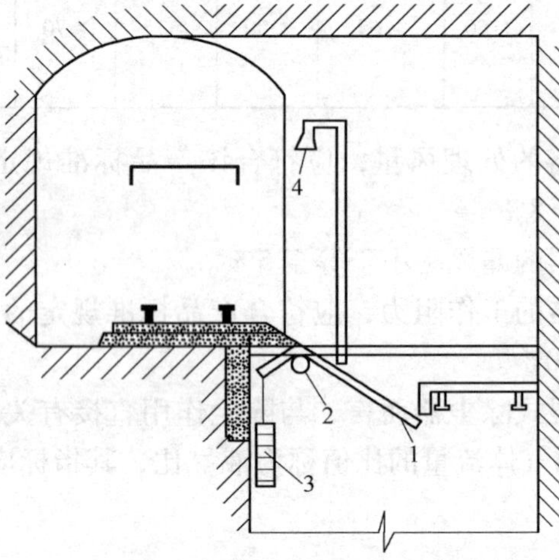

图 16-19　溜矿井密闭与喷雾

1—活动密闭门；2—轴；3—配重；4—喷雾器

（2）溜井抽尘净化，适用于卸矿频繁，作业量大，产尘量高的溜井，如图 16-20 所示。在溜井口下部，开凿一专用排尘巷道，通向附近的进（排）风巷道。在排尘巷道中设风机与除尘器，抽出溜井内含尘风流诱导风流，并配合良好的溜井口密闭。可取得较好的防尘效果。

（3）干式凿岩捕尘。湿式凿岩的方法并不是在所有的矿井都能使用。在水源缺乏的矿井，冰冻期长而又无采暖设备的北方地区矿山，以及不宜用水作业的特殊岩层（如遇水膨胀的泥页岩层等），都要考虑采用干式凿岩方法。为了减少干式凿岩产生的大量粉尘，可

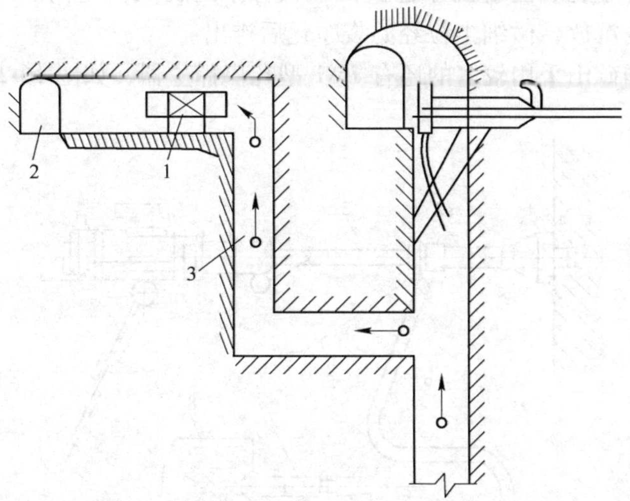

图 16-20 溜井抽尘净化

1—除尘器；2—巷道；3—含尘风流

采用干式捕尘系统。图 16-21 所示为中心抽尘干式凿岩捕尘系统。抽尘系统用压气引射器作动力（负压为 30 ~ 50kPa），矿尘经钎头吸尘

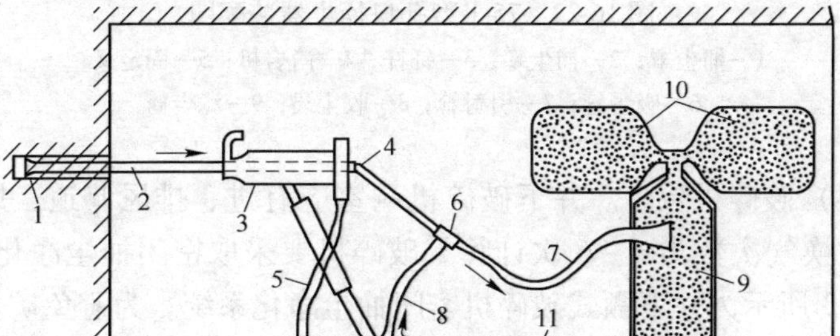

图 16-21 干式凿岩捕尘系统示意图

1—钎头；2—钎杆；3—凿岩机；4—接头；5，8—压风管；6—引射器；7—吸尘器；9—旋风积尘筒；10—滤袋；11—总压风管

孔、钎杆中孔、凿岩机导管及吸尘软管排到旋风积尘筒。大颗粒在积尘筒内沉放，微细尘粒经滤袋净化后排出。

中国矿山采用较多的还有 75-1 型孔口捕尘器，如图 16-22 所示。

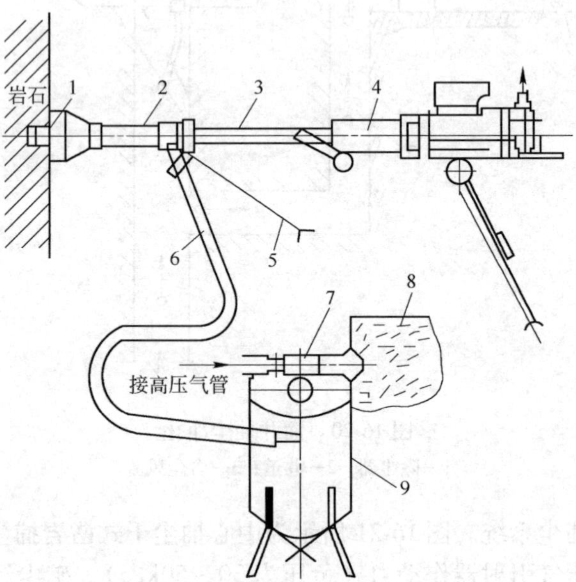

图 16-22　75-1 型孔口捕尘器装配图

1—捕尘罩；2—捕尘塞；3—钎杆；4—凿岩机；5—固定叉；6—吸尘管；7—引射管；8—收尘袋；9—滤尘筒

（4）破碎机除尘。井下破碎机硐室应有进、排风巷道，风量按每小时换气次数为 4 ~ 6 次计算。破碎机要采取密闭抽尘净化措施。图 16-23 所示为井下颚式破碎机密闭抽尘净化系统。为避免矿尘在风筒内沉积，筒内排尘风速取 15 ~ 18m/s。

16.4　个体防护

在采取了通风防尘措施后，矿尘浓度虽可达到卫生标准，但仍有少量微细矿尘悬浮于空气，尤其还有个别地点不能达到卫生标准，所以，个体防护是综合防尘措施不可缺少的一项，要求所有接尘人

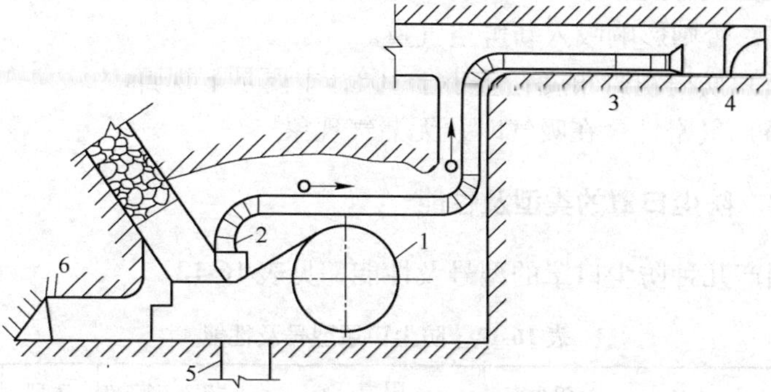

图 16-23 破碎机密闭抽尘净化系统示意图

1—破碎机密闭；2—吸尘罩；3—除尘器与风机；
4—排风管道；5—溜矿井；6—进风巷道

员必须佩戴防尘口罩。

16.4.1 对防尘口罩的基本要求

（1）呼吸空气量：因劳动强度、劳动环境及身体条件不同，呼吸空气量也不同，可参考表 16-11。

矿工的劳动比较紧张而繁重，呼吸空气量一般在 20 ~ 30L/min 以上。

表 16-11 运动状况与呼吸空气量

运动状况	呼吸空气量/L · min⁻¹	运动状况	呼吸空气量/L · min⁻¹
静 止	8 ~ 9	行 走	17
坐 着	10	快 走	25
站 立	12	跑 步	64

（2）呼吸阻力：一般要求在没有粉尘、流量为 30L/min 条件下，吸气阻力应不大于 50Pa，呼气阻力不大于 30Pa。阻力过大将引起呼吸肌疲劳。

（3）阻尘率：矿用防尘口罩应达到 Ⅰ 级标准，即对粒径小于 5μm 的粉尘，阻尘率大于 99%。

（4）有害空间：口罩面具与人面之间的空腔，应不大于 $180cm^3$，否则影响吸入新鲜空气量。

（5）妨碍视野角度：应小于10°，主要是下视野。

（6）气密性：在吸气时，无漏气现象。

16.4.2　防尘口罩的类型及性能

国产几种防尘口罩的型号及性能，见表16-12。

表16-12　防尘口罩型号及性能

类　型	型　号	阻尘率/%	阻力/Pa		妨碍视野角度/(°)	质量/g	死腔/cm^3
			吸气	呼气			
简易型	武安303型	97.2	13		5	33	195
	湘劳Ⅰ型	95	8.8		5	24	
	湘冶Ⅰ型	97	11.76		4	20	120
	武安6型	98	9.12	8.43	8	42	140
复　式	武安302型	99	29.4	25.48	5	142	108
	武安301型	99	12	29.4	1	126	131
	武安4型	99	27.5	12	3	122	130
	上海803型	97.4	17.25	27.5	8	128	150
	上海305型	98		17.25	7	110	150
送　风	AFK型	99				900	
防尘帽	AFM型	95				1100	

16.4.3　防尘口罩的适应条件

防尘口罩的适应条件见表16-13。

表16-13　防尘口罩的适应条件

口罩类型 适应条件	一级防尘口罩 阻尘率≥99%		二级防尘口罩 阻尘率≥95%	
粉尘中游离 SiO_2 含量/%	>10	<10	>10	<10
作业场所粉尘浓度/$mg \cdot m^{-3}$	<200	<100	<40	<200
粉尘中游离 SiO_2 含量/%	<10		<10	
作业场所粉尘浓度/$mg \cdot m^{-3}$	<100		<70	

参考文献

1 李学诚．中国煤矿安全大全．北京：煤炭工业出版社，1997

2 吴中立．矿井通风与安全．徐州：中国矿业大学出版社，1989

3 黄元平．矿井通风．徐州：中国矿业大学出版社，1990

4 黄元平．矿井通风与空调．煤矿安全手册（第一册）．北京：煤炭工业出版社，1990

5 赵焕成等．层次分析法．北京：科学出版社，1986

6 吴万铎．模糊数学与计算机应用．北京：电子工业出版社，1988

7 王德明等．矿井通风系统安全可靠性指标及其分析．矿井通风安全理论与技术．徐州：中国矿业大学出版社，1999

8 王省身等．煤矿总工程师工作指南．北京：煤炭工业出版社，1988

9 王道清．矿井井下火灾扑救．矿山救护，1994

10 王德明，李永生．矿井火灾救灾决策支持系统．北京：煤炭工业出版社，1996

11 张惠忱．计算机在矿井通风中的应用．徐州：中国矿业大学出版社，1992

12 李传统，王省身．矿井火灾燃烧区热阻力的研究．中国矿业大学学报，1996

13 戚宜欣．矿井火灾救灾专家系统的研究：[学位论文]．徐州：中国矿业大学，1992

14 王邦君．煤矿安全现代管理．徐州：中国矿业大学出版社，1995

15 刘雪峰，程远平等．矿井通风安全管理计算方法与程序设计．徐州：中国矿业大学出版社，1995

16 冯圣洪．矿井通风、火险状态评价理论及智能评价研究与应用：[博士学位论文]．北京：中国矿业大学北京校区，1997

17 徐瑞龙．通风网络理论．北京：煤炭工业出版社，1993

18 戚宜欣，秦跃平．煤矿通风安全技术与管理．北京：煤炭工业出版社，1998

19 国家煤矿安全监察局人事司．煤矿安全监察．徐州：中国矿业大学出版社，2000

20 李新东．矿山安全系统工程．北京：煤炭工业出版社，1995

21 国家煤矿安全监察局．煤矿安全监察，国家煤矿安全监察人员试用教材．徐州：中国矿业大学出版社，2000

22 浑宝炬，郭立稳．矿井粉尘检测与防治技术．北京：化学工业出版社，2005

23 陆国荣等．采矿手册．北京：冶金工业出版社，2005

24 张荣立，何国纬，李铎．采矿工程设计手册．北京：煤炭工业出版社，2005

25 国家安全生产监督管理总局，国家煤矿安全监察局．煤矿安全规程．北京：煤炭工业出版社，2006